晁雷 李亮 主编

辽河流域
面源氨氮污染控制技术

Control Technology
of Nonpoint Source
Ammonia Nitrogen Pollution
in Liaohe River Basin

化学工业出版社
·北京·

内容简介

该书重点介绍流域面源氨氮污染现状、产生的原因及流域面源氨氮污染主要控制技术的基本原理、应用现状及存在的问题；以辽河流域农村生活污水为例，从点源和面源控制的角度，介绍了典型控制技术，包括高效生物移动床-地下渗滤系统脱氮技术集成技术、北方农村地区高效藻类塘氨氮去除技术、生物滤池组合人工湿地处理农村生活污水技术等。

本书可供从事水污染治理和水环境管理的管理人员和技术人员参考，也可作为环境专业的研究生教材。

图书在版编目（CIP）数据

辽河流域面源氨氮污染控制技术/晁雷，李亮主编
.—北京：化学工业出版社，2021.11
ISBN 978-7-122-40356-8

Ⅰ.①辽… Ⅱ.①晁…②李… Ⅲ.①辽河流域-含
氨废水-水污染防治-研究 Ⅳ.①X52

中国版本图书馆 CIP 数据核字（2021）第 238883 号

责任编辑：赵卫娟 仇志刚 装帧设计：史利平
责任校对：刘曦阳

出版发行：化学工业出版社（北京市东城区青年湖南街 13 号 邮政编码 100011）
印 装：北京捷迅佳彩印刷有限公司
710mm×1000mm 1/16 印张 16¾ 字数 323 千字 2021 年 11 月北京第 1 版第 1 次印刷

购书咨询：010-64518888 售后服务：010-64518899
网 址：http://www.cip.com.cn
凡购买本书，如有缺损质量问题，本社销售中心负责调换。

定 价：128.00 元 版权所有 违者必究

编委会名单

顾　问　胡筱敏　郎咸明
主　编　晁雷　李亮
副主编　姜彬慧　王毅力　贾丽萍　刘金亮
参编人员（按姓氏笔画排序）
　　　　马　莉　冯　晶　孙伟丽　李　昱
　　　　关佳佳　芦美罱　张　博　张佳琪
　　　　陈　晴　赵　丽

前言

　　《辽河流域面源氨氮污染控制技术》是国家科技重大专项水体污染控制与治理课题、辽宁省公益基金等课题研究成果的总结。笔者参阅了大量的文献资料并以辽河流域为例，比较系统地阐述了流域面源氨氮污染现状、产生的原因、氮素运移规律及主要控制技术和方法。重点介绍流域面源氨氮污染现状、产生的原因及流域面源氨氮污染主要控制技术的概述、基本原理、应用现状及存在的问题；以辽河流域农村生活污水为例，从点源和面源控制的角度，介绍了典型控制技术，包括高效生物移动床-地下渗滤系统脱氮技术集成技术、北方农村地区高效藻类塘氨氮去除技术、生物滤池组合人工湿地处理农村生活污水技术等。

　　本书在编写过程中参考了大量的专著和相关的资料，在此对这些著作的作者表示感谢。

　　由于编者技术水平有限、经验不足、加上成书时间仓促，书中某些论点虽经反复试验推敲，仍难免有不妥甚至疏漏之处，真诚希望广大读者、专家予以批评指正。

编者

2021 年 10 月

目 录

第 **3** 章   36

畜禽养殖业面源氨氮污染控制技术

第 **4** 章   90

农村生活面源氨氮污染人工湿地控制技术

第 5 章
农村生活面源氨氮污染地下渗滤系统控制技术

第 6 章
农村生活面源氨氮污染高效藻类塘控制技术

第**1**章 ▶▶

绪论

流域面源污染，又称面源污染，是指污染物以颗粒态或溶解态的形态从非特定的地域，在降水或径流的冲刷作用下，随径流汇入受纳水体而引起的污染问题，其过程可分为产污和迁移两部分。面源污染主要包括：农村生活污染、种植污染及养殖污染等三个方面。面源污染的本质是过量的营养物质进入水体而产生的污染问题，主要的营养物质包括氮、磷。国内外学者针对这些营养物质从流域的释放—迁移—输出过程，探寻自然和人为影响因素和影响途径，开展了大量研究。水体中碳、氮、磷营养物质的动态变化是流域内不同空间尺度上自然环境与人为干扰变量联合作用的结果。

随着新农村建设步伐的加快和规模化畜禽养殖的蓬勃发展，一方面农业面源已经成为流域污染物排放的重要来源和组成部分，如铁岭市畜禽养殖废水氨氮排放量已超过工业废水氨氮排放量的两倍。另一方面，农村生活污水的排放量也随着人民生活水平的提高而骤增，其中的总氮（TN）、氨氮（NH_4^+-N）、总磷（TP）等各项污染物浓度均很高。而农村生活污水处理设施建设的滞后，大量未经处理的生活污水直接排入农村的小河道、沟渠，最终进入河流、湖泊等受纳水体，导致水环境质量恶化。

十九大报告中明确提出"加强农业面源污染防治，开展农村人居环境整治行动"，进一步说明控制农业面源污染对我国保障粮食安全、协调资源环境有序发展、建设美丽中国具有重要意义。氮污染是流域面源污染的一个主要污染[1]，主要关注的氮素形态有氨氮、亚硝酸氮（NO_2^--N）、有机氮（ORG-N）、总氮。氮污染中主要污染因子为氨氮，氨氮浓度过高可造成水体富营养化，氨氮中的非离子氨对水生生物具有毒害作用。氨氮是控制水体氮污染和保护水生态系统的一个关键指标，同时也是减排的约束性指标[2]。有针对性地深入研究和治理流域面源氨氮污染已是当务之急。

1.1 面源污染

面源污染，是相对于排污点集中、排污途径明确的点源污染而言的，又称非点源污染。面源污染主要由土壤泥沙颗粒、氮磷等营养物质、农药、各种大气颗粒物等组成，通过地表径流、土壤侵蚀、农田排水等方式进入水、土壤或大气环境。

农业活动被认为是面源污染问题的最主要原因，城市地表径流居其次。农业面源污染是指在农业生产活动中，氮磷农药等污染物质以广域的、微量的、分散的形式，从农田生态系统向水体迁移扩散的过程。农业面源污染通常产生在广阔的领域，无法追踪其具体的来源、产生的时间和污染物的浓度。面源来源面广，它夹带着大量的泥沙、营养物、有毒有害物质进入江河、湖泊等地表水体，引起水体悬浮物浓度升高，有毒有害物质含量增加，溶解氧减少，水体富营养化和酸化。农业面源污染主要来自于种植业生产过程中化肥和农药的不合理使用、畜禽和水产养殖过程中的残饵以及产生的排泄物、未经处理的农村生活污水的排放等。水环境面源污染主要包括大气干湿沉降、暴雨径流、底泥二次污染和生物污染等诸多方面。暴雨径流，即通常意义的面源污染，是与降水过程伴随产生的地表径流污染。与点源污染相比，面源污染形成机理和迁移规律复杂，起源于分散、多样的地区，地理边界和发生位置难以识别和确定，其形成过程受区域地理条件、气候条件、土壤结构、土地利用方式、植被覆盖和降水过程等多种因素影响。污染物产生后随地表径流进行复杂的迁移和转化过程。迁移过程因污染物类型而有所不同。与污染物迁移过程相伴的是一系列的物理、化学和生物的转化过程，这些过程包括沉淀－溶解过程、氧化－还原过程、络合－螯合过程以及吸附－解吸过程等，转化过程因污染物、自然环境和历时的差异而发生变化。因此，面源具有随机性大、分布范围广、形成机理复杂、潜伏周期长、管理控制难度大的特点。

农业面源污染的重要组成部分是农田退水过程中携带大量从农田土壤中淋洗出来的化肥、农药等污染物。因为农田退水过程在时间上具有不确定性，空间具有分散性，所以对于农业面源污染的控制与治理一直是世界范围内的难题[3]。经过多年的研究工作，我国已经初步形成源头控制、过程削减、末端治理和流域管理等四个研究方向。

1.2 氨氮污染

随着城市化、工业企业的不断发展，水体中氮污染程度逐步升高。水体中含氮的化合物来源主要分为以下 5 个部分：

① 大气中化石燃料燃烧和汽车尾气排放的氮氧化物、由雷电产生的 N_2O_5 转而形成硝酸等含氮化合物，通过降雨流入地表水体中。

② 过度使用的农药化肥等通过灌溉排水进入地面水或通过土壤渗入地下水中。

③ 动物的排泄物和动植物腐烂的分解产物。

④ 生活污水和某些含氮工业废水的排放。

⑤ 某些含氮的矿物层溶解。

进入水体中的氮可分为无机氮和有机氮，无机氮包括氨态氮（简称氨氮）和硝态氮。氨氮在水体中主要存在两种形式，分别为游离氨态氮和铵盐态氮；硝态氮包括硝酸盐氮和亚硝酸盐氮。有机氮包含尿素、蛋白质、有机碱等含氮有机物，可溶性有机氮主要以尿素和蛋白质形式存在，它可以通过氨化等作用转换为氨氮。

氮有多种氧化态，可以生成各种价态的含氮化合物。因此，含氮有机化合物是很不稳定的。最初进入水中的氮素大部分是有机氮，由于氨化细菌的降解作用，以有机形式存在的氮被转化成利于植物吸收的氨氮和硝态氮，如由蛋白性物质分解成肽、氨基酸等，最后产生氨。在好氧条件下，氨氮被亚硝化细菌氧化成亚硝酸盐氮。水中的亚硝酸盐不稳定，又在硝化细菌的作用下被氧化成硝酸盐氮。硝态氮又可在反硝化细菌的作用下被还原成氮气。水中氮的转化过程如图 1-1 所示。

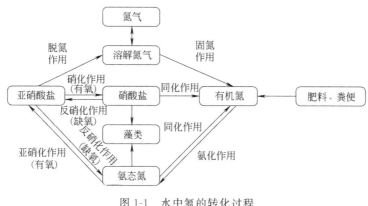

图 1-1　水中氮的转化过程

1.3 辽河流域概况

辽河流域位于我国东北地区的西南部（介于东经 $117°00'\sim125°30'$、北纬 $40°30'\sim45°10'$），包括辽河和浑太河两大水系，流经河北、内蒙古、吉林、辽宁四省（自治区），是我国七大流域之一。辽河全长 1345km，流域面积 $2.196\times10^{5}km^{2}$，其中辽宁省境内的流域面积约为 $6.92\times10^{4}km^{2}$（含支流流域面积）。

辽河发源于河北省平泉市七老图山脉的光头山，沿老哈河向东北流，在西安村附近汇入西拉木伦河后，称西辽河。由西向东流至小瓦房纳乌力吉木伦河后折向东南，在福德店与东辽河汇流后为辽河干流。继续南流，分别纳入左侧支流招苏台河、清河、柴河、泛河和右侧支流秀水河、养息牧河、柳河等，后经双台子河，在盘山纳绕阳河后入渤海，干流长 516km；浑河、太子河于三岔河汇合后经大辽河，于营口入渤海，大辽河长 94km。

辽河流域东与松花江、鸭绿江流域为邻，西接大兴安岭南端，与内蒙古高原大、小鸡林河及公吉尔河流域相邻，南以七老图山、努鲁儿虎山及医巫间山与滦河、大小凌河流域为界，濒临渤海，北以松辽为分水岭与松花江流域相接。辽河流域东西宽南北窄，地势大体自北向南、自东西两侧向中部倾斜，形成中部辽河平原。辽河中游为冲积平原，海拔 200m 以下，下游平原海拔在 50m 以下，地势低平易涝。辽河西部上游主要山脉海拔 500～1500m，自西向东逐渐下降为丘陵和沙丘平原；上游为风沙草原和土石山区，西辽河中下游多为黄土沙丘，水土流失严重。辽河东部的山地丘陵为长白山脉的西南延续部分，山地森林植被较好，土壤侵蚀轻微。辽河流域总面积中，山区占 48.2％，丘陵占 21.5％，平原占 24.3％，沙丘占 6％[4]。

辽河流域属于温带半湿润半干旱的季风气候[5]。年降水量约为 300～1000mm，60％的降水量集中在每年的 4～9 月份。降水量区域变化很大，辽河干流以东达 900mm 左右，向西逐渐减少，西辽河上游多风沙，降水量在 300mm 左右，东部降水量达到西部的 2.5 倍。全流域有很多季节性断流河段。全流域年均气温在 4～9℃之间，分布特点为平原地区较高，山地地区较低，自南向北逐渐递减。1 月份最低，达到－9～18℃，7 月份最高，达到 21～29℃。

随着国家东北老工业基地振兴战略的深入实施，流域内工业化、城市化、产业集群化进程不断加快，由此所带来的流域水环境污染潜在压力将日趋增大，综合污染指数居全国七大流域前列。由于受到工农业生产及居民生活对地表水的影响，辽河流域长期重度污染，在 1996 年被国家列入重点治理的"三河三湖"名单。受北方地区冬季水量骤减及低温冰冻的影响，辽河流域枯水期水质污染非常严重，治理难度较大。在"九五"和"十五"的十年间，辽河治理取得了初步的成效[6-8]。为了改善辽河流域水环境现状，解决水资源短缺问题，"十一五"期间国家提出结构减排、工程减排和管理减排的三大政策措施，并将辽河作为重点研究河流开展了"辽河流域水污染综合治理技术集成与工程示范"项目。进入"十一五"以后，特别是 2008 年以来，辽宁省委、省政府先后实施治辽"三大工程"，辽河进入快速治理和保护期，水质得到显著改善，其污染范围、污染程度及污染特征都有较大变化[9,10]。经过近几年的治理，辽河流域水质恶化趋势得到有效控制，特别是到"十一五"末辽河流域水环境得到明显改善。经国家认定，至 2010 年，辽河流域辽宁省控制区化学需氧量（COD）排放量为 53.26 万吨，比 2005 年下降 15.95％，超额完成"十一五"减排任务。虽然辽河水质取得了成效，但是支流水污染依然严重，氨氮已经成为首要污染因子，主要体现在河流氨氮污染总体严重、氨氮排放量严重超标及部分水库富营养化问题严重等方面。统计数据表明，氨氮已成为导致辽河流域水质达标率相对较低的重要污染因子，也已超过 COD，成为影响地表水水环境质量的首要指标。

2012 年底，辽河流域通过了环保部等多部委组成的考核组评估，率先退出了全国"三河三湖"重度污染名单。2015 年，辽河流域主要河流自然径流明显减少，全流域为中度污染。以 21 项指标评价，辽河流域 90 个干、支流断面中，Ⅰ～Ⅲ类水质断面占 15.6%，Ⅳ类占 38.9%，Ⅴ类占 14.4%，劣Ⅴ类占 31.1%[11]。"十一五"和"十二五"期间，辽河流域水质呈明显改善趋势，2015 年劣Ⅴ类水质断面比例比 2010 年下降 29.7%，比 2005 年下降 45.2%。主要污染指标为氨氮、总磷、化学需氧量和五日生化需氧量（BOD$_5$）。与 2010 年相比，劣Ⅴ类断面比例下降 19.6%。

2016 年，辽河流域水质总体由中度污染好转为轻度污染[12]。按照 21 项指标评价，辽河、浑河、太子河、大辽河、大凌河和小凌河 90 个干、支流断面中，Ⅰ~Ⅲ类水质断面占 18.0%，比 2015 年上升 2.4%；Ⅳ类占 42.7%；Ⅴ类占 20.2%；劣Ⅴ类占 19.1%，比 2015 年下降 12.0%。36 个干流断面中，Ⅰ~Ⅲ类水质断面占 19.5%，Ⅳ类占 52.8%，Ⅴ类占 19.4%，劣Ⅴ类占 8.3%，主要污染指标为氨氮、总磷和五日生化需氧量。与 2015 年相比，干流水质无明显变化。自 2006 年以来，36 个干流断面化学需氧量和氨氮浓度均值总体呈下降趋势，COD 浓度均值自 2010 年起基本持平。与 2006 年相比，2016 年 COD 和氨氮浓度均下降 65.0%以上。

随着我国工业废水和城市生活污水等点源污染得到有效控制，农业面源污染问题日益凸显，已经成为水环境污染的最重要来源。根据第一次全国污染源普查资料显示，在我国主要污染物排放量中，农业生产（含种植业、禽畜养殖业与水产养殖业）排放的 COD、N、P 等主要污染物量，已远超过工业与生活源，成为污染源之首，其中 COD 排放量占总量的 46%以上，N、P 占 50%以上。

1.4 辽河流域面源氨氮负荷估算方法研究现状

面源污染（non-point source pollution），是指污染物在降雨径流的冲刷作用下，通过产汇流过程，以广域、分散、微量的形式进入河流、湖泊等受纳水体[13]。

面源污染的影响因素主要包括气象水文、地形土壤、土地利用、植被覆盖和社会经济等[14]。降雨径流是面源污染物迁移转化的驱动力和载体，降雨数量、强度、持续时长及其时空分布对地表径流起决定性作用，进而对面源污染物的产生量和迁移转化过程产生影响。地形主要通过坡度、坡长因子影响面源污染过程，坡度增加，会增强面源污染的风险。土壤质地，包括结构、物理化学性质等会影响地表径流和下渗淋溶过程，进而影响面源污染物的迁移转化。土地利用方式是决定植被类型、农田措施以及耕作方式的因子，从而会对污染物的输入输出产生影响。社会经济因素包括人口、生产生活方式、经济状况等，通过影响土地利用方式、农业生产与管理、畜禽养殖模式等途径对面源污染产生影响。

1.4.1 国内常用面源污染负荷计算方法

通过对近年来国内外面源污染的研究分析，目前常用的面源污染负荷计算方法大体可以归纳为以下三大类：输出系数模型、实证模型和机理模型[15,16]。

输出系数模型（export coefficient models）来自一种称为"单位负荷测算"的研究思路，这种思路大约是 20 世纪 70 年代在美国发展起来的，其核心是测算每个计算单元（人、畜禽或单位土地面积）的污染物产生量，将每个计算单元的平均污染物产生量与总量相乘，估算研究范围内面源污染的潜在产生量。Johns 在总结以往输出系数法研究成果的基础上发表了规范的输出系数模型方程，该模型已经成为输出系数法的经典模型，国内输出系数法方面的研究，大多基于该模型或稍作改进。

输出系数模型因其结构简单和数据获取容易等特点在国内得到广泛应用。该模型忽略了面源污染复杂的迁移转化过程，使用统计数据开展污染负荷计算，其计算区域既可以是边界明确的流域，也可以是不同等级的行政单元，时间步长的设定比较灵活，可以是月、季度甚至年。虽然测算精度通常比机理模型低（如果不测算输移系数，其计算结果只是面源污染的产生潜力，而不是真正进入水体的污染量），但对尺度不敏感，可移植性好，并可以在较大尺度和较长时间段对面源污染负荷进行估算。

实证模型（empirically based models）有时也称为统计模型，它的研究基础是统计分析，根据长系列降雨、水文和水质监测数据，建立面源污染负荷变化和降雨、径流变化之间的相关关系，通过回归分析构建经验公式进而计算面源污染负荷。这种方法一般适用于内部结构比较单一的小流域，因为小流域内降雨、径流量和污染负荷之间的关系相对简单，大多是线性关系或者简单的非线性关系。实证模型同样不考虑污染的迁移转化，无法从机理上对计算公式进行解释，加之这些公式都是通过回归分析获得，因此，模型通常不可移植，在其他流域使用时，必须根据该流域的水文、水质监测数据重新进行分析，但如果研究的流域面积不大、结构简单且能够在流域出口处获得足够长系列的水文、水质监测数据，该方法也可以获得较高的计算精度。

实证模型的代表是水文分割法，水文分割法尚无规范的名称，也有研究者称之为平均浓度法或其他名称，但研究思路基本一致：将河川径流过程划分为汛期地表径流过程和基流过程，认为降雨径流的冲刷是产生面源污染的原动力，面源污染主要由汛期地表径流携带，而枯水季节的水污染主要由点源污染引起。根据多年的水文和水质监测数据，分别测算枯水期和汛期流域出口处污染物的平均浓度，再根据流域出口处的径流量，就可以计算整个流域的污染负荷并将面源污染负荷从总负荷中区分出来，该方法的应用受研究区水文和其他条件的影响较大，应用的案例总体不多。

机理模型（physically based models）是根据面源污染形成的内在机理，通过数学模型，对降雨径流的形成以及污染物的迁移转化过程进行模拟，它通常包括子流域划分、产汇流计算、污染物流失转化和水质模拟等子模块，不仅考虑污染物的输入和输出情况，还考虑污染物的迁移转化过程；机理模型一般需要与 GIS 进行耦合，通过 GIS 进行地形分析和子流域划分。机理模型对数据量和数据精度要求较高，但如果经过规范的率定和验证，能够获得较高的计算精度，并且由于其机理和过程比较明晰，具有良好的可移植性，率定好的模型应用于其他条件类似的流域，也能获得理想的计算结果，机理模型对尺度较为敏感，更适合中小流域。

目前，无论是国内还是国外，机理模型在面源污染负荷计算方法中都占据了主导地位，国内广泛使用的机理模型绝大多数来自美国，SWAT、AnnAGNPS 和 HSPF 是应用最为广泛的 3 种模型，除此以外，ANSWERS、SWMM、WEPP 等也有一定的应用。

1.4.2 适合辽河流域的面源负荷估算方法

辽河流域地处北温带，属于半干旱、半湿润气候，其入渗能力、蓄水能力居中，其产流模式为蓄渗兼容的综合产流模式[17]，考虑历史资料数据有限以及考察空间尺度较大，面源污染的计算采用"输出系数法"，同时兼顾辽河流域气候特征和产流特征，在"输出系数法"计算中，综合考虑水文要素。

英国学者 Johns 等于 1990 年提出：从流域规划和管理的宏观角度来说，需要的是能估算和预测流域 TN 和 TP 的年负荷情况，而不是某一种输入水体的污染化合物的具体浓度。输出系数模型避开了面源污染发生的复杂过程，所需参数少，计算简便，且具有一定的精度，虽然不能预测单场降雨所产生的面源污染，却为大、中型流域长期的面源污染研究提供了一种简便可行的方法。Johns 等提出的输出系数模型在考虑土地利用分类的基础上，还提出根据污染物的排放和处理情况来确定不同污染源的输出系数，同时还考虑了空气沉降等因素，能较为准确地对大尺度流域的面源污染进行估算和预测。应用实践表明，Johns 的输出系数法是一种比较细致和完备的输出系数模型，也就带来了需要大量监测资料支持参数率定的问题。我国多数流域缺乏长时间序列监测资料，本书以大中型流域为估算单元，综合考虑土地利用形式、水文地理条件等因素，在 Johns 提出的输出系数模型基础上，建立考虑降水携带输出的流域面源负荷输出系数法计算模型，利用水文站的历史监测数据，通过水文分割和最优化数学方法进行参数率定，克服了面源污染历史监测资料缺乏的困难[18]。

（1）模型的一般形式

对于某一固定的计算区域（流域），模型的一般表达式为：

$$L_i = \sum_{j=1}^{n} E_{ij} A_j + p \tag{1-1}$$

式中　i——污染物类型；

　　　j——流域中污染源的种类，共 n 种；

L_i——污染物 i 在流域的总负荷量，kg/a；

E_{ij}——污染物 i 在第 j 种污染源的输出系数，kg/(km² · a)；

A_j——第 j 种污染源的数量；

p——降雨输入系数的污染物总量，kg/a。

（2）模型应用的一般步骤

第一，根据具体问题和流域的特点，识别主要污染物的种类。一般情况下，如果重点考虑流域内某些水域的富营养化问题，主要污染物应考虑 N、P；如果考虑面源污染对流域内地表水体的负荷，则还应考虑 COD；对于流域内存在特殊的污染源或流域地表水质存在其他敏感因素，则还应考虑其他特征污染物。在本次辽河流域面源负荷中只考虑氨氮污染负荷。

第二，在确定好污染物的类型后，要确定污染源的种类，综合考虑土地利用形式、水文地理条件等因素；结合水文水质监测断面的控制范围等情况，同时根据估算精度的要求，确定污染源的种类。确定了污染物的类型和污染源的种类也就相当于确定了模型的基本结构和输出系数的个数（如果有 m 种污染物，n 个污染源，那么输出系数的个数就是 $m \times n$）。

第三，在确定了估算模型的基本结构后，依据相关的数据资料进行参数率定，分析模型的可靠性和精度，最后应用模型估算和预测流域的面源污染负荷。

（3）输出系数确定方法

在应用输出系数模型时，关键问题是确定合理的输出系数值。影响流域面源污染物输出系数的因素主要包括：流域内地形地貌、水文、气候、土地利用、土壤类型和结构、地质、植被、管理措施以及人类活动等。本文提出了利用水文站的历史监测数据，通过水文分割和最优化数学方法进行参数率定。

首先，根据水文水质监测断面划分控制区域。一般情况下，预设的监测断面的水文和水质历史监测资料系统性较好，在计算区域内分别针对监测资料比较齐备的监测断面控制的区域，将计算区域进一步划分，即以断面所控制的区域为基本单位，将计算区域进一步划分为若干个小流域。有几个这样的断面就有几个这样的小流域。

然后，应用水文分割法对水文和水质监测资料进行处理。

最后，求解线性方程组计算输出系数。

辽河流域的大部分地区，属于半干旱半湿润地区，降水主要集中在 6、7、8、9 四个月内，河川径流在年内存在明显的枯水期和丰水期，其入渗能力、蓄水能力居中，其产流模式为蓄渗兼容的综合产流模式，也就是说面源污染主要发生在丰水期，在这种情况下就可以应用水文分割法将水体的面源污染负荷分离出来。图 1-2 为典型的年径流过程线。由图 1-2 可见，6、7、8、9 四个月为丰水期，根据上述分析，在丰水期，河流内的污染物由点源和面源污染负荷组成，在其他月份（即枯水期），河流的污染物视为只有点源污染负荷。这样，如果小流域断面的径流和水质资料已知，就可以根据式（1-2）计算面源污染负荷：

$$L_{ns} = \sum_{i=1}^{12} Q_i c_i - \frac{\sum Q_{i枯} c_{i枯}}{n_枯} \times 12 \qquad (1\text{-}2)$$

式中 L_{ns}——流域的年度面源负荷，kg；

        Q_i——第 i 月的平均径流量，hm^3/a；

        c_i——第 i 月的污染物的浓度，kg/hm^3。

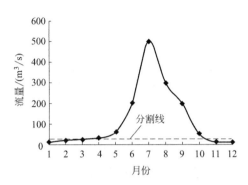

图 1-2   典型的年径流过程线

由上述分析可知对于某一种污染源计算模型需要确定的参数的个数是 $(m \times n + 1)$ 个。对于某一种污染物，需要确定的参数个数是 $m+1$，如果有足够多的断面监测资料，那么就从计算区域内划分出 $m+1$ 个小流域，根据式（1-1）可以列出 $m+1$ 个方程，组成线性方程组，见式（1-3）。

$$\begin{cases} L_1 = \sum_{j=1}^{m} E_j A_{j,1} + A_1 e \\ L_2 = \sum_{j=1}^{m} E_j A_{j,2} + A_2 e \\ \cdots \\ L_{m+1} = \sum_{j=1}^{m} E_j A_{j,m+1} + A_{m+1} e \end{cases} \qquad (1\text{-}3)$$

式中 L——小流域的某种污染物的面源污染负荷，利用水文分割法可以计算出其值；

        A——流域或小流域的面积，km^2；

        e——降水量，根据调查资料为已知值。

式（1-3）共有 $m+1$ 个未知数，即 E_1，E_2，$\cdots$，E_n，e，共 $m+1$ 个线性方程组成线性方程组，解此线性方程组可求得该种污染物的输出系数。

1.5 辽河流域农业氮素的迁移规律

氮是植物生长的必需元素之一，对植物生长发育的影响十分显著。当氮充足时，植物能够合成较多的蛋白质，促进细胞的分裂和增长。此外，氮素的丰缺与叶子中叶绿素的含量密切相关。农业氮肥和磷肥的施用，在增加农作物产量的同时，也容易产生水体富营养化等问题。

李卓[19]以辽河流域主要是西辽河所流经的区域为研究对象，通过一系列的室内模拟实验和土壤理化性质的分析实验，获得土壤对铵态氮的最大吸附量和释放的能力及其与土壤理化性质的相关分析，得出了铵态氮的迁移转化规律：

① 耕地吸附氨氮的能力要比乔木林地和灌木林地所吸附的氨氮量高，吸附氨氮的能力比较强。

② 耕地吸附氨氮的效果明显要比流动和半流动的吸附量大得多，和土壤的颗粒组成呈负相关，流动砂的土壤颗粒较大，所以相对比表面积较小，吸附的能力自然不会很强，动态实验中流动砂土颗粒较大、密度大，所以同等质量的土柱，流动砂土和半流动砂土的土柱的空隙也很大，且要比农耕地和林地等细颗粒土壤的土柱短一些，更加缩短了标准液在土柱中的吸附时间。

③ 植被覆盖率高一些，有机质的含量就多一些，有机质的含量是影响土壤吸附氨氮的另一个原因，流动和半流动的砂土的植被覆盖较少，所以对于氨氮的吸附量较小。

农业面源污染的迁移机制是模拟、评价、监测、治理的基础，其迁移过程包括降雨径流过程、土壤侵蚀过程、地表溶质溶出过程和地表溶质渗漏过程。这4个过程相互联系、相互作用。其迁移方式按形态划分主要有以下两种：①悬浮态流失，即污染物结合在悬浮颗粒上随土壤流失进入水体；②淋溶流失，即水溶性较强的污染物被淋溶而进入径流。迁移途径主要包括氮素随水在坡面土壤的养分流失、土壤剖面淋溶和土壤中溶质迁移等过程在量和形态上的变化。

NH_4^+ 的迁移主要机理是扩散。对不同扩散时间、不同距离的 NH_4^+ 浓度变化的数据进行处理，结果表明，将 NH_4HCO_3 粒肥施入土体中，其离子呈球形扩散；而 NO_3^--N 主要以质流方式迁移。最典型的描述土壤硝态氮淋洗过程的确定性模型是对流-扩散模型。因土壤带负电荷，对 NO_3^--N 的吸附甚微，故 NO_3^- 易遭受雨水或灌溉水淋洗而进入地下水或通过径流、侵蚀等汇入地表水中。而土壤颗粒和土壤胶体对 NH_4^+ 具有很强的吸附作用，使得大部分可交换态铵得以保存在土壤中，但在特定的条件下也可能存在质流或在土壤剖面中随水下渗而迁移。

1.6 辽河流域农村生活污水排放特点与处理现状

农村生活污水的来源主要有厨房、沐浴、洗涤和冲厕等，其数量、成分、污染物浓度与镇村居民的生活习惯、生活水平和用水量有关[20]。国内农村生活污水有如下特点[21]：污水分布较分散，涉及范围广、随机性强，防治十分困难，管网收集系统不健全，粗放型排放，基本没有污水处理设施；农村用水量标准较低，污水流量小且日变化系数大（3.5～5.0）；污水成分复杂，但各种污染物的浓度较低，污水可生化性较强。

目前国内农村生活污水处理主要包含以下 3 个方面的问题[22]。

（1）缺乏完善的污水收集系统

我国农村地区普遍缺乏环保意识，再加上农村地区的经济水平有限，也就导致农村中的污水收集系统的建设无法得到足够的物质保障与思想支持，多是以明渠、暗管等形式来进行污水的收集，这类简陋的设施缺乏足够的科学合理性，雨污分流不能有效进行，从而也就让污水汇入到了山泉水、雨水中，这样一来就致使所汇集到的污水的成分比较复杂。由于纯净水的增加，在很大程度上降低了污水的浓度，增加了收集处理污水的难度，这种收集与排放管理模式具有高度的粗放式特点，也是造成农村生活污水收集工作无法得到有效进行的重要原因之一。而一旦没有处理好生活污水，就会带来农村居住环境的恶化，并且还会因为长期的渗透作用导致农村地区的地下水与地表水受到不同程度的污染。

朱显梅等[23] 分析了东辽河流域农村面源污染问题，得出该流域内农村居民点生活污水基本没有处理直接排放到周边的环境中，造成了地表水、地下水和土壤的污染。

（2）技术选择偏离实际需求

我国国土面积广阔，并且人口众多，使得我国农村分布的地域条件具有很大的差异性，与之而来的也就是社会经济发展水平与自然环境之间具有的差异，这也就给生活污水治理技术的推广工作带来了一定的难度，无法使用统一的技术或相同的标准来大力推广污水处理技术。我国农村生活污水治理的工作目前尚处于起步阶段，在这一时期内各种污水治理技术还在不断的开发与研究中，因此也就没有合适的污水治理技术以供大范围的推广。在这种背景下，受到政府相关政策的影响，一些农村地区只能将部分污水治理技术进行生搬硬套，没有充分依据当地水质的实际情况来选择技术，最后就只能导致污水主力技术无法取得有效的实用性，不仅无法获得理想的污水治理效果，还造成了大量资金、人力等的浪费。

李昂[24] 分析了东辽河流域农村生活污水污染现状，同时分别从管网布设、技术以及政策管理等方面阐述了农村生活污水治理的缺失与不足。由于该区域人口居住呈分散式分布，较之于城镇生活污水，东辽河流域农村居民废水中化学需氧量与氨氮的排放浓度呈现出较高的趋势。

（3）处理设施无法长效运行

农村地区生活污水治理的过程一般都比较漫长，并且对资金的投入要求相对较高，这极大地影响了农村地区中污水治理管理机制的建立，使得我国大部分农村地区都没有建立起长效的生活污水治理管理机制；加上费用的支持力度不够，又缺乏专业的污水管理人员，也就导致农村中的污水治理工作无法得到有效长期的进行。

总体上农村生活污水较城镇生活污水水体污染物质浓度大，由于农村居民大多为自建房，具有较大的随意性，其生活排水方式存在一定的差异性，缺乏有效的收集。分散居民用水多集中在厨房洗涤用水上，所含油脂类物质成分高，不易分解，且冬季易产生冻结阻塞，因此化学需氧量排放浓度较高；而洗涤废水中所含营养物质未能进行有效的处理，则是造成氨氮和总磷浓度大的主要原因。

1.7 辽河流域面源氨氮水污染及控制技术研究现状

梁冬梅等[25] 采用等标污染负荷法，通过对辽河吉林段 1999～2009 年数据分析得出：总氮、总磷是辽河吉林段流域面源污染的主要污染物，其等标污染负荷总量分别为 14426.20t/a、5423.44t/a，等标污染负荷比分别为 27.55%、51.79%；4 类污染源按污染负荷贡献由大到小分别是：畜禽养殖＞农村生活源＞种植业＞水产养殖，畜禽养殖业为流域最主要污染来源，污染负荷比为 93.15%。

李艳等在"十二五"期间对辽河流域面源污染负荷进行了调研，以辽河铁岭段的 19 条河流为例。

COD、氨氮是辽河铁岭段河流面源污染的主要污染物，其污染负荷总量分别为 15781.21t/a、1553.83t/a；6 类主要污染源按污染负荷贡献由大到小分别是：农业用地＞林业用地＞畜禽养殖＞农村生活源＞降水输出＞城镇用地。其中农业用地为河流面源最主要污染来源，COD、氨氮污染负荷总量分别为 9731.18t/a、1060.45t/a，污染负荷比为 61.66%、68.25%；林业用地为第二大污染源，COD、氨氮污染负荷总量分别为 3629.37t/a、269.62t/a，污染负荷比为 23%、17.35%；畜禽养殖为第三大污染源，COD、氨氮污染负荷总量分别为 1482.35t/a、72.1t/a，污染负荷比为 9.39%、4.64%；农村生活源的 COD、氨氮污染负荷总量分别为 303.99t/a、31.55t/a，污染负荷比为 1.93%、2.03%；降水输出产生的 COD、氨氮污染负荷总量分别为 141.88t/a、38.3t/a，污染负荷比为 0.9%、2.47%，由于大气中含有大量的氮素污染物，随着降水落到地面和水体，导致降水产生的氨氮污染负荷高于农村生活源；城镇用地源的 COD、氨氮污染负荷总量分别为 54.45t/a、10.52t/a，污染负荷比为 0.359%、0.68%。

经过"十一五"和"十二五"国家水体污染控制与治理科技重大专项相关课

题的实施，在农业面源污染控制技术领域已经取得了丰富的研究成果，详见表 1-1 和图 1-3。部分农业面源污染控制技术从技术研发水平进入到验证示范阶段，形成了系列工艺产品与工程示范。

表 1-1   农业面源污染治理技术成果数量和就绪度

序号	技术名称	"十一五"成果数量	"十二五"和"十三五"成果数量	技术就绪度（1～9 级）		
				2008 年	2015 年	2020 年
1	流域管理	4	21	2	5	7
2	源头控制	18	18	3	6	9
3	过程削减	7	8	3	5	7
4	末端治理	3	12	4	5	8
5	整体状况	32	59	3	5	8

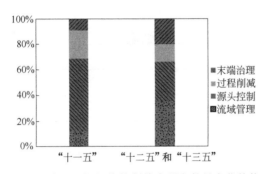

图 1-3   农业面源污染控制技术研发数量变化趋势

通过对"十一五"以及"十二五"和"十三五"期间农业面源污染控制技术成果的统计可以看出，在"十一五"期间，源头控制方面的技术成果占了总成果的60%，是开展相关研究的核心内容；流域管理技术成果仅占 16%，处于刚刚起步研究阶段；农业面源污染末端治理技术主要针对畜禽养殖和农村生活污水等污水合流治理，单独研究相对较少。在"十二五"和"十三五"期间，流域管理方面的技术成果占了总技术成果的 36%，数量由 4 项增加到 21 项，较"十一五"增加了 20%；源头控制技术成果数量基本持平，但是所占比例下降了 16%，源头控制由重点研究领域转变为次要研究领域；过程控制和末端治理成果数量有所增加，预示着该方向仍然是重点研究对象。

辽河流域农业面源污染中的源头污染阻控技术在水专项"辽河流域水体污染综合治理技术集成与工程示范项目"的其他课题中已开展了较深入的研究，获得了以下几种较为成熟的技术。

（1）水田系统生态拦截技术

以水田阻控、沟渠净化为基本出发点，针对由水田产生的农业面源污染进行整治。主要包括生态田埂阻控技术及生态沟渠净化技术。

（2）旱田系统肥料污染控制技术

结合不同作物氮磷养分需求特征，筛选适合的氮肥抑制剂和磷素促释剂，对不同肥力土壤因地制宜地优化肥料中有机肥、无机肥、氮肥抑制剂和磷素促释剂的比例，使土壤供肥能力曲线与作物养分需求特征曲线最大程度拟合，在不降低产量的基础上减少肥料的使用量，减少面源污染物的排放。

（3）流域湿地生态屏障构建技术

分析湿地接纳径流与农田排水的时空特征，研发面源污染区段截获集中治理技术，根据面源污染输入的强度和频率，调控径流走向，分解径流强度，形成可控制的串联和并联湿地净化系统，建立基于湿地的面源污染控制系统。

（4）养殖业面源污染防治技术

研制有机物高效降解菌剂，将高效菌剂投加于有机肥中，进行堆肥处理，开发有机肥快腐技术，降低养殖业所引起的面源污染。

参考文献

[1] 王一喆，闫振广，张亚辉，等. 七大流域氨氮水生生物水质基准与生态风险评估初探 [J]. 环境科学研究，2016，29（01）：77-83.

[2] 宋兴治. 铁岭市河流氨源超标原因分析 [J]. 水科学与工程技术，2018（02）：66-68.

[3] 陈岩，赵翠平，郜志云，等. 基于SWAT模型的滹沱河流域氨氮污染负荷结构 [J]. 环境污染与防治，2016，38（04）：91-94.

[4] 何亚丹，刘东，李波. 辽河流域水环境现状及其污染防治对策 [J]. 东北水利水电，1997（4）：21-25.

[5] 徐彩彩，张远，张殷波，等. 辽河流域河段蜿蜒度特征分析 [J]. 生态科学，2014，33（3）：495-501.

[6] 惠婷婷，李艳红. 浅析辽河流域水环境管理现状及改善措施 [J]. 环境保护科学，2015，41（1）：31-33.

[7] 孟伟. 辽河流域水污染治理和水环境管理技术体系构建－国家重大水专项在辽河流域的探索与实践 [J]. 中国工程科学，2013，15（3）：4-10.

[8] 梁博，王晓燕. 我国水环境污染物总量控制研究的现状与展望 [J]. 首都师范大学学报自然科学版，2005，26（1）：93-98.

[9] 脊学鹏，石敏，张峥. 浑河主要污染物入河总量特征分析 [J]. 环境保护与循环经济，2011，31（10）：60-62.

[10] 脊学鹏，张峥，卢雁. 太子河水质污染时空异质性分析 [J]. 现代农业科技，2011（5）：266-268.

[11] 辽宁省环境状况公报，2015.

[12] 辽宁省环境状况公报，2016.

[13] 王晓燕. 面源污染及其管理 [M]. 北京：海洋出版社，2003.

[14] 李明涛. 密云水库流域土地利用与气候变化对面源氮、磷污染的影响研究 [D]. 北京：首都师范大学，2014.

[15] 刘庄，晁建颖，张丽，等. 中国面源污染负荷计算研究现状与存在问题 [J]. 水科学进展，2015，26（3）：432-442.

[16] Johns P J. Evaluation and management of the impact of land use change on the nitrogen and phosphorous load delivered to surface water: the export coefficient modeling approach [J]. Journal of Hydrology,

1996，183：323-349.

[17] 张姝，周莹，李铁庆. 辽河流域面源污染负荷定量试验研究 [J]. 辽宁城乡环境科技，2006，26（4）：29-32.

[18] 黄永刚，付玲玲，胡筱敏. 基于河流断面监测资料的面源负荷估算输出系数法的研究和应用 [J]. 水力发电学报，2012，31（5）：159-162.

[19] 李卓. 辽河流域土壤氨氮的迁移转化规律探讨 [J]. 绿色科技，2012，12：78-79.

[20] 谭学军，张惠锋，张辰. 农村生活污水收集与处理技术现状及进展 [J]. 净水技术，2011，30（2）：5-9.

[21] 孙兴旺，马友华，王桂苓，等. 中国重点流域农村生活污水处理现状及其技术研究 [J]. 中国农学通报，2010，26（18）：384-388.

[22] 龙萍. 农村生活污水治理现状及对策分析 [J]. 当代化工研究，2016（5）：63-64.

[23] 朱显梅，段丽杰. 东辽河流域农村面源污染问题浅析 [J]. 中国科技信息，2011（7）：32-34.

[24] 李昂. 东辽河流域农村生活污水现状调查与防治途径 [J]. 绿色科技，2017（20）：42-43.

[25] 梁冬梅，董德明，王菊，等. 辽河吉林段非点源污染区划研究 [J]. 科学技术与工程，2014，14（09）：278-283.

第2章 ▶▶
种植业面源氨氮污染控制技术

　　"十九大"报告指出，要建立"富强、民主、文明、和谐、美丽"的社会主义国家，而"美丽"一词指的就是污染防治。近年来，我国经济快速发展，农村生活水平不断提高的同时，农田化肥农药不合理使用的情况日益增加，不仅导致耕地质量下降，而且随着雨水冲刷造成了严重的生产资料浪费和水体污染。目前，我国种植业面源水污染问题颇为严重，已成为水体富营养化的主要原因之一。鉴于种植业面源污水的产生量和排放量巨大并处于持续上升的态势，种植业污染的历史积累在短期内难以通过生态修复等途径实现，治理状况不容乐观。加之农村在种植业方面缺乏成熟的水污染治理有效技术，政策法规体系相对不完善，环境治理投入资金不足及公众意识相对薄弱等诸多现实因素，导致种植业水资源污染日益严重[1]。因此，种植业面源水污染的治理迫在眉睫。

　　种植业面源污染狭义上被称作种植业面源水污染，是指人类从事种植业生产时产生的污染物对水体造成的污染。种植业面源污染在时空上无法通过定点测量，随机降雨径流产生的污染物质也使得无法追究到单个污染源[2]。但通常产生种植业面源水污染的大致来源主要包括以下几部分：

　　① 化肥和农药。过量施用化肥会导致农田中氮素和磷素分配不平衡。而以杀虫剂为主的农药（占农药总量的78%）仅有30%～40%被农作物吸收，其余均会排入水体、农产品及土壤中[3]。化肥和农药残留物受集中降水、灌溉等人类活动所导致的水体流失以及地形的影响，通过农田地表径流、农田排水以及地下渗漏等方式可将污染物扩散到周围水体，从而引起面源水污染。

　　② 禽畜粪便。如果禽畜粪便等污染物处理不当，其溢出物会进入到地表或地下水体中，对公共生活用水和河流水体等产生较大污染。

　　③ 农村生活污水排放。除了来自人类粪便、厨房产生的污水之外，还有家庭清洁、生活垃圾堆放渗滤等产生的污水。这些未经处理的生活污水通过自流下渗等方式进入地势低洼的河流、湖泊和池塘等地表水以及地下水之中，从而对水环境造成污染。

　　④ 土地利用不当。不合理利用土地导致的土壤侵蚀是造成种植业面源水污染的另一个主要原因。由于营养物质可随流失的土壤迁移并进入下游水体，在损失土壤表层有机质的同时，许多营养成分及其他污染物进入水体，形成严重的水体

污染[4]。尤其是对于种植效率较高的顺坡耕种、陡坡耕作和复种等，更容易造成土壤侵蚀。

对于种植业面源水污染而言，污水中的主要污染物是氮、磷和COD。此外还包含化肥中的重金属（如铅、砷、汞、铜等）以及有毒有机物。种植业污水中主要污染物排放的浓度详见表2-1。

表 2-1 种植业面源污水污染物浓度范围

污染物	COD	TN	TP
浓度 /（mg/L）	4.2～300	1.3～90	0.2～10.3

2.1 种植业面源污染治理模式

种植业面源污染即将成为我国地表水体污染的重要来源，严重影响我国水体生态环境安全，威胁着我国的饮用水安全，最终威胁我国种植业的可持续发展和粮食安全，给我国社会、经济发展带来诸多不利影响。因此，重视种植业面源水污染的治理是国际大趋势。为了保障我国农业生产和人民生活的安全，如何加快种植业面源污染的治理，如何进一步加大农村环境综合整治力度，是现代农业和社会可持续发展的重大课题[5]。

目前，国内外开展了大量有关种植业面源污水治理的研究，开发了不少行之有效的技术，其中应用比较广泛的有生态沟渠、人工湿地、生态池塘、缓冲带以及多种技术的耦合体系。但是这些技术更多聚焦于技术操作层面的调控，是局部或者某一部分的完善，却缺乏从整体上对种植业生态系统的宏观修复。

为了解决上述问题，目前基于循环经济的理论与全球资源战略的要求，形成一种高级种植业面源污染控制工程指导模式，即"源头减量（reduce）—过程阻断（retain）—养分再利用（reuse）—生态修复（restore）"（4R）策略。此模式具备完整的技术体系链，形成了全过程、全空间的覆盖，可实现氮磷养分减排和资源利用的结合，是绿水青山与金山银山的双赢。"4R策略"详述如下[6]。

① 源头减量。减少污染物产生的来源是种植业面源污染控制最关键有效的策略。采用新的施肥技术，对肥料进行优化管理，减少肥料使用的总量，提高化肥的利用率；采用生态养殖的方法以及对养殖废水进行循环利用，达到污水的零排放或排放量最小；提高养分的利用率，增加地面的透水性，以减少水土流失和地表径流的发生。

② 过程阻断。过程阻断是在污染物向水体迁移的过程中，及时采用物理拦截、生物净化以及工程的方法对污染物进行去除。目前常用技术有两种：一种是在农田的内部进行拦截，如稻田生态田埂技术、生态拦截缓冲带等；另一种是在离开农田之后进行的拦截，如生态沟渠技术、人工湿地技术、生态塘技术以及土地处

理技术等。

③ 养分再利用。使面源污水中包含的氮磷等营养物质再进入农作物生态系统中，循环利用，为农作物提供营养。如稻田回灌技术、旱田径流收集技术、水产养殖污水序批式置换循环再利用技术等。

④ 生态修复。这个环节是种植业面源污水治理最后一环，也是最后的屏障。虽然在运输过程中对源头和运输过程中采取了措施，但仍会有氮磷等污染物不可避免地释放到环境中。因此，需要对输送面源污水的迁移路径进行水生生态的修复，以提高自净的能力。如采用生态潜水坝、生态浮床以及沉水植物等多种修复技术。同时，也可通过多种修复技术耦合达到对种植业面源污染的有效控制。

迄今为止，我国针对上述种植业面源污染防控四个方面的技术研究颇多，相应工程也取得一定的成效。针对不同区域种植业面源污染的特征，如何对"4R策略"进一步合理布局，以实现种植业面源污染治理的最大化，是目前种植业面源污染有待解决的重要问题。

2.2 生态拦截技术

生态拦截技术是指以水田阻控、沟渠净化为基本出发点，针对由水田产生的种植业面源污染进行整治。主要包括生态沟渠净化技术及生态田埂阻控技术。

2.2.1 生态沟渠系统技术特点

种植业面源污染中，排水沟是污染物向下游生态系统转移的主要途径。生态沟渠作为一种农田沟渠湿地生态系统，由流经沟渠的水、土壤和微生物组成，具有一定的宽度和深度。而相比之下，采用生态沟渠技术不仅兼具排水沟的功能，又能够通过截留泥沙、土壤吸附、植物吸收以及微生物的降解等一系列的作用减少水土的流失，降低通过沟渠进入地表水中氮、磷的含量并减缓水流的流速，实现调节水平衡的水利功能和对污染物进行过滤阻隔生物双重功效，而且其中的水生植物的多样性可以提供动物的栖息地和避难所[7]。近年来，生态沟渠技术逐步发展成农村面源污水处理的常用方法。

生态沟渠的类型大致分为四种，分别是固着藻类生态沟渠、水生植物生态沟渠、灌区灌排生态沟渠以及湿地生态沟渠。基于固着藻类生态沟渠，其出水溶解恢复状况及深度净化效果均好于湿地生态沟渠，能够缓解湿地生态沟渠出水溶解氧低的状况，N、P等物质也可以得到改善[8]。而水生植物生态沟渠应用广泛，既对污染物的去除效果好，又能避免藻类对水体的富营养化，生态环保。灌区灌排生态沟渠能够对田间的水量进行合理的调配，还能将田间多余的水分进行排除，但目前对其研究还处于相对不成熟的阶段。生态沟渠及其组合系统的基本工艺如图 2-1 所示。

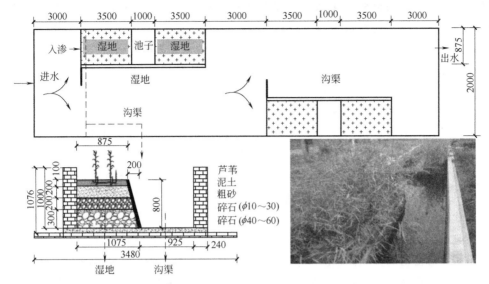

图 2-1 "生态系统-人工湿地"组合系统示意图（单位：mm）

2.2.2 生态沟渠系统的应用

近年来无论是从实验室研究还是在工程实践上，关于生态沟渠系统的研究均取得了突出的成果。查阅相关资料，综合国内外的研究成果，生态沟渠系统的新进展主要集中在基质选配及地表覆盖植被的研究等几个方面。

（1）植物的研究

水生植物是沟渠中水相、生物相以及沉积物相的重要组成部分。到目前为止，生态沟渠植物的研究与应用大部分集中在常见的水生植物中，如芦苇、美人蕉、黑麦草等。生态沟渠植物的作用一方面可以吸收和吸附污水中的氮、磷等营养元素，利用其发达的根系，形成浓密的拦截网络，不仅能够降低污水的流速，而且可以改变沉积物的分布与理化特性，进而能够减缓养分在沟渠中的运输，加速营养物质之间的传递，使农村生活污水在进入湖泊和水库前对氮、磷等产生截留作用。植物吸收拦截的营养物质转化为自身所需的营养物质，最后通过人工砍伐收割从系统中去除。据报道，植物的生长截留颗粒态磷量达到70%。另一方面，植物根系形成的微氧化环境，利用植物根系的输氧作用有利于好氧反应的微环境，对氮的去除有一定的作用。同时，根系能将污水中的无机磷转化成 ATP、DNA 和 RNA 等有机成分去除，但植物对磷的吸收利用仅占很小的一部分，根部易降解的分泌物能促进微生物的新陈代谢，这对氮磷的去除起到很大一部分作用[9]。

植物的种类、种植的密度以及植物的搭配对生态沟渠中氮磷的去除效果均表现不同。陆宏鑫等[10] 研究了四种不同的植物对氮磷的拦截效果，包括两种木本植物（柳树和桃叶珊瑚）以及两种草本植物（菖蒲和美人蕉）。研究表明，柳树的去除效果最好。因为柳树属于木本木质茎植物，根系旺盛，输氧能力强，所以对氮磷营养物质有较强的拦截作用。而传统意义上的草本植物由于不适应外界恶劣的天气，易倒伏腐烂，反而会加重水体富营养化。杜兴华等[11]研究了不同种植密度的凤眼莲、菹草和莲藕对水质的净化效果。净化水质的总体效果来看，表现为凤眼莲＞菹草＞莲藕；其中 37g/L 的菹草去有机物能力最强，17g/L 的菹草与 10g/L 的莲藕增氧效果最好，莲藕在 7g/L 时去氮效果最好，5g/L 的凤眼莲与 37g/L 的菹草去磷效果最好。田如男等[12]对由水罂粟、黄菖蒲、三白草和黑藻 4 种水生植物进行排列组合形成 9 组植物的复合搭配进行研究。其中，黄菖蒲、三白草为挺水植物，水罂粟为浮水植物，黑藻为沉水植物。结果表明，复合植物对氮磷的去除比单一植物要高且结构复杂的"挺-挺-浮-沉"植物组合的效果最佳，对氮磷去除的贡献率分别达到了 72.59％和 59.89％。

此外，植物对氮磷的去除效果还与季节、温度、外界条件和不同部位器官内部因素有着密切的关系。Bin L 等[13]研究了不同水生植物在不同温度下对氮磷去除的作用。在 28～36℃下，水葫芦对氮的去除效果最好，其中 TN 去除率达到 89.4％，NH_4^+-N 去除率达到 99.0％；而水生菜对磷的去除效果最好，达到 93.6％。这是由于水葫芦和水生菜发达的植物根系有利于微生物的硝化和反硝化过程。但在 14～20℃下，狐尾藻对氮的去除效果要好于前两者。植物生物量的大小决定了植物吸收去除污水中氮、磷等营养物质的数量大小。刘燕等[14]对菖蒲、黄菖蒲、水葱、美人蕉这四种植物生物量和不同器官氮、磷积累量的变化进行研究。结果表明，随着生长时期的推进，四种植物生物量总体呈现递增的趋势，夏季过后地面上部的生物量显著增加，并在秋季达到峰值，冬季后又逐步减缓。综合来看，菖蒲的氮、磷回收量最大，美人蕉最少。在 10 月份植物吸收生物量最大的时间对优势吸收的植物进行人工收割，以此实现对氮磷的去除。

（2）基质选配的研究

生态沟渠的基质类型对底泥和微生物均会产生影响。基质作为重要的组成部分很大程度上影响着对污水中污染物的拦截作用。它们主要是通过物理截留、化学沉淀、吸附、氧化还原、络合及离子交换等作用起到净化水体的目的，常被称为"活过滤器"。

现如今，很多生态沟渠采用不同粒径不同高度的砾石进行填充。Fu 等[15]对太湖流域（改造生态沟渠与传统生态沟渠）氮的去除能力进行对比。改造的生态沟渠中从下到上分别铺设砾石（4～8mm）、砾石（16～32mm）、土木织布、土木格栅，高度均为 0.15m，其对氮的去除能力大大增加。在电镜下，砾石基质能够为绿藻菌和其他微生物的附着提供适宜的环境，致密的结构有利于厌氧微生物的生长，有利于反硝化脱氮的进程。无独有偶，Tang 等[16]采用"沟渠-湿地-池塘"系统，其中沟渠中填充的基质从下到上分别采用 0.3m 的砾石（40～60mm）、0.2m 的砾石（10～30mm）以及 0.2m 的粗砾。层层递进，对总氮、氨氮、硝态氮的去除率分别达到 38.66％、52.04％、33.33％。

还有部分研究利用吸附动力学和热力学模型对基质进行优化筛选以及采用不同基质的配比组合达到更高的去除效果。郭子卉等[17] 以砾石、碎砖为基质材料，研究两者对氨氮、总磷的吸附特性。利用摇瓶实验以及基于热力学和动力学模型进行拟合，分别得到碎砖组和砾石组的最大吸附量。碎砖对总磷的平衡吸附量为 213.35～227mg/kg，砾石对总磷的平衡吸附量为 11.36～11.79mg/kg，碎砖对总磷的平衡吸附量是砾石的 18～19 倍；碎砖对氨氮的平衡吸附量为 210.48mg/kg，砾石对氨氮的平衡吸附量为 16.62～18.36mg/kg。由此可知碎砖对总磷和氨氮的吸附效果较砾石强。王孜颜等[18] 采用内置复合填料基质的生态沟渠对轻度污染的长广溪河流进行治理。填料主要由质量比为 10：1：0.5 的铁屑、铜屑和木屑组成。由于基质填料与河水发生微电解反应，使 TP、溶解性总磷（DTP）、TN、溶解性总氮（DTN）的去除效果都能保持在较稳定的状态，最高去除率分别可达 68.61％、76.45％、46.26％和50.59％。而系统未设置曝气系统，对氨氮去除效果并不是很稳定。

（3）底泥的研究

沟渠中底泥与水体之间污染物的交换是影响污染物迁移的重要过程。沟渠系统可通过底泥吸附消纳水中溶解的颗粒态磷，降低水体的磷负荷。底泥对磷的吸附主要表现为铁、铝氧化物对磷的化学吸附沉淀及黏粒对磷的表面吸附。

生态沟渠中底泥的不同混合组成对氮磷的去除效果会有显著的差异。张燕等[19] 将炉渣、炉渣＋30％底泥（炉渣和底泥按照 7：3 的比例混合，其中炉渣粒径＜15mm）、排水沟渠底泥对水中氨氮和磷的去除效果进行比较。结果表明，炉渣、炉渣＋30％底泥、排水沟渠底泥对氨氮的最大吸附量分别为 0.49mg/g、1.03mg/g、1.75mg/g，对磷酸盐的最大吸附量分别为 0.99mg/g、2.33mg/g、1.88mg/g。底泥对氨氮和磷的去除效果最为明显，炉渣＋30％底泥次之，炉渣去除效果最差。由于沟渠底泥较为松散、遇水冲刷易流失，故选择炉渣与底泥的混合作为沟渠基质坝的填充物，既能够有效去除氮磷，又能耐冲刷。卓慕宁等[20] 发明了一种土壤和生物炭共同混合组成的底泥填充生态沟渠。将生物炭加入土壤中的比例分别为 2％、4％、6％、8％，另设有不添加生物炭的作为对照组，实验表明，生物炭添加与对照组之间存在显著差异。生物炭添加量越大，土壤 TN、TP 淋溶损失量越小。选取生物炭占土壤基质重量的 8％加入生态沟渠中。与上游断面相比，实验组下游断面水体 TN、TP 的浓度分别降低了 47.5％、35.7％。而对照组 TN、TP 的浓度分别降低了 31.9％、10.2％。加入生物炭的实验组对氮磷的去除能力大大增强。

而磷吸附参数与不同深度下底泥的属性有着密切的关系，同时也影响着植物的选择。不同的底泥种类对磷的吸附能力也不相同。张树楠等[21] 分别对 0～5cm、5～15cm 底泥深度的铜钱草、黑三棱、自然杂草这三种不同植物的底泥属性进行对比。结果表明，铜钱草 0～5cm 底泥中全磷和草酸提取态铁、铝、磷含量最高，分别达到了 2298mg/kg、423mg/kg、84mg/kg。因而生态沟渠中底泥形成及其属性受其中生长的水生植物的影响。此外，底泥对磷的吸附动力学过程有三个阶段：0～2h 为快吸附阶段、2～24h 为慢吸附阶段、24～72h 接近动态吸附平衡阶段。不同的底泥环境，也影响着磷的吸收和释放。

（4）不同水力条件的研究

水力负荷：水力负荷是指系统在单位时间、单位面积下处理水量能力，过大或过小的水力负荷都会对沟渠、湿地功能产生不利影响。水力负荷过低，沟渠、湿地底泥吸附的磷会重新释放到水中，使磷的去除效果下降；而水力负荷过大，在截留面积不变的基础上，水流速度增大，底泥和植物根吸附的氮、磷极易被冲击，影响沟渠、湿地对营养元素的去除效率。水田种植过程的泡田打浆排水中悬浮颗粒物负荷高，大量颗粒物淤积会造成沟渠堵塞、水流不畅，尽管颗粒物可以吸附磷，但沟渠的总体功能下降。因此，系统应选择合适的水力负荷。

水力停留时间（HRT）：水力停留时间是沟渠、湿地去除氮磷及其他污染物又一重要因素，水力停留时间过短会导致污染物处理不完全，大量未经处理的污染物迁移，造成下一受体的负担。充足的水力停留时间可以保证沟渠、湿地各个部分对污染物充分的吸收利用，适当延长水力停留时间，有利于提高湿地系统的氮、磷去除效率。但水力停留时间过长，沟渠、湿地处理能力达到饱和状态，对污染物吸收速率下降甚至部分被吸收物质重新释放，造成二次污染。

王令等[22] 研究发现水力停留时间对氮磷的去除存在一个优化区间。在此区间，氮磷的去除速率与水力停留时间呈正相关，即水力停留时间越长越有利于氮磷的去除。超过这个区间，碳源的减少会抑制反硝化，所以氮磷的去除速率逐渐放缓。实验表明，HRT 为 5h 达到最优效果。延长水力停留时间有利于通过增加底泥对磷的吸收和反硝化来去除氮磷。S. D. Collins 等[23] 分别在两个地方设置不同水流速度下的生态沟渠，其中一个以 3.34cm/s 运行，水力停留时间为 0.46 天；另一个以 5.98cm/s 运行，水力停留时间为 0.11 天。实验表明，无论在高浓度还是低浓度的条件下，水力停留时间较长的生态沟渠对磷的去除率均较高，分别达到 85％和 63％。

水位梯度：对于沟渠而言，不同的水位梯度可导致土壤水分条件不同，沟渠水位高度又直接影响着沟渠土壤的通气状况，而土壤的通气状况又影响着氧分压、土壤氧化还原性质、土壤养分等的差异。土壤氧分压对硝化细菌的活性有重要的影响，土壤的养分差异可影响植物的生长及其生理特征。为此不同水位梯度下，沟渠对污染物净化效果也不同。

张春旸等[24] 设定了 3 个水位梯度，分别为 8cm、16cm、24cm，并对不同水位梯度下沟渠沿程污染物的浓度进行了研究。结果表明，水位为 16cm 时，对沟渠氮磷的去除效果较好。因为水位过低，使得水中氧气的含量较高，发生反硝化作用，缩短水力停留时间使有机物无法得到有效的降解；而水位过高，使得沟渠中的植物处于淹水的状态，底泥由好氧逐渐向缺氧、厌氧条件转化，使底泥的吸附能力下降。

季节和温度：氮的去除与水温有密切的联系，而磷的去除与水温没有太大的关联。J. Vymazal 等[25] 在 2015～2016 年对捷克波希米亚中南部的天然沟渠 TN、NO_3^--N 和 P 去除负荷与水温的相关性进行研究。实验表明，TN 和 NO_3^--N 去除量与水温呈现明显正线性相关性，即随着水温的升高去除量明显增加。而磷的去除量与水温的相关性并不明显，即 $R^2=0.3$。Chen 等[26] 对湖南长沙县金井河流域施用生态沟渠的研究发现，氮去除速率最高的月份集中在夏季 5～8 月，且气温高的月份比气温低的月份去除速率高 2～4 倍。因此生态沟渠在温度高的环境中对氮的去除效果更好。

此外，不同季节的沟渠对其氮素去除效果也不相同。生态浅沟是对农田排水沟渠进行生态改造后，兼具农田灌排水及污染物质截留功能的沟渠。在苏南地区水稻田水质监测基础上配制试验原水，构建模拟生态浅沟，在不同季节时段研究生态浅沟不同部位氮素各形态物质浓度变化规律及细菌总数。研究发现：①从冬季到夏季，随着各季节温度升高，植物复苏，COD、TN 和氨氮的削减率逐渐提高，由高到低依次为菖蒲、美人蕉、万年青。细菌总数逐渐增加，火山石中细菌总数增速最大。各季节氮素削减率提高与细菌总数增加具有较强相关性；②冬季、春季及初夏试验段前期，氨氮累积量逐渐增多、亚硝态氮和硝态氮累积量逐渐减少，对氮素的削减率逐渐增加；③夏季高温试验段，氨氮、亚硝态氮及硝态氮浓度均无累积，氮素削减率最高。④生态浅沟内氮素污染物削减主要由微生物作用完成，其中亚硝化作用是氮素削减的限制环节，生态浅沟构建和改造中应加大好氧区域，增加该区域溶解氧浓度，这样才可提高氮素的有效去除[27]。

（5）其他辅助工艺的添加

拦截箱是生态拦截型沟渠中的重要辅助部件，其由箱体、基质和植物组成，箱体四周为孔状结构，水流能顺利进出箱体，内部填充基质。拦截箱有助于沟体拦截水流，降缓水速，其中填充的基质对水体中的营养物质具有吸附作用，它和生长其上的植物共同组成一个功能完整的小单元，拦截箱有选择性地在沟中水体污染严重地段或沟渠系统末端摆放以加强沟渠系统的去除功能[28]。

王岩等[29] 对生态沟渠中添加拦截箱后对氮磷拦截的影响进行了研究。在生态沟渠后段加入拦截箱对氮磷的去除效果要优于未加入的前段，且添加拦截箱对氮的去除率在 HRT 为 6h 和 48h 时呈现两个高峰。究其原因在于拦截箱内部的炉渣基质表面存在氮磷的吸附位以及种植的植物对氮磷的吸收。

2.2.3 生态沟渠系统主要污染物的去除机理

（1）有机物的去除机理

生态沟渠对有机物的去除是由于植物的吸收利用、基质的吸附以及联合微生物作用的结果。种植业污水中的有机物分为两部分：可溶性有机物和不溶性有机物。不溶性有机物在系统中由于基质的过滤作用可被截留而分解和利用。而可溶性有机物通过微生物的氧化分解以及植物根系的吸收而被分解去除。综上，有机物的去除主要是物理的截留沉淀和微生物对沟渠底部植物的吸收降解共同作用的结果。

（2）TP 的去除机理

污水中含磷物质主要是溶解性磷酸盐（DP）、颗粒态无机磷（PIP）和有机磷（OP）等。通过底泥的吸附、微生物的氧化分解作用以及植物的吸收等共同的作用来完成磷的去除。

磷在生态沟渠系统中的去除主要来自 3 个方面：

① 植物的吸收作用。植物的根表面有利于无机磷的吸附，并为聚磷菌等微生物提供不同寻常的附属区域，从而增加磷的去除。水生植物通过改变底泥的属性，进而影响磷的去除。而较高磷的含量降低沉水植物物种丰富度的结构体，在一定程度上影响磷的去除[30]。

② 微生物正常的同化。聚磷菌的过量摄磷的作用。

③ 基质的物理化学作用：最主要的是基质对磷的吸附作用及纳磷容量。沟渠沉积物具有较高磷的保留能力，这也与其中铝和铁的含量有关。

在传统生态沟渠中，表面沉积物的吸收活动会一定程度对磷进行吸收。此外，其释放活动会造成二次磷污染的现象。造成的二次污染与沉积物间隙水的扩散有关。研究发现，沟渠中 $70\%\sim87\%$ 的磷可能通过沉淀或吸附反应而截留，同时发现可溶性的无机磷很容易与土壤中的 Al、Fe、Ca 等元素发生吸附和沉淀反应。

李杰等[31]通过小试试验验证了海绵铁和微生物对磷的去除起到了协同作用。铁细菌作为铁氧化的驱动力，强化 Fe（Ⅱ）向 Fe（Ⅲ）的化学氧化过程，Fe（Ⅲ）的化学沉淀是除磷的主要形式。适当浓度的 Fe（Ⅲ）通过增加脱氢酶活性，从而提高微生物活性。

影响磷的截留主要有三种机制：沟渠沉积物的沉积机制、植物吸收机制以及微生物降解机制。磷在沟渠系统中的迁移转化过程如图 2-2 所示。

（3）N 的去除机理

含氮化合物可以引起水体富营养化，消耗水中的溶解氧，因此是主要关注的指标之一。面源污水中的含氮物质主要以有机氮、氨氮（NH_4^+-N）和硝态氮（NO_3^--N）、亚硝态氮（NO_2^--N）溶解态的形式存在。氮的去除依靠在生态沟渠中的沉积作用、脱氮作用、植物吸收等。而其中脱氮作用占据主导地位，其包括硝化和反硝化，对氮的脱除是永久的过程。生物降解的主体材料提供微生物生长的较大比表面积。在厌氧和有足够的碳源和氮源的条件下，微生物将氨氮氧化成硝态氮或亚硝态氮，再将硝态氮或亚硝态氮还原成氮气逸散到空气中。

除此之外，植物的吸收作用以及根部的输氧作用，会增强氮的去除。但植物

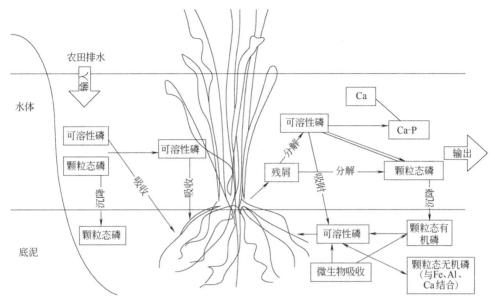

图 2-2　磷在生态沟渠中的迁移转化过程

的吸收作用仅代表了氮去除的一小部分。水生植物提供了微生物生长界面的大量开发和生物相互作用的更多机会，其是促进沟渠网络中硝酸盐还原的原因。尽管植被沟渠是重要的 N 反应器，但除了植物覆盖和水分保持时间达到峰值的时期以外，反硝化作用提供了少量的 N 去除以对流入的高硝酸盐负荷进行处理。此外，沟渠中的实际沉降，会减缓和降低流速并使颗粒沉淀[32]。

影响氮的截留主要有四种机制：沟渠沉积物的沉积机制、植物吸收机制、微生物降解机制和脱氮机制，它们不是孤立作用的，存在一定的协同作用。氮在生态沟渠中的迁移转化如图 2-3 所示。

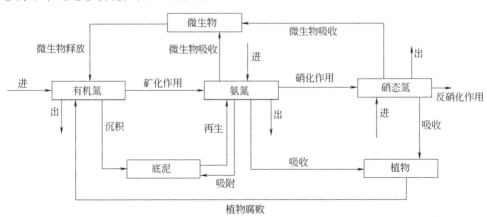

图 2-3　氮在生态沟渠中的迁移转化过程

（4）固体悬浮物（SS）的去除机理

水生植物的建立有利于悬浮颗粒物的沉降，从而降低排水沟中沉淀物的浊度。基质以及水生植物的阻挡，有利于物理沉降，使得固体悬浮物有充分的时间和环境条件去除，使通过系统的水流流速尽可能降低，同时使基质具有大的接触面积，提高生态沟渠系统通过吸附作用去除固体悬浮物的能力。但 SS 的去除主要通过物理沉降和过滤的作用来完成。

2.3 辽河流域典型区域（盘锦）面源污染贡献率研究

2.3.1 项目位置

为掌握辽河流域典型区域农田面源污染地表水基本情况，了解农田面源污染对水环境的影响程度，依据《辽河流域农田面源污染地表径流监测工作实施方案》，开展辽河流域农田面源污染调查研究。调查研究从 2020 年 4 月中旬开始，截止到 10 月初，覆盖农作物的整个生长周期。包括：监测地块的调研、选择，监测方案的制订，地块扒地、泡田、插秧、进退水、降雨、化肥农药的施加等各个农耕环节。整个过程出具数据 1021 个，完成农田注水监测 32 次，注水量 604.04 万立方米；完成降雨监测 12 次，降雨量 207.42 万立方米；完成退水监测 7 次，退水量 122.04 万立方米。

监测地块位于盘锦赵圈河稻田种植区（盘锦三角洲选定区域），具体位置为盘锦市大洼区，稻田面积约 8000 亩（1 亩＝666.67 m^2），稻田养蟹面积占 90%，蟹品种分为成年蟹（两年蟹）和小蟹（一年蟹）两种，影响水质情况为稻田施肥、喷洒农药及投喂蟹饲料。稻田施肥主要为生态肥。

2.3.2 用水及农药化肥施用情况

（1）上水情况

种植区进水泵站引用大辽河水进行灌溉，其上水由十三排干（全长约 2.7km，宽约 10 m）及十五排干（全长约 6.2km，宽约 10 m）两个上水干渠组成，选定区域东侧（约 4000 亩）由十三排干负责（除此之外还负责选定区域外苇地用水，苇地面积约 1000 亩），选定区域西侧（约 3500 亩）及光合水产地块（约 800 亩）由十五排干负责（除此之外还负责选定区域外东侧约 5000 亩地）。两条进水干渠最后汇入十三干十五干混合泵站（以下简称"混合泵站"）。十三干上水口及十五干上水口分别由闸门控制，每次总上水量可查，但选定区域用水量需根据水费情况估量计算得知。

（2）退水情况

种植区退水分为左二排干（负责十五干退水，全长约 3.1km，宽约 4.5 m）及左三排干（负责十三排干退水，全长约 2.4km，宽约 4.5m）两个退水干渠。两条退水干渠于左二排干、左三排干交汇处汇合，最后汇入（汇入距离约 1.9km，宽约 4.5m）混合泵站。稻田种植期间，混合泵站不开闸，所有稻田退水汇入后直接泵回十三干上水渠，供十三干上水负责区域循环利用（由于十五干地势低洼，故不用将退水再次泵回循环利用）。稻田成熟后，农田所有退水经混合泵站（水量可计量）、过五营抽水站直接排入接官厅沟，最后入海。

（3）化肥农药施加情况

在农作物的整个生长周期，成年蟹地块农药施加 2 次、化肥施加 3 次；小蟹地块农药施加 3 次、化肥施加 4 次；无蟹地块农药施加 2 次、化肥施加 3 次。小蟹及成年蟹地块均投喂不等量的豆饼饲料，因投喂量不大，故不做统计。具体见表 2-2 及表 2-3。

表 2-2　地块基本信息及施肥量表

地块名称	施肥频次（何时加）	施肥品种（名称、产地、主要成分及占比）	每次施肥量	施肥方式
成蟹地块	第一次2020.5.16	掺混肥料[掺混肥料,湖南中农澳金肥业有限公司(长沙),N：P：K 占比为 26：18：12]	80 斤/亩[①]	深层施肥
		另施生物有机肥(生物有机肥,盘锦施壮肥业有限公司,有效活菌数≥0.20 亿/克,有机质≥40.0%)	100 斤/亩	深层施肥
	第二次2020.6.15	尿素(尿素,锦西天然气化工有限责任公司,料径 0.85～2.80mm,总氮≥46.0%)	10 斤/亩	扬肥
	第三次2020.6.29	尿素(尿素,锦西天然气化工有限责任公司,料径 0.85～2.80mm,总氮≥46.0%)	20 斤/亩	扬肥
小蟹地块	第一次2020.5.13	复混肥料[复混肥料生态型,天津芦阳肥业股份有限公司(天津),N：P：K 占比为 25：13：10]	80 斤/亩	深层施肥
	第二次2020.6.14	分蘖肥[锌硅大地水稻返青分蘖肥,中化化肥有限公司,有机质:100g/L,N:50g/L,pH(1：250 倍稀释):5.0]。16.7L/桶	13 亩/桶	扬肥
	第三次2020.6.30	尿素(尿素,锦西天然气化工有限责任公司,料径 0.85～2.80mm,总氮≥46.0%)	15 斤/亩	扬肥
	第四次2020.7.17	复混肥料[复混肥料生态型,天津芦阳肥业股份有限公司(天津),N：P：K 占比为 25：13：10]	20 斤/亩	深层施肥
无蟹地块	第一次2020.5.16	复合肥[氨基核聚糖高塔复合肥料,辽宁宇恒肥业科技有限公司(沈阳),N：P：K 占比为 25：15：10]	80 斤/亩	深层施肥

地块 名称	施肥频次 (何时加)	施肥品种 (名称、产地、主要成分及占比)	每次施肥量	施肥方式
无蟹 地块	第二次 2020.6.12	复合肥料[氨基核聚糖高塔复合肥料,辽宁 宇恒肥业科技有限公司(沈阳),N∶P∶K 占比为25∶15∶10]	15斤/亩	扬肥
	第三次 2020.7.1	复合肥料[氨基核聚糖高塔复合肥料,辽宁 宇恒肥业科技有限公司(沈阳),N∶P∶K 占比为25∶15∶10]	15斤/亩	扬肥

①1斤=0.5kg,1亩=666.67m²,1斤/亩=7.5×10⁻⁴kg/m²。

表2-3　农药投加情况表

地块 名称	施药频次 (何时加)	施药品种(名称、产地、主要成分)	每次施药量	施药方式
成蟹 地块	第一次 (2020.5.23)	除草剂(噁·氧·莎稗磷,黑龙江省哈尔滨 富利生化科技发展有限公司;总有效成分含 量:37%;乙氧氟草醚含量:12%;莎稗磷含 量:16%;噁草酮含量:9%;剂型:乳油; 240mL/瓶)	1瓶/3亩①	加水 稀释 喷洒
	第二次 (2020.8.5)	打稻飞虱药(吡蚜酮,江苏克胜集团股份有 限公司;有效成分含量:25%;剂型:悬浮剂; 500克/瓶)	1瓶/5亩	加水 稀释 喷洒
		杀菌剂,防稻瘟病(三环唑,江苏瑞东农药有 限公司;有效成分含量:75%;剂型:可湿性 粉剂;80克/瓶)	1瓶/4亩	
		叶面肥(有机水溶肥料,项城市嘉禾生物技 术有限公司;500克/瓶)	1瓶/10亩	
小蟹 地块	第一次 (2020.5.21)	除草剂(莎稗磷,沈阳科创化学品有限公司; 有效成分含量:30%;剂型:乳油,225克/瓶)	两瓶1套, 1套/3亩	加水 稀释 喷洒
		除草剂[丙炔噁草酮,燕化永乐(乐亭)生物 科技有限公司;有效成分含量:8%;剂型:水 分散粒剂;200克/瓶]		
	第二次 (2020.7.27)	打稻飞虱药(吡蚜酮,江苏克胜集团股份有 限公司;有效成分含量:25%;剂型:悬浮剂; 500克/瓶)	1瓶/20亩	加水 稀释 喷洒
		杀菌剂,防稻瘟病(井冈霉素A,浙江钱江生 物化学股份有限公司;有效成分含量:8%; 剂型:水剂,500克/瓶)	1瓶/5亩	
		杀虫剂[四氯虫酰胺,燕化永乐(乐亭)生物 科技有限公司;有效成分含量:10%;剂型: 悬浮剂;30克/瓶]	1瓶/1亩	

地块名称	施药频次（何时加）	施药品种（名称、产地、主要成分）	每次施药量	施药方式
小蟹地块	第二次（2020.7.27）	杀菌剂，防稻瘟病（三环唑，江苏长青生物科技有限公司；有效成分含量：30%；剂型：悬浮剂；250克/瓶）	1瓶/4亩	加水稀释喷洒
小蟹地块	第三次（2020.8.9）	农用有机硅助剂（100%乙氧基改性三硅氧烷，杭州包尔得新材料科技有限公司；5克/袋）	1袋/1亩	加水稀释喷洒
		杀菌剂，防稻瘟病（三环唑，江苏长青生物科技有限公司；有效成分含量：30%；剂型：悬浮剂；250克/瓶）	1瓶/4亩	
		杀菌剂，防稻瘟病（井冈霉素A，浙江钱江生物化学股份有限公司；有效成分含量：8%；剂型：水剂；500克/瓶）	1瓶/5亩	
		杀虫剂，预防飞虱药（氟啶虫酰胺，日本石原产业株式会社；有效成分含量：10%；剂型：水分散粒剂；20克/袋）	1袋/5亩	
		杀虫剂，打飞虱药（吡蚜酮，河北威远生化农药有限公司；有效成分含量：50%；剂型：水分散粒剂；20克/袋）	1袋/4亩	
无蟹地块	第一次（2020.5.20）	除草剂（丙·氧·噁草酮，黑龙江省哈尔滨富利生化科技发展有限公司；总有效成分含量：34%；丙草胺含量：15%；乙氧氟草醚含量：12%；噁草酮含量：7%；剂型：微乳剂；250mL/瓶）	1瓶/4亩	加水稀释喷洒
		除草剂（吡嘧磺隆，美丰农化有限公司（温州）；有效成分含量：10%；剂型：可湿性粉剂；20克/袋）	1袋/亩	
无蟹地块	第二次（2020.8.3）	拿敌稳农药（肟菌·戊唑醇，拜耳股份有限公司；总有效成分含量：75%；戊唑醇含量：50%；肟菌酯含量：25%；剂型：水分散粒剂；500克/袋）	15～20g/亩	

① 1亩=666.67m²。

2.3.3 进退水质监测

在农作物整个生长周期共完成了农田注水监测32次；降雨监测12次，降雨监测数据计算到背景值内；退水监测7次，每次农田退水时，采集排水口、河流上下游水质样品。监测指标包括：化学需氧量、氨氮、总磷、总氮、高锰酸盐指数、有机磷农药（乐果、甲基对硫磷、马拉对硫磷、对硫磷、内吸磷、敌敌畏、敌百虫），经过前期监测数据分析，未检出有机磷农药，且后期施加的化肥、农药成分中也不包含有机磷农药的成分，故取消对有机磷农药的监测。

（1）退水过程河水上下游监测比对

退水过程中，分别对河水上下游样品进行了监测，取每次下游与上游监测数据的差值，比较退水过程排水对下游河流的影响。

① 化学需氧量。如图 2-4 所示，监测的化学需氧量数据共 7 对，其中浓度升高数据 4 对、浓度降低数据 3 对；由图 2-4 可看出，不论是数据升高还是降低，差值都不太明显。因此，可认为每次退水过程，排水对下游河水化学需氧量几乎无影响。

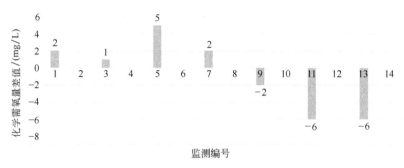

图 2-4　化学需氧量上下游数据差值

② 氨氮。如图 2-5 所示，监测的氨氮数据共 7 对，其中浓度升高数据 2 对、浓度降低数据 5 对；由图 2-5 可看出，在农田退水排入河流时，氨氮变化不太明显，下游浓度相比上游有所降低。因此，可认为每次退水过程，排水对下游河水氨氮含量无明显影响，还对下游河水起到了稀释作用。

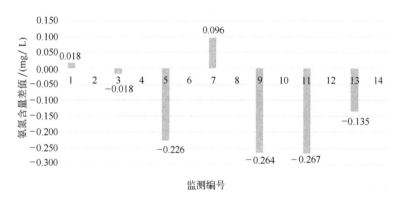

图 2-5　氨氮上下游数据差值

③ 高锰酸盐指数。如图 2-6 所示，监测的高锰酸盐指数数据共 7 对，其中浓度升高数据 1 对、浓度降低数据 6 对；对于数据降低的 6 组数据来说，仅有一次变化较为明显，其余均变化很小，考虑到河流水质变化的影响，可认为每次退水过程，排水对下游河水高锰酸盐指数无明显影响。

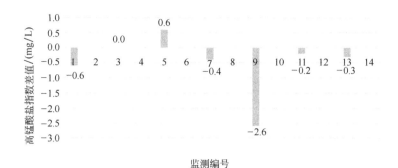

图 2-6　高锰酸盐指数上下游数据差值

④ 总磷。如图 2-7 所示，监测的总磷数据共 7 对，其中浓度升高数据 1 对、浓度降低数据 6 对；由图 2-7 可看出，在农田退水排入河流时，总磷变化不太明显，下游浓度相比上游有所降低。因此，可认为每次退水过程，排水对下游河水氨氮含量无明显影响，还对下游河水起到了稀释作用。

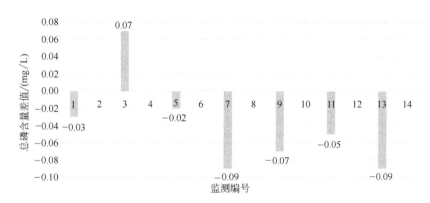

图 2-7　总磷上下游数据差值

⑤ 总氮。如图 2-8 所示，监测的总磷数据共 7 对，其中 7 组数据浓度全为降低，且变化趋势明显；由图 2-8 可看出，农田退水不仅没有对河流造成污染，反而对下游河水起到了稀释作用。因此，可认为每次退水过程，农田退水对下游河水总氮的含量有一定的稀释作用。

（2）退水过程排水口与监测背景值比对

排水口监测背景值包括农田注水背景值与降雨背景值两部分，退水时，需计算当次退水前所有注水与降雨的背景均值，比较排水水质与背景值的差异。

① 化学需氧量。如图 2-9 所示，监测的化学需氧量数据共 6 对，与背景值相比，所有浓度均有不同程度的升高。

② 氨氮。如图 2-10 所示，监测的氨氮数据共 6 对，与背景值比较，浓度升高数据 1 对、浓度降低数据 5 对。

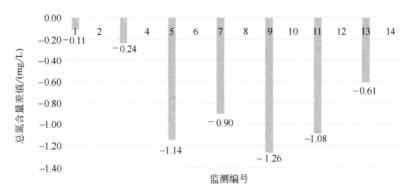

图 2-8　总氮上下游数据差值

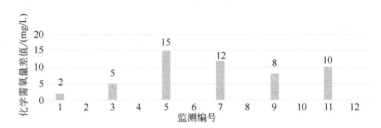

图 2-9　化学需氧量排水口与背景值数据差值

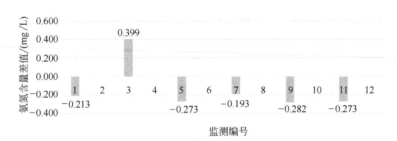

图 2-10　氨氮排水口与背景值数据差值

③ 高锰酸盐指数。如图 2-11 所示，监测的高锰酸盐指数数据共 6 对，与背景值比较，所有浓度均有不同程度升高，但不太明显。

④ 总磷。如图 2-12 所示，监测的总磷数据共 6 对，与背景值比较，浓度无变化数据 1 对、浓度升高数据 3 对、浓度降低数据 2 对；每次退水水质总磷与背景值比较，变化相差不大。

⑤ 总氮。如图 2-13 所示，监测的总磷数据共 6 对，与背景值比较，浓度无变化数据 1 对、浓度升高数据 1 对、浓度降低数据 4 对；每次退水水质总氮与背景值比较，水质变化不大。

（3）整个研究过程农田进水与退水绝对量的比较

进水包括农田注水与降雨两部分，通过计算每次注水水量、降雨量、退水水

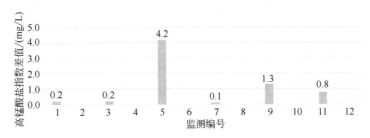

图 2-11　高锰酸盐指数排水口与背景值数据差值

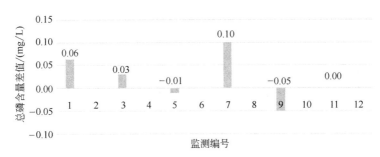

图 2-12　总磷排水口与背景值数据差值

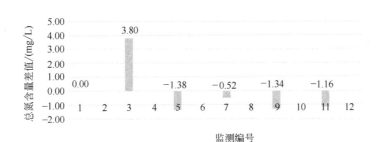

图 2-13　总氮排水口与背景值数据差值

量及相对应水质各项指标浓度值，计算绝对量，结果如图 2-14 所示。水质流经农田，经过作物吸收、渗透、蒸发等原因，排入河水中的各项指标均有不同程度的降低。

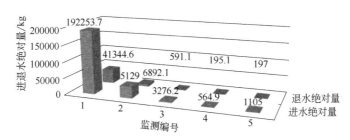

图 2-14　农田进退水绝对量比较

综上所述，在整个稻米种植期间。从总量来看，进入到所选地块的污染物均远远高出退水中的污染物总量；从整个退水来看，退水量远远小于水注入量，且与背景值相比较浓度相差不大；退水期间河流上下游的值也无明显变化。

由此得出结论，所选地块并未对实际环境造成相应污染。至于成年蟹地块、小蟹地块及无蟹地块中污染物与进退水之间的联系有待进一步分析。

参考文献

[1] 金书秦，邢晓旭. 农业面源污染的趋势研判、政策评述和对策建议 [J]. 中国农业科学，2018，51（3）：593-600.

[2] 李正升. 农业面源污染控制的一体化环境经济政策体系研究 [J]. 生态经济（学术版），2011（2）：254-256.

[3] 庄义庆，高金成，施扣林. 农业污染阻控技术在新农村环境建设中的作用 [C]. 华东六省一市农学会2006年学术论坛. 2006.

[4] 井柳新，孙愿平，刘伟江，等. 农业源水污染物削减技术探讨 [J]. 环境污染与防治，2015，37（3）：45-47.

[5] 张树涛，李永前. 治理农业面源污染 保障生态环境安全 [J]. 吉林农业，2017（16）：40-41.

[6] 杨林章，施卫明，薛利红，等. 农村面源污染治理的"4R"理论与工程实践——总体思路与"4R"治理技术 [J]. 农业环境科学学报，2013，32（1）：1-8.

[7] 陶玲，李谷，李晓莉，等. 基于固着藻类反应器的生态沟渠构建 [J]. 农业工程学报，2011，27（1）：297-302.

[8] Tao L，Zhu J Q，Li X L，et al. Construction of an ecological ditch basted on periphyton reactor [J]. Agricultural Science & Technology，2012，13（12）：2632-2637.

[9] 欧媛. 典型湿地植物根系泌氧对根际氧化还原环境的影响 [D]. 南京：南京师范大学，2015.

[10] 陆宏鑫，吕伟娅，严成银. 生态沟渠植物对农田排水中氮磷的截留和去除效应 [J]. 江苏农业学报，2013，29（4）：791-795.

[11] 杜兴华，马国红，张明磊，等. 不同种植密度水生植物净化池塘水质的效果研究 [J]. 长江大学学报自然科学版：农学卷，2012，9（11）：13-18.

[12] 田如男，朱敏，孙欣欣，等. 不同水生植物组合对水体氮磷去除效果的模拟研究 [J]. 北京林业大学学报，2011，33（6）：191-195.

[13] Lu B，Xu Z，Li J，et al. Removal of water nutrients by different aquatic plant species：An alternative way to remediate polluted ruralrivers [J]. Ecological Engineering，2018，110：18-26.

[14] 刘燕，夏品华. 生态沟渠中4种水生植物的氮磷积累效应 [J]. 贵州农业科学，2016，44（4）：147-149.

[15] Fu D，Gong W，Xu Y，et al. Nutrient mitigation capacity of agricultural drainage ditches in Tai lakebasin [J]. Ecological Engineering，2014，71（71）：101-107.

[16] Tang W，Zhang W，Zhao Y，et al. Nitrogen removal from polluted river water in a novel ditch - wetland - pondsystem [J]. Ecological Engineering，2013，60（11）：135-139.

[17] 敬子卉. 生态组合沟渠技术中基质与植物要素对农田退水氮磷减排的效果研究 [D]. 成都：四川农业大学，2016.

[18] 王孜颜，罗梅，陈国梁，等. 长广溪清水廊道新型生态沟技术中试试验研究 [J]. 环境科学与技术，2017（3）：91-95.

[19] 张燕，祝惠，阎百兴，等. 排水沟渠炉渣与底泥对水中氮、磷截留效应 [J]. 中国环境科学，2013，33

(6)：1005-1010.

[20] 卓慕宁，李定强，谢真越，等. 一种利用生物炭减少农田排水沟渠氮磷流失的方法：CN105706691A [P]. 2016.

[21] 张树楠，贾兆月，肖润林，等. 生态沟渠底泥属性与磷吸附特性研究 [J]. 环境科学，2013，34（3）：1101-1106.

[22] 王令，王文杰，夏训峰. 生态沟渠对农村生活污水脱氮除磷效果的研究 [J]. 环境科学与技术，2015，38（8）：196-199.

[23] Collins S D，Shukla S，Shrestha N K. Drainage ditches have sufficient adsorption capacity but inadequate residence time for phosphorus retention in theEverglades [J]. Ecological Engineering，2016，92：218-228.

[24] 张春旸，李松敏，牛文亮，等. 生态沟渠对农田氮磷拦截效果的试验研究 [J]. 天津农学院学报，2017，24（2）：72-76.

[25] Vymazal J. Removal of nutrients，organics and suspended solids in vegetated agricultural drainageditch [J]. Ecological Engineering，2018，118：97－103.

[26] Chen L，Liu F，Wang Y，et al. Nitrogen removal in an ecological ditch receiving agricultural drainage in subtropical centralChina [J]. Ecological Engineering，2015，82：487-492.

[27] 严成银. 生态浅沟削减农业面源氮素污染物质机理研究 [D]. 南京：南京工业大学，2013.

[28] 李海波，吕学东，王洪，等. 稻田退水沟渠去除氮磷的强化措施及其应用概述 [J]. 湖北农业科学，2015，54（20）：4985-4990.

[29] 王岩，王建国，李伟，等. 生态沟渠对农田排水中氮磷的去除机理初探 [J]. 生态与农村环境学报，2010，26（6）：586-590.

[30] 余红兵. 生态沟渠水生植物对农区氮磷面源污染的拦截效应研究 [D]. 长沙：湖南农业大学，2012.

[31] 李杰，李文讚，魏志勇，等. 海绵铁/微生物协同互促除磷研究 [J]. 中国给水排水，2013，29（23）.

[32] 陆宏鑫，吕伟娅，严成银. 生态沟渠植物对农田排水中氮磷的截留和去除效应 [J]. 江苏农业学报，2013，29（4）：791-795.

第**3**章 ▶▶

畜禽养殖业面源氨氮污染控制技术

目前，我国工业点源污染逐渐得到控制[1]，但是面源污染情况却越发严重，尤其是流域畜禽养殖面源污染逐年加剧，引起了公众的重视。从 2015 年开始，农业部每年都会部署关于流域面源污染防治的重点工作。2017 年 2 月末，农业部继续做出了 2017 年面源污染防治工作的部署，该工作部署不仅涵盖了化肥农药的使用规范、养殖粪污的处理、果蔬菜的有机肥替代化肥、秸秆和地膜的综合利用等内容，还包含了流域面源污染防治技术的推广工作以及绿色农业宣传活动。当前由于畜禽的规模化养殖往往会集中产生大量粪尿，畜禽的排泄物经过雨水的冲刷流入水体，容易导致流域的富营养化，从而影响到农村的生产或生活用水。因此，掌握流域畜禽养殖面源氨氮污染控制技术是解决当今环境问题密不可分的一部分。

3.1 畜禽养殖粪便发酵处理技术

畜禽养殖有机肥快腐技术即通过研制有机物高效降解菌剂，将高效菌剂投加于有机肥中，进行堆肥处理，使有机肥快速发酵，降低养殖业所引起的面源污染技术。

随着我国畜禽养殖业的大量发展和集约化程度逐步提高，畜禽粪便的产生量与日俱增。由于畜禽粪便携带大量病原菌，易腐烂和恶臭，造成严重环境污染，已不同程度阻碍养殖业发展。20 世纪 90 年代以来，国民经济迅速发展，畜禽粪便的发酵技术得到深入研究和应用，已成为畜禽粪便减量化、无害化和资源化中最重要方法之一。畜禽粪便经过发酵后，不仅能有效地杀灭其有害病原菌和寄生虫卵，还能提高畜禽粪便中的有效养分，增加植物产量，提高不同植物品质和改善土壤的理化性质，是一种理想的有机农产品的有机肥料。

3.1.1 畜禽粪便国内外研究现状

国外在畜禽粪便处理方面起步较早，技术较成熟，经处理的畜禽粪便已被广泛应用于有机肥料和再生饲料的生产中。目前，国外对鲜畜禽粪便的处理方法主要有日光照射与自然通风干燥法、滚筒式加热烘干法、发酵脱水与吹风干燥法等，这些方法均能达到除臭、消毒的目的。很多研究人员正在探索用物理学方法进行除臭，如美国密苏里大学的 Philip Goodrich（1996）试验用脉冲电磁装置处理粪便，利用产生的脉冲电磁波有选择地抑制一些有害微生物的生长，以减少臭味。他们还根据电化学原理，利用电极产生的电极性，去除硫化物，减少有害气体释放。

在国内，畜禽粪便处理后的利用途径基本走肥料化的道路。在干燥的畜禽粪便中配入无机肥料制成粒状有机无机复合肥料，也可将干畜禽粪便装袋密封后直接出售用作肥料。我国对畜禽粪便的加工处理方法主要有干燥处理法、青贮法、化学处理法、热喷处理法和发酵处理法（自然发酵、酒糟处理法、拌料发酵）等，其中好氧发酵处理法的效果最好。目前，我国畜禽粪便资源化利用主要技术见表 3-1。

表 3-1　畜禽粪便资源化利用技术一览表

类型	利用技术	方法	特点
利用化技术	直接做饲料	适用于鸡粪	方法简单，但含有病原微生物
	青贮法	将畜禽粪便与其他青绿饲料共同青贮	简便易行且经济效益较高，可杀死粪便中病原微生物
	干燥法	利用热效应将粪便干燥	设备简单、投资小
	分解法	利用优良品种的蝇、蚯蚓和蜗牛等低等动物分解畜禽粪	比较经济、生态效益显著
肥料化技术	堆肥技术	通过微生物作用，将粪便中复杂的有机物分解转化为易于利用的简单有机物质成分	投资少，操作简单，运行成本低。但占地面积大，用工多，发酵时间长，对环境有一定的污染
	复合肥技术	将堆肥产品经无害化和稳定化处理，加入氮、磷、钾化肥混合	能同时提供多种营养成分，养分均衡、施用方便、便于运输
能源化技术	厌氧发酵产沼	粪便在厌氧微生物的作用下进行厌氧发酵产生沼气	能提供清洁能源，同时解决污染问题，并提供优质无害化肥料
	直接燃烧	是一种传统的能量交换方式	在我国主要用于处理生活垃圾，国外畜禽粪便处理中有所应用

3.1.2　畜禽粪便发酵的特点

畜禽粪便发酵具有以下特点：第一，畜禽粪便经过微生物发酵分解有机物可获得高质量的生物有机肥，该肥料包含活性有机质、各种有机酸、各种氨基酸及活性生物酶；第二，不产生二次污染，处理畜禽粪便过程中除了没有固体和液体的污染外，最关键没有气味污染；第三，运转成本低，畜禽粪便经处理后的产品是农资产品肥料，在同等条件下农资产品因价格低廉是农民首选。

3.1.3 畜禽粪便发酵的分类

常见的畜禽粪便发酵有两种：好氧发酵和厌氧发酵。好氧发酵是指微生物在有氧条件下对有机物进行生物降解的过程。好氧微生物如细菌、放线菌等进行的发酵是依靠自身的生命活动实现的，其可以直接利用发酵底物中的小分子有机物，而大分子物质需分泌体外酶进行一次降解，然后吸收利用后维持其繁殖生命活动[2]。

厌氧发酵是指有机物在厌氧微生物代谢作用下转化为 CH_4 和 CO_2 等稳定物质的过程。厌氧细菌中发酵型菌群先利用其分泌的胞外酶将大分子物质分解为溶于水的单糖、甘油、脂肪酸和氨基酸等小分子化合物，再吸收这些小分子化合物，将其分解为乙酸、丙酸、丁酸、氢和一氧化碳等；丙酸和丁酸又在产氢产乙酸菌作用下转化为乙酸、氢和一氧化碳；接着好氧产乙酸菌利用氢和一氧化碳生成乙酸；最后在产甲烷菌群的作用下将乙酸、氢和一氧化碳转化为甲烷[3]。

畜禽粪便兼氧发酵新工艺同时具备好氧发酵和厌氧发酵的优点，并有效克服两者的缺点。兼氧发酵新工艺相比好氧发酵工艺处理畜禽粪便的综合成本可降低 25% 左右，相比厌氧发酵工艺可降低 15% 左右。且由于兼氧发酵工艺整个过程是在密封棚内完成，这样有效解决了畜禽粪便在好氧发酵过程中气味对周边及厂区的污染问题。

兼氧发酵是先好氧发酵再过渡到厌氧发酵，前期畜禽粪便在加入多功能微生菌群的条件下进行好氧发酵，使发酵物在较短时间内进行分解，然后过渡转换成厌氧发酵系统，厌氧发酵的目的是使大分子有机物进一步降解成有机小分子及中间产物，如腐殖酸等。同时进入太阳能脱水棚进行自然脱水干燥，经兼氧发酵及干燥后的物料可加工成各种专用肥。兼氧发酵工艺流程图如图 3-1 所示。

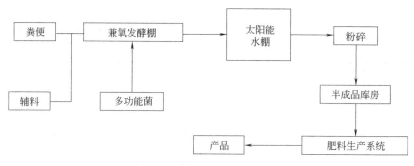

图 3-1　兼氧发酵工艺流程图

3.1.4 畜禽粪便发酵的影响因素

① pH 的影响。Abouelenien 等[4] 厌氧发酵的研究表明，厌氧发酵理想 pH 值为 7.0~7.5，家畜粪便厌氧发酵液 pH 值为 8.2。厌氧发酵不同阶段对 pH 值的要求也不相同，产甲烷菌对 pH 值非常敏感，最适 pH 值在 6.8~7.2。另外，酶的活性也受 pH 值的影响[5]。

② 温度的影响。适宜且稳定的温度是厌氧发酵成功的一个关键因素。厌氧发酵是在微生物群的共同作用下进行的，而这些微生物均对温度较为敏感。厌氧发酵温度有三种：常温、中温和高温，中温最适温度为 35℃，高温为 55℃，多数家畜粪便厌氧发酵采用温度为 35℃。温度的恒定也是关键的条件，郭建斌等[6] 发现温度变化 1℃/d 就会影响发酵，温度变化只有控制在 0.5℃/d 时才不会影响发酵的进行。

③ 发酵原料的影响。由于各种原料所含的营养物质不同，所以不同的原料发酵反应也存在较大的差异。家畜粪便在家畜体内已经经过了一次消化，虽更易被分解，但因含有较多的氨，容易产生氨氮积累，从而抑制发酵，因此畜禽粪便常与其他农作物废物混合发酵。王晓娇[7] 研究发现，不同原料混合进行沼气发酵的效果也存在较大差异，牛鸡麦、牛猪麦和鸡猪麦粪便配比分别为 50:50、75:25和 75:25 时的沼气和 CH_4 产量最优，相比于单一原料发酵，鸡猪麦混合后 CH_4 产量提高程度最大，牛猪麦其次，牛鸡麦最小，该结果表明猪粪最适合与其他粪便混合发酵。

④ 底物浓度与水分的影响。不同的底物浓度会对发酵产生显著性影响，当底物（挥发性固体，VS）浓度小于 20 g/L（VS 表示挥发性固体）时，发酵总产气量和 CH_4 产量都随底物浓度的增加而线性增加，而底物浓度过高时将会导致料液酸化，从而降低发酵效率。张纪利等[8] 试验表明：物料初始水分含量 75% 时，发酵前期分离到的真菌和霉菌数量明显高于初始水分含量 55% 和 65% 时的物料，但分离到的细菌和大肠杆菌数量较少。魏宗强[9] 在鸡粪堆肥中发现，发酵物料水分含量过低不利于微生物生长，当初始水分含量低于 15% 时，微生物生长停止。而当物料初始水分含量过高时，则会影响物料的通风，延长发酵时间。因此，水分含量也是影响发酵的一个重要因素。

⑤ 通风的影响。有机肥发酵属于有氧发酵，通风情况会严重影响发酵的效果，若通风供氧不足，发酵池内微生物的生长会受到严重的抑制，而当通风量过大时，则会带走大量的热量，导致发酵池温度上升困难，同样会影响发酵效果[10]。白森等[11] 对比有无通风槽对有机肥发酵时的影响得出，设置通风槽时，发酵前期温度和氧气均明显高于未设置通风槽的发酵池，且有通风槽的发酵池 pH 值始终维持在 7.5，无通风槽的 pH 值为 8.5。初始总 N 含量相同的条件下，有通风槽的发酵池

总 N 含量始终明显高于无通风槽的总 N。有、无通风槽对有机肥最终 C/N 比也有较大的影响，经一定时间发酵后，有通风槽和无通风槽最终 C/N 比分别为 13.1 和 17.7，说明无通风槽处理物料发酵不彻底。

⑥ 原料 C/N 比的影响。原料 C/N 比指的是发酵原料中有机碳素含量（质量浓度或质量分数）和氮素含量（质量浓度或质量分数）的比值关系。C/N 比对混合原料发酵效果有显著影响，不同的混合原料随 C/N 比的增加，沼气和 CH_4 产量先增加后减少，各种原料混合发酵适宜的 C/N 比在 20：1～30：1 之间。耿富卿等[12] 用玉米秆和牛粪进行发酵试验得出，C/N 比为 25：1 时，发酵结束时分离的真菌和细菌数量较多，而霉菌、大肠杆菌和蛔虫卵数量相对较少。叶江平等[13] 也发现 C/N 比为 25：1 时，有利于减少氮素的损失和促进堆肥的腐熟，能较好地满足发酵过程中真菌和细菌的生长繁殖。C/N 比还会影响发酵的理化条件，当设置四种不同的 C/N 比（20：1、25：1、30：1、35：1），C/N 比为 25：1 时，发酵池温度在 50～55℃的天数最长，最有利于发酵，且在此比值下，发酵时氧气浓度大于 25％的时间最长，能提供充足的氧气，提高生物代谢活性，利于有机肥的腐熟[14]。

3.2 畜禽养殖废水氨氮污染控制技术

随着"菜篮子工程"的实施，我国兴建了许多大中型集约化的畜禽养殖场，这种集中饲养方法导致禽畜粪尿过度集中和冲洗用水的大量增加，产生大量高浓度、高氨氮、高悬浮物、臭味大的畜禽粪水。这种高浓度有机废水如直接排入或随雨水冲刷进入江河湖库，会大量消耗水体中的溶解氧，使水体变黑发臭，其中含有的大量氮、磷等营养物质会造成水体富营养化，导致水质恶化，危及周边生活用水水质。在我国，规模化养殖场往往建在大中型城市近郊和城乡结合部，且绝大多数养殖场在建场初期未考虑畜禽粪便的处理问题。畜禽废水大多未经妥善回收处理便直接排放，对环境造成严重的污染。对养殖场废水进行无害化处理、资源化利用，防止和消除规模化养殖场禽畜废水的污染已迫在眉睫。

3.2.1 禽畜养殖废水的排放特征

目前规模化养殖场主要清粪工艺有 3 种：水冲式、水泡粪（自流式）和干清粪工艺。其中干清粪工艺可保持猪舍内清洁，无臭味，产生的污水量少，且浓度低，易于净化处理，是目前比较理想的清粪工艺，日本多采用这种工艺，欧美国家也开始倾向于这种工艺。在国内，北京、天津、上海等地的一些养猪场已经应用干清粪工艺，并已显示出它的优越性。但是，很多新建养猪场仍然在采用前两种不合理的工艺。一般情况下的污水水质指标见表 3-2。

我国禽畜养殖业污染物排放标准值为 NH_4^+-N<80mg/L，TP<8mg/L。由表3-2 可知，尽管各类养殖场废水中污染物浓度有一定差异，但总体看来，污水中的有机物、氨、氮及总磷指标浓度高，pH 值呈中性，属于中高浓度的有机污水。而且污染物的浓度与清粪方式有关，以养猪场为例，采用干清粪工艺污水中 COD 浓度值比水冲粪工艺低一个数量级，其他指标如 NH_4^+-N、TP 也相对较小。与畜禽养殖污染物排放标准值相比，养猪场、养牛场及养鸡场排放污水中 COD 分别超标 3~116 倍、1~2 倍、5~25 倍，TP 超标 3~35 倍、1~2 倍、0.5~6 倍，养猪场和养鸡场排放污水中 NH_4^+-N 超标 0.5~21 倍、1~6 倍，养牛场排放污水中 NH_4^+-N 可以达到标准。因此，畜禽养殖场的污水必须经过处理达到标准后才能排放。

表 3-2　各类养殖场废水中污染物浓度　　　　　　　　单位：mg/L

养殖种类	清粪方式	COD	NH_4^+-N	TP	pH
猪	水冲粪 干清粪	15600~46800 500~1500	127~1780 50~288	32~293 20~52	6.3~7.5
肉牛	干清粪	887	22	5	7.1~7.5
奶牛	干清粪	918~1 050	42~60	16~20	7.2~7.8
蛋鸡	水冲粪	2740~10500	70~601	13~59	6.5~8.5

3.2.2　畜禽养殖废水氨氮污染控制主要技术

目前，禽畜养殖场废水处理方法可简单归纳为物理处理法、物理化学处理法、化学处理法和生物处理法，其中，应用最广泛的是生物处理法。尽管养殖场废水处理工艺很多，但其处理率仍较低，究其原因主要有两点：一是禽畜养殖行业属于微利行业，投入到废水处理中的资金少；二是环保意识薄弱，对废水处理的认识不足。同时，各地的自然、经济条件不尽相同，养殖场规模、运行管理方法和环境容量大小等也有差异。因此，有必要对不同的废水处理方法进行比较，总结出适合不同地区、不同规模养殖场的废水处理模式。常用的工业化处理氨氮模式有以下几种方法。

（1）自然处理法

自然处理法是利用天然水体、土壤和生物的物理、化学与生物的综合作用来净化污水。其净化机理主要包括过滤、截留、沉淀、物理和化学吸附、化学分解、生物氧化以及生物的吸收等。其原理涉及生态系统中物种共生、物质循环再生原理、结构与功能协调原则，分层多级截留、储藏、利用和转化营养物质机制等。这类方法投资省、工艺简单、动力消耗少，但净化功能受自然条件的制约。自然处理的主要模式有氧化塘、土壤处理法与人工湿地处理法等。

氧化塘又称为生物稳定塘，是一种利用天然或人工整修的池塘进行污水生物处理的构筑物。其对污水的净化过程和天然水体的自净过程很相似，污水在塘内停留时间长，有机污染物通过水中微生物的代谢活动而被降解，溶解氧则由藻类通过光合作用和塘面的复氧作用提供，亦可通过人工曝气提供。作为环境工程构筑物，氧化塘主要用来降低水体的有机污染物，提高溶解氧的含量，并适当去除水中的氮和磷，减轻水体富营养化的程度。

土壤处理法不同于季节性的污水灌溉，是常年性的污水处理方法。将污水施于土地上，利用土壤-微生物-植物组成的生态系统对废水中的污染物进行一系列物理的、化学的和生物净化过程，使废水的水质得到净化，并通过系统的营养物质和水分的循环利用，使绿色植物生长繁殖，从而实现废水的资源化、无害化和稳定化。

人工湿地可通过沉淀、吸附、阻隔、微生物同化分解、硝化、反硝化以及植物吸收等途径去除废水中的悬浮物、有机物、氮、磷和重金属等。近年来，人工湿地的研究越来越受到重视，叶勇等[15] 利用红树植物木榄和秋茄处理牲畜废水中的 N、P，结果表明两种植物对 N、P 的去除效果较好。廖新俤、骆世明[16] 分别以香根草和风车草为植被，建立人工湿地，随季节不同，对污染物的去除率不同，COD_{Cr} 去除率可达 90% 以上，BOD_5 可达 80% 以上。

由于自然处理法投资少，运行费用低，在有足够土地可利用的条件下，它是一种较为经济的处理方法，特别适宜于小型畜禽养殖场的废水处理。

（2）好氧性生物处理法

好氧处理的基本原理是利用微生物在好氧条件下分解有机物，同时合成自身细胞（活性污泥）。在好氧处理中，可生物降解的有机物最终可被完全氧化为简单的无机物、H_2O、CO_2、NO、SO_4^{2-}、PO_4^{3-} 等。

对于养殖场废水的好氧处理，早期主要采用活性污泥法、接触氧化法、生物转盘、氧化沟、膜生物法（MBR）等工艺，这些工艺对养猪场废水的脱氮效能较差。采用间歇曝气的运行方式处理养猪场废水，如间歇式排水延时曝气（IDEA）、循环式活性污泥系统（CASS）、间歇循环延时曝气活性污泥法（ICEAS）等工艺，有机物以及氮、磷去除效果较好。具有间歇曝气特点的序批式反应器 SBR 工艺在处理养殖场废水中得到广泛应用。它把污水处理构筑物从空间系列转化为时间系列，在同一构筑物内进行进水、反应、沉淀、排水、闲置等周期。但单独使用 SBR 工艺的极少，多是采用 SBR 与其他方式结合处理。SBR 具有流程简单，运行灵活，自动化程度高，污泥浓度高，反应期存在浓度梯度，能加快反应速度和抑制污泥丝状膨胀等优点。

（3）厌氧性生物处理法

20 世纪 50 年代出现了厌氧接触法（anaerobic contact process），此后随着厌氧滤器（anaerobic filter，AF）和上流式厌氧污泥床（up flow anaerobic sludge

bed，UASB）的发明，推动了以提高污泥浓度和改善废水与污泥混合效果为基础的一系列高负荷厌氧反应器的发展，并逐步应用于禽畜污水处理中。厌氧处理的特点是造价低、占地少、能量需求低，还可以产生沼气；而且处理过程不需要氧，不受传氧能力的限制，因而具有较高的有机物负荷潜力，能使一些好氧微生物所不能降解的部分进行有机物降解。

常用的方法有：完全混合式厌氧消化器、厌氧接触反应器、厌氧滤池、上流式厌氧污泥床、厌氧流化床与升流式固体反应器等。邓良伟、陈铬铭[17] 用内循环厌氧反应器（IC）工艺处理猪场废水，其 TP 去除率达 53.8%，COD 去除率达 80.3%，BOD_5 去除率达 95.8%，SS 去除率达 78%，沼气产气率达 $1.5\sim3m^3/d$。目前国内养殖场废水处理主要采用的是上流式厌氧污泥床及升流式固体反应器工艺。近年来，学者对各种厌氧反应器研究较多，认为新型超高效厌氧反应器处理养猪场污水有机污染物有广阔的前景。

（4）混合处理法

上述的自然处理法、厌氧法、好氧法用于处理畜禽养殖废水各有优缺点和适用范围，为了取长补短，获得良好稳定的出水水质，实际应用中加入其他处理单元。混合处理法就是根据畜禽废水的多少和具体情况，设计出由以上 3 种或以它们为主体并结合其他处理方法进行优化的组合共同处理畜禽废水。这种方式能以较低的处理成本，取得较好的效果。

彭军等[18] 选择厌氧-兼氧组合式生物塘作为主体工艺，将上流式厌氧污泥床移植到兼性塘，养猪场废水经处理后，其 BOD_5、COD_{Cr}、NH_4^+-N 可分别从 9000mg/L、14000mg/L、1200mg/L 降至 20mg/L、60mg/L、65mg/L，成功地解决了热带地区规模化养猪场污水污染负荷高和养猪行业利润低的两大难题。杭州西子养殖场采用了厌氧好氧结合的处理工艺，经处理后，水中 COD_{Cr} 约为 400mg/L，BOD_5 为 140mg/L，基本达到废水排放标准[19]。韩力平等[20] 采用直接投加优势菌的方法，可大大改善原自然处理系统的能力，提高对水体或土壤中难降解有机物的降解能力。深圳农牧实业公司的污水处理工程工艺流程为污水→固液分离→调节池→上流式厌氧消化→植物塘→鱼塘→排放，处理后废水能达到深圳市废水排放标准[21]。李金秀等[22] 采用 ASBR-SBR 组合反应器系统，ASBR 作为预处理器（厌氧），主要用于去除有机物，SBR（好氧）用于生物脱氮处理。

膜生物反应器是由膜分离技术与生物反应器相结合的新型生物化学反应系统。它用膜取代了传统的二沉池，具有出水稳定、活性污泥浓度高、抗冲击负荷能力强、剩余污泥少、装置结构紧凑、占地少等特点。近年来，已经逐渐应用于各种污水的处理。范建伟、张杰[23] 采用膜生物反应器对上海市郊一畜禽场的排出废水进行处理，通过一段时间的调整，处理系统逐步稳定，出水达到国家一级排放标准。

畜禽养殖废水是比较难处理的有机废水，主要是因为其排量大，温度较低，废水中固液混杂，有机物含量较高，固形物体积较小，很难进行分离，而且冲洗时间相对集中，使得处理过程无法连续进行。由于废水中的 COD、BOD 等指标严重超标，悬浮物量大，氮磷含量丰富，氨氮含量高且不易去除，单纯采用物理、化学或者生物处理方法都很难达到排放要求。因此一般养殖场的废水处理都需要使用多种处理方法相结合的工艺。根据畜禽废水的特点和利用途径，可采用以上不同的处理技术。典型的工艺流程见图 3-2。

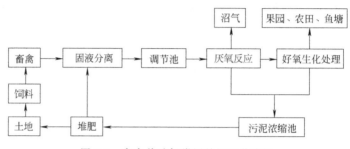

图 3-2　畜禽养殖场粪污处置工艺流程

3.3 畜禽养殖废水处理同时脱氮产甲烷技术

针对畜禽养殖废水排水量大、有机质浓度高，氮磷营养元素含量高，污水中常常伴有消毒水、重金属、残留的兽药以及各种人畜共患病原体等污染物的特点，分别考察膜曝气生物膜反应器、厌氧折流板反应器及其耦合工艺的处理效果，优化各工艺的操作参数，实现畜禽养殖废水处理同时脱氮产甲烷功效，为畜禽养殖废水处理提供技术支撑。

（1）厌氧折流板反应器处理畜禽养殖废水产甲烷技术

根据畜禽养殖废水污染特点以及文献资料，设计 2～3 种不同结构的厌氧折流板反应器。以厌氧折流板反应器中微生物的驯化与快速启动过程同步为目标，接种污泥选择合适厌氧颗粒污泥，采用从低有机负荷开始逐步提升负荷方式启动厌氧折流板反应器。在逐级启动过程中，测定反应器各格室上清液以及出水中挥发性脂肪酸（VFA）组成及浓度、碱度、污染物浓度（COD_{Cr}、SS、NH_4^+-N、TN、TP 等），监测污泥体系的氧化还原电位以及产气组分与速率，评价反应器的启动状态、产气效率以及污染物的去除效能。

利用显微与分子生物学技术，研究厌氧折流板反应器低负荷同步启动过程中颗粒污泥的生长特征及生物相组成，解析各格室颗粒污泥中微生物的分子生态学特征，量化不同格室单个颗粒污泥内部产酸菌与产甲烷菌等菌群的分布。探索厌氧折流板反应器各格室间产酸微生物与产甲烷微生物的相分离特征与反应器启动状态之间的联系；建立反应器启动状态与颗粒污泥特性之间的联系。

提出厌氧折流板反应器处理畜禽养殖废水的低负荷同步启动的操作流程。厌氧折流板反应器启动成功后，分别研究结构参数、有机负荷、水力条件以及操作温度等因素对其甲烷产量、污染物去除效果、颗粒污泥特征及微生物分子生态学等方面的影响，优化反应器结构参数和操作工况。

确定反应器关键结构设计，建立反应器的低负荷同步启动的操作流程，优化厌氧折流板反应器处理畜禽养殖废水产甲烷运行工况参数。

（2）膜曝气生物膜反应器处理畜禽养殖废水脱氮技术

根据畜禽养殖废水污染特点以及文献资料，设计构建膜曝气生物膜反应器，采用逐步提升负荷方式，培养驯化膜曝气生物膜反应器中的微生物系统，考察反应器的运行效果，评价反应器的运行状态。

考察不同材质曝气膜对处理效果的影响，选择合适的曝气膜材质。以选择的曝气膜构建膜曝气生物膜反应器，考察空气和纯氧气源对膜曝气生物膜反应器运行效果的影响。

观察曝气膜表面微生物的生长情况，测量生物膜厚度；研究微生物类型，分析曝气膜表面生物膜微生物的群落组成。

确定反应器关键结构设计，建立反应器启动的操作流程，优化膜曝气生物膜反应器处理畜禽养殖废水脱氮运行工况参数。

（3）ABR-MABR 耦合反应器处理畜禽养殖废水同时脱氮产甲烷技术

在优化厌氧折流板反应器（ABR）与膜曝气生物膜反应器（MABR）单独处理畜禽养殖废水结构设计参数的基础上，搭建耦合反应器。分别控制耦合反应器进水 C/N 比和生物膜厚度，监测反应器运行过程中污染物（COD_{Cr}、TN、NH_4^+-N、TP 等）的去除效果及产甲烷速率，研究脱氮过程中的厌氧氨氧化过程。采用分子生物学手段，解析耦合反应器内颗粒污泥及生物膜表面微生物的群落组成与分布。基于以上研究，确定进水 C/N 比和生物膜厚度对反应器除污性能的影响特征。

以实际畜禽养殖废水为耦合反应器的进水，以反应器去碳脱氮效果以及产甲烷效率为控制目标，优化温度、有机负荷、水力条件及膜曝气速率等操作参数，优化出耦合反应器的最佳工况条件，提出厌氧折流板反应器耦合后膜曝气生物膜厚度优化控制策略，为形成示范工程提供技术参数。

畜禽养殖废水同时产甲烷脱氮的技术路线如图 3-3 所示：

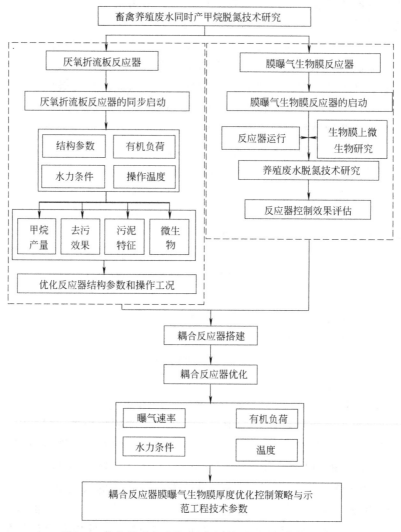

图 3-3 畜禽养殖废水处理同时脱氮产甲烷的技术路线

3.3.1 实验装置与方法

3.3.1.1 原水水质

所用进水均为模拟的畜禽养殖废水,其 COD∶TN=10∶1～25∶1,进水氨氮浓度在 200～500mg/L 之间,通过投加 $NaHCO_3$ 调节进水碱度使 pH 维持在 7～8 之间。同时,废水中投加适量 Ca($CaCl_2 \cdot 2H_2O$,10mg/L)、Mg($MgSO_4 \cdot 7H_2O$,10mg/L)、K(KH_2PO_4,14mg/L)以及微量元素包括 Al、Co、Fe、Cu、Mo、Ni、Zn 等。微量元素成分表如表 3-3 所示。

表 3-3 微量元素成分表

组分	$Al_2(SO_4)_3 \cdot 18H_2O$	$CoCl_2 \cdot 6H_2O$	$Fe_2(SO_4)_3$	$CuCl_2$	$NiCl_2$	$ZnCl_2$
浓度/(mg/L)	0.03	0.05	0.4	0.3	0.91	0.05

3.3.1.2 接种污泥

单独 ABR 以及 ABR-MABR 耦合工艺的启动过程均需要对反应器进行污泥接种。单独 ABR 的接种污泥是取自 USAB 的厌氧颗粒污泥，污泥表面光滑，呈椭圆球状，结构比较密实；污泥中位直径为 0.89mm；污泥体积占反应器体积的 1/3 左右。

ABR-MABR 耦合工艺的厌氧格室中接种取自 ABR 的成熟厌氧颗粒污泥；曝气格室中接种取自高碑店污水处理厂曝气池的活性污泥，污泥从污水厂采集后迅速运回实验室并储存于 4℃冰箱中冷藏。厌氧格室污泥浓度控制在 3000~6000mg/L，膜曝气格室接种的活性污泥浓度控制在 2000~4000mg/L。接种污泥的基本性质如表 3-4 所示。

表 3-4 接种污泥的基本性质

污泥种类	MLSS/(g/L)	MLVSS/(g/L)	EMC/%	d_{50}/mm	D_2
USAB	21.60	10.00	97.84	0.89	1.88
活性污泥	5.93	2.00	99.40	—	—
厌氧颗粒污泥	142.33	95.87	86.31	1.65	1.88

注：MLSS 为混合液悬浮固体；MLVSS 为混合液挥发性悬浮固体；EMC 为平衡水含量；d_{50} 为污泥中位直径；D_2 为污泥的二维分形维数。

3.3.1.3 实验装置

(1) 单独厌氧折流板反应器装置

小试 ABR 反应器尺寸：长×宽×高＝550mm×102mm×255mm，超高 35.39mm，容积 17.28L，有效容积 15.29L。第一格室按照普通格室的 2 倍进行加宽以更加有效地去除悬浮物，第五格室后加 60°倾角的沉降格室（图 3-4）。

(2) 厌氧折流板与膜曝气膜反应器耦合工艺装置

ABR-MABR 分别为四格室和五格室耦合反应器（图 3-5）。五格室反应器由五个等大的格室组成，长×宽×高＝400mm×150mm×450mm，超高 30mm，有效容积 27L；四格室反应器就是在五格室反应器的基础上将一、二格室合并为一个格室。膜材料选用的是聚偏氟乙烯（PVDF）中空纤维膜 13.5mm×40mm；$A=0.017m^2$。膜组件分别放入四格室反应器的第二、三格室中及五格室反应器的第三、四格室中。

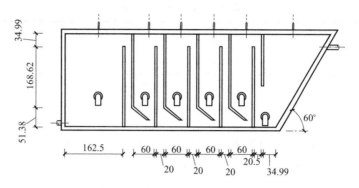

图 3-4 小试 ABR 设计示意图

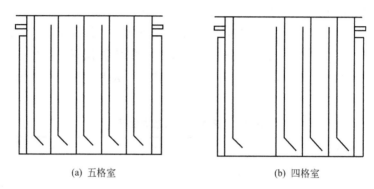

(a) 五格室   (b) 四格室

图 3-5 ABR-MABR 结构示意图

3.3.1.4 实验方法

单独 ABR 采用低负荷启动方式进行启动，启动初始的参数如表 3-5 所示，在启动过程中通过投加 $NaHCO_3$ 调节进水碱度，在启动的部分阶段控制反应器温度在 30～34℃之间以确保反应器中微生物可以生长良好。连续运行反应器，在启动过程中进水氨氮浓度保持恒定，逐步升高进水 COD 浓度，当出水 COD 去除率达到 60％以上时，再稳定运行 ABR 5～7 天，确保出水中 VFA 和 pH 分别在 0～0.2mg/L 和 6.8～7.5 之间，然后改变进水，逐步提高有机负荷，每次负荷增加 30％左右，当进水有机负荷达到 5.7 kg/（m³·d），COD 去除率在 80％以上，ABR 启动完成。

表 3-5 ABR 启动初始参数

COD/(mg/L)	TN/(mg/L)	TP/(mg /L)	碱度/(mg/L)	HRT/h	T/℃
2000	500	100	1000	24	32±2

ABR-MABR 耦合工艺采用接种厌氧颗粒/活性污泥逐步升高负荷的方式进行

启动。首先，在曝气格室中接种活性污泥，在厌氧格室中接种取自 ABR 的成熟厌氧颗粒污泥，然后进行反应器的挂膜，富集好氧、兼性厌氧及厌氧微生物。控制水力停留时间为 24h，同时通过投加 $NaHCO_3$ 调节进水 pH，确保反应器中好氧和厌氧微生物可以在良好的条件下生长。整个过程可以分为两个阶段：1～28 天：进水 COD 2000mg/L，氨氮 100mg/L；后来根据去除率进一步调节进水负荷（29～49d）：进水 COD 1000mg/L，氨氮 100mg/L。

ABR-MABR 耦合工艺启动过程中的第一阶段不控制温度，反应器温度为室温，约（20±2）℃。从第二阶段开始控制反应器的温度在（32±2）℃之间，逐步提高进水有机负荷及氨氮负荷，每次提高 30% 左右，待去除率大于 60% 且稳定之后再进一步升高负荷，当进水 COD 升到 5000mg/L，氨氮浓度达到 200mg/L，且出水 COD 去除率大于 80%，出水 pH 基本呈中性，则认为启动成功。

3.3.1.5 分析测试方法

（1）污水水质

ABR 及 ABR-MABR 启动及运行过程中对进出水与各个格室中上清液进行测试的指标和测试方法如表 3-6 所示。

表 3-6　污水测试指标及其测试方法

测试指标	采用方法/仪器
COD	COD 快速测定仪(CTL-12，华通，河北承德)
pH	pH 计(PB-10，赛多利斯，德国)
NH_4^+-N	纳氏试剂分光光度法
NO_2^--N	N-(1-萘基)乙二胺光度法
NO_3^--N	紫外分光光度法
DO	DO-958-S 溶解氧，中国

（2）污泥特征

① 悬浮固体浓度。厌氧颗粒污泥与活性污泥的总悬浮固体（TSS）浓度和挥发性悬浮固体（VSS）浓度参照标准方法测定。

② 污泥表面形貌。采用大口吸管从正在运行的反应器中吸取适量污泥颗粒/絮体，小心将其转移到装有去离子水的托盘中，然后用大量去离子水进行稀释，使其充分分散。依据污泥颗粒尺寸不同，可分别采用 CCD 相机、爱国者数码观测王（GE-5 型，北京华旗资讯数码科技有限公司）和倒置显微镜（MI/XDS-1B 型，重光光学仪器厂）对污泥进行拍摄。

通过扫描电镜对不同好氧及厌氧格室中污泥的微生物相和表面形貌进行观察。具体操作如下：首先，将污泥颗粒从运行的反应器中取出，用去离子水清洗数次；将清洗过的颗粒污泥放入含 2.5% 戊二醛的溶液中，并置于 4℃ 冰箱冷藏 12h；取出固定后的颗粒污泥用 0.1mol/L 的磷酸盐缓冲液（PBS，pH＝6.8）冲洗三次，每次冲洗 10min；采用乙醇梯度脱水，将冲洗后的颗粒污泥依次放入 50％、75％、90％、95％以及 100％的乙醇溶液中各浸泡 15min；将 100％乙醇浸泡过的颗粒污泥放置在临界点干燥仪中进行冷冻干燥，然后进行喷金，最后可以运行扫描电镜（Quanta200，FEI，美国）对颗粒污泥进行观察。

运用 ImagePro Plus 5.0（Media Cybernetics，USA）软件处理拍摄得到的颗粒污泥照片，可以得出颗粒污泥的投影面积（A）、周长（P）及最大直径（L_a）等参数，然后利用公式（3-1）和式（3-2）计算得出颗粒污泥的一维分形维数和二维分形维数。

$$P \propto L_a^{D_1} \tag{3-1}$$

$$A \propto L_a^{D_2} \tag{3-2}$$

式中　D_1——污泥的一维分形维数；

　　　D_2——污泥的二维分形维数。

③ 颗粒污泥中 EPS 含量及分布。利用离心和超声技术可以将颗粒污泥中的 EPS 进行分层提取，它们分别是 slime 层、LB 层和 TB 层。

具体步骤如下：从反应器中取出并且筛选后的颗粒污泥在 2000g、4℃的条件下离心 5min，收集上清液即为 slime 层。在剩余的固体中再加入一定体积的缓冲液至初始体积并进行固液混合，然后将混合液在 5000g、4℃的条件下离心 15min，收集离心上清液，即为 LB 层 EPS；在沉淀的污泥样品中再加入一定体积的缓冲液缓冲至初始体积，然后进行混合，将混合液在 20kHz 和 480W 条件下超声 10min，超声过程中混合液放置在 0℃环境中，然后将超声之后的混合液在 20000g、4℃的条件下离心 20min，收集离心上清液即 TB 层 EPS。将获得的上清液过 0.45μm 的滤膜，然后保存备用。最后将固体污泥残渣收集、烘干、称重。

对于提取的上清液，采用硫酸-蒽酮法（标准物质为葡萄糖）测定 EPS 中的多糖（polysaccharides，PS）；采用修正 Folin-酚法（标准物质是牛血清蛋白）测定 EPS 中的蛋白质（proteins，PN）；最后采用二苯胺法测定 DNA（标准物质为 2-脱氧-D-核糖）。测得的 EPS 总量是 PS、PN 以及 DNA 之和，所有实验均重复三次。

④ 水凝胶结构。污泥水凝胶结构对环境因子响应：大量研究已经表明水凝胶类物质具有很明显的流变学特性。

通过测定污泥的流变特性并与水凝胶的流变学特性进行比较，可以得出颗粒污泥的水凝胶性能。采用 Physica MCR301 型流变仪进行颗粒污泥的流变学特性测试。测试过程中选用直径为 25mm 的 PP 平板与传感器，上下平板间距为 2mm，流变仪工作温度设定在 25℃（除考察温度因素对颗粒污泥流变特性的测试以外）。

采用应变振幅扫描（strain amplitude sweep，SAS）模式进行流变测试。测试过程中，控制流变仪的扫描频率为 5rad/s，记录复合模量 G^*、储能模量 G'、损耗模量 G'' 的变化，然后绘制这三个模量与形变（γ）的双对数坐标曲线。三个模量在达到临界形变之前是相互独立的，且随着剪切应力的增大，G^* 和 G' 不断降低。在到达临界形变点前，G^* 保持相对稳定，这就是线性黏弹性范围，超出此点后开始表现非线性行为。因此，通过临界形变点位置便可确定出临界储能模量 G_0'。

考察环境因素对污泥水凝胶特性的影响，包括 pH、温度以及盐浓度（NaCl）。厌氧颗粒污泥预处理过程如下所示（除考察温度因素以外，其他的预处理过程都在室温下进行）。

pH 的影响：将取自 ABR 第一和第四格室的上清液进行过滤，过滤采用 $0.22\mu m$ 的滤膜。取过滤后溶液 20mL 置于 50mL 的离心管中，用 0.5mol/L NaOH 和 0.5mol/L HCl 调节溶液 pH 至 1.5、3.0、4.5、6.0、7.0、8.5、10.0 和 11.5。然后将反应器中的成熟颗粒污泥进行真空抽滤，取 1.0g 的抽滤后污泥放入调节 pH 后的溶液中，处理 12h，最后测定污泥的流变学特性，每种条件重复两次。

NaCl 的影响：在 50mL 的离心管中放入 20mL NaCl 溶液，NaCl 浓度分别为 0mol/L、0.1mol/L、0.5mol/L、1.2mol/L、2.0mol/L、2.7mol/L、3.4mol/L、4.1mol/L 和 5.0mol/L，不用调节 pH，只需保持在 6.7~7.3 之间既可。再取抽滤后污泥 1.0g 放入离心管中，处理 12h。最后测试污泥的流变学特性，每种条件重复两次。

温度的影响：将取自 ABR 第一和第四格室的上清液进行过滤，过滤采用 $0.22\mu m$ 的滤膜，取过滤后溶液 20mL 置于 50mL 的离心管中。然后将反应器中的成熟颗粒污泥进行真空抽滤，取 1.0g 的抽滤后污泥放入离心管中，分别将装有厌氧颗粒污泥的离心管放到设定好温度的环境中：15℃、17℃、24℃、32℃、40℃、50℃、58℃ 和 63℃，反应处理 12h。最后测定颗粒污泥的流变学特性，在测定之前先测量溶液的温度，每种条件重复两次。

将上述预处理后的厌氧颗粒污泥测定其平衡水含量。测定方法如式（3-3）所示：

$$EWC = 1 - 1/f \tag{3-3}$$

式中　f——吸水饱和的厌氧颗粒污泥重量与干污泥重量的比值。

厌氧颗粒污泥的水凝胶特性还表现在其在水溶液中的渗透压，式（3-4）为污泥渗透压 π 计算公式：

$$\pi = \Delta C \times RT \tag{3-4}$$

式中　ΔC——厌氧颗粒污泥内外浓度差，mol/m^3；

　　　R——摩尔气体常数，$J/(K\cdot mol)$；

　　　T——温度，K。

ΔC 可以通过式（3-5）进行计算：

$$\Delta C = \sigma\rho(1-\beta)/\beta \tag{3-5}$$

式中　σ——厌氧颗粒污泥电荷密度，mol/kg；

　　　β——污泥颗粒孔隙率；

　　　ρ——颗粒污泥干密度，kg/m^3。

污泥孔隙率可通过式（3-6）进行计算：

$$\rho_e = (1-\beta)/(\rho_c - \rho_1) \tag{3-6}$$

颗粒污泥的干密度可以通过比重瓶法测定。对于电解质，电荷密度可以通过 zeta 电位换算得出，如式（3-7）：

$$\sigma = 1000S\sigma_0/F \tag{3-7}$$

式中　S——污泥比表面积，m^2/g 干污泥，可以通过式（3-9）计算；

　　　F——法拉第常数，96485.3383C/mol；

　　　σ_0——表面电荷密度，C/m^2，可以由式（3-8）计算得出。

$$\sigma_0 = \varepsilon\varepsilon_0\kappa\psi_0 \tag{3-8}$$

式中　ε——水的相对介电常数，其值为 78.5；

　　　ε_0——真空介电常数，其值为 8.854×10^{-12}C/（V·m）；

　　　κ——Debye 系数（m^{-1}），可由式（3-10）计算；

　　　ψ_0——污泥表面电位，可由式（3-11）计算得出。

$$S = PN_AS_0 \tag{3-9}$$

式中　P——污泥对罗丹明 B 最大吸附量，mol/g 干污泥；

　　　N_A——阿伏伽德罗常数，$6.022\times10^{23}\,mol^{-1}$；

　　　S_0——罗丹明 B 的单分子面积，$52.8\times10^{-20}\,m^2$。

$$\kappa = [2F^2I\times10^3/(\varepsilon\varepsilon_0RT)]^{1/2} \tag{3-10}$$

式中　I——离子强度，mol/L。

　　　F——法拉第常数。

$$\psi_0 = \psi_s = \zeta(1+z/r)\exp(\kappa z) \tag{3-11}$$

式中　ζ——胶体 zeta 电位。

　　　z——胶体滑动层距胶体表面的距离，其值在（0.3~0.5）$\times10^{-9}$m 之间；

　　　r——胶体等效半径，对于污泥内微生物其等效半径可取 1×10^{-6} m；

　　　ψ_s——胶体 stern 层的电位，V。

在 NaCl 溶液中，离子强度在数值上等于 NaCl 的摩尔浓度（mol/L），非 NaCl 溶液的离子强度可通过电导率换算得出，如式（3-12）。

$$I = 1.6\times10^{-5}\times EC \tag{3-12}$$

式中，I 的范围为 0.1~100mmol/L；EC 表示非 NaCl 溶液的电导率，其范围为 10~10000μS/cm。

⑤ 微生物的分子生态学分析。采用宏基因组测序方法对反应器中的微生物群落结构及多样性进行分析。

3.3.2 厌氧折流板反应器的启动与运行优化

3.3.2.1　ABR 的启动过程中重要参数的变化

采用接种厌氧颗粒污泥低负荷同步启动的方式启动 ABR，在启动初期不控制反应器的温度，反应器在室温下运行，后期考虑到温度对污染物去除率的影响，采用加热丝与控温系统控制反应器温度在 32～35℃ 之间。ABR 的启动过程根据进水有机负荷浓度可以分为五个阶段，每一阶段所监测的相应指标如图 3-6 所示。启动总共历时 64d（天），可基本实现厌氧反应器的快速启动。

第一阶段（1～13d），设定体积负荷率（VLR）（以 COD 计，下同）为 2.0kg/（m^3·d），进水 COD 控制在 2000mg/L，出水 COD 起初在 1000mg/L 以上，后来逐步下降到 500mg/L 以下，COD 去除率最终大于 75%，其总体变化趋势随 ABR 启动时间先下降后上升，这一阶段 ABR 对有机物的去除效果并不好，这可能是由两个因素造成的：①ABR 尚在启动初期，污泥内微生物还未完成驯化；②厌氧微生物的活性受到温度影响，当 ABR 温度相对较低时，微生物活性受到抑制。从后面的启动过程也可以看出，随着反应器启动时间的增加，COD 去除率逐渐增加且趋于稳定，后因温度影响又再次下降。

第二阶段（14～26d），设定 VLR 为 2.5kg/（m^3·d），进水 COD 控制在 2500mg/L 左右，出水 COD 在 0～1000mg/L 之间，去除率基本都在 80% 左右，最高时可达 90% 以上，这一阶段反应器对有机物的去除效果趋于稳定。

第三阶段（27～44d），设定 VLR 为 3.25kg/（m^3·d），进水 COD 控制在 3250mg/L，这一阶段 ABR 对 COD 的去除率很不稳定，进水有机负荷刚刚增加时，出水 COD 还保持较低的浓度，在启动 32 天左右开始突然上升，相应的 COD 去除率也开始下降，低于 60%，甚至在某些情况下低于 40%。对比其他测试指标可以发现，出水 pH 保持在 6.7～7.2 之间，VFA 低于 3mmol/L，反应器并没有发生酸化现象，所以造成这一结果的原因应该是温度因素的影响，未控制温度的情况下反应器在白天的温度约为 15℃，夜晚温度会继续下降，在 10℃ 左右，在这种环境温度下厌氧微生物的活性受到抑制。

第四阶段（45～56d），设定 VLR 为 4.4kg/（m^3·d），进水 COD 控制在 4400mg/L，这一阶段由于继续受到温度因素的影响，COD 的去除率仍然较低（低于 60%），因此在这一阶段后期开始对 ABR 采取保温措施。

第五阶段（57～64d），这一阶段 ABR 的运行温度为 32～35℃，设定 VLR 为 5.7kg/（m^3·d），进水 COD 控制在 5700mg/L，出水 COD 逐步降低，相应的 COD 去除率逐渐升高，待 ABR 启动成功之后，COD 的去除率在 98% 左右，启动总共历时 64 天。

图 3-6（b）为 ABR 启动过程中出水氨氮浓度及其去除率的变化曲线，进水氨氮浓度始终在 500mg/L 左右。在 ABR 启动 20～35 天之间，出水氨氮浓度变化幅度较大，呈先下降再上升的趋势，这说明 ABR 中去除氨氮的微生物群落并不稳定。在 ABR 启动的 36～64 天之间，出水的氨氮浓度开始趋于稳定，总体呈下降趋势，去除率总体呈上升趋势，在 ABR 启动的整个过程中，出水氨氮平均去除率为 19.27%。ABR 对氨氮的去除率并不高，这主要是由于氨氮的去除主要是依靠

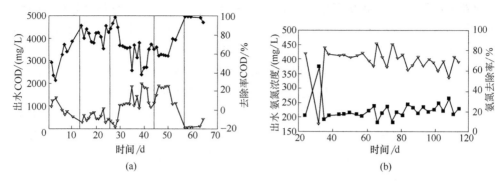

图 3-6　ABR 启动过程中出水 COD 和氨氮浓度及其去除率的变化

硝化反硝化作用，而在厌氧环境中很难发生硝化反硝化作用，因此只能依靠厌氧微生物自身的同化作用吸收掉一小部分的氮。利用 ABR 去除畜禽养殖废水中的氨氮并不是一个很好的选择。

挥发性脂肪酸（VFA）是厌氧反应器运行过程中的重要产物和参数，控制适当的 VFA 浓度可以维持系统的稳定性，防止酸化现象产生。另外，VFA 也可以间接反映污染物被微生物降解的规律，有利于更好地理解反应器运行的过程、方式以及特点。ABR 启动过程中，第一格室以及出水中的 VFA 含量如图 3-7 所示。第一格室的 VFA 变化幅度较大，在 0.1~1.1mg/L 变动，相较于其他格室，第一格室中的 VFA 浓度最高，说明有机物的水解酸化作用主要在其中进行。同时，出水中的 VFA 值随 ABR 启动时间逐渐降低，最终低于 0.2mg/L，出水中很低的 VFA 说明本实验 ABR 运行良好。测得 VFA 的组分以乙酸、丙酸和丁酸为主，异戊酸和戊酸的含量几乎为零。其中，丙酸含量超过 VFA 总浓度的 50%，说明酸化过程以丙酸发酵过程为主。由于有机物酸化降解过程不仅容易受各类环境因素影响，且容易随氧化还原电位、温度和 pH 等因素的变化而变化，更重要的是，微生物种群的分布才是降解途径的主要影响因素，因此，不同的厌氧实验中可能有不同的降解途径。总的来说，出水 VFA 浓度满足了一般标准（低于 3mmol/L）。

pH 也是厌氧反应器是否酸化的重要参数，但是与 VFA 浓度相比，它具有一定的滞后性。ABR 运行过程中出水 pH 如图 3-8 所示，在反应器启动开始阶段，出水 pH 过低，此时 VFA 浓度相对较高，且 ABR 对有机物去除率也相对较低，这些结果具有一致性，可能与反应器中微生物未完全驯化有关。随着 ABR 的运行，不断调节进水的碱度，10 天后，出水 pH 上升到 7.0 左右，后期虽然有些波动，但是变化范围一直维持在 6.5~7.5 之间，进水碱度为 2000mg/L（CaO）。

产气量是反应厌氧生物反应器运行状态的一个重要的敏感性指标，与厌氧反应器中有机物降解途径以及降解效率有关，进水中重要的有机物为葡萄糖，葡萄糖被厌氧生物降解产生的主要沼气成分是二氧化碳和甲烷。在 ABR 启动过程中，总产气量以及启动成功以后各个格室的产气情况如图 3-9 和图 3-10 所示。总产气

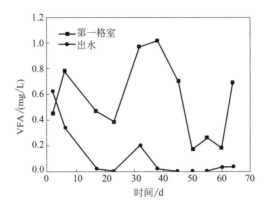

图 3-7　ABR 启动过程中 VFA 的变化

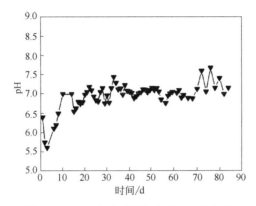

图 3-8　ABR 启动过程中出水 pH 的变化

量随着 ABR 运行总体呈上升趋势,说明反应器中产甲烷菌活性不断升高。ABR 启动成功后,总产气量大于 25L/d。在 50～60 天之间,甲烷产量有一个很明显的下降趋势,此时由于受温度影响,COD$_{Cr}$ 去除率也相对较低,所以温度也是影响产甲烷菌活性的重要因素。ABR 启动完成以后,第一格室甲烷产量最高,其次是第二、第四格室,说明产甲烷菌主要集中在第一格室。

ABR 具有多次上下折流以及改变流速的物理结构,并且有机物的厌氧降解过程主要在上流格室中发生,产气上升方向与水流方向一致。厌氧颗粒污泥在上升气体的作用下可以做上下沉淀运动,由此实现了基质与污泥的充分接触与混合,避免了小洞穴、沟流和小孔隙等现象的发生。另外,由于污泥床距离出水口有一定的高度差,使得颗粒物得以充分沉降,因此该反应器还可以对污泥起到很好的截留效果。

第一格室的高 VFA 和甲烷产量,说明 ABR 并没有完全实现产酸相与产甲烷相的有效分离,这与前人的研究结果不一致。采用接种厌氧颗粒污泥启动反应器,进水有机物为易降解的葡萄糖，且第一格室的污泥浓度相对较高、体积较大，所以模拟废水进入第一格室后迅速被降解为单分子有机酸，然后被产甲烷菌继续反应生成甲烷气体。

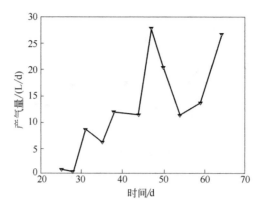

图 3-9　ABR 启动过程中总产气量的变化

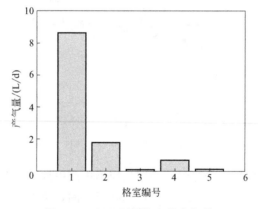

图 3-10　ABR 不同格室的产气量

3.3.2.2　ABR 启动过程中厌氧颗粒污泥的生长特征

ABR 启动过程中接种取自 USAB 的厌氧颗粒污泥，污泥中位直径为 0.89mm。随着 ABR 启动时间的增加，厌氧颗粒污泥的粒径逐渐增大，且由于营养物质分布的不均，第一格室到第五格室的颗粒污泥增长速度也不尽相同，接收到营养物质较多的第一格室，颗粒污泥增长最快，从第一格室到第五格室污泥增长速度呈下降趋势。图 3-11 是反应器启动过程中第一格室到第五格室的颗粒污泥形貌变化。

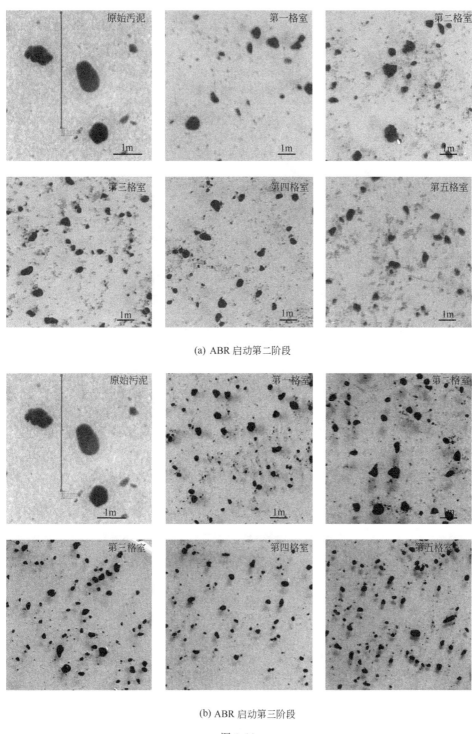

(a) ABR 启动第二阶段

(b) ABR 启动第三阶段

图 3-11

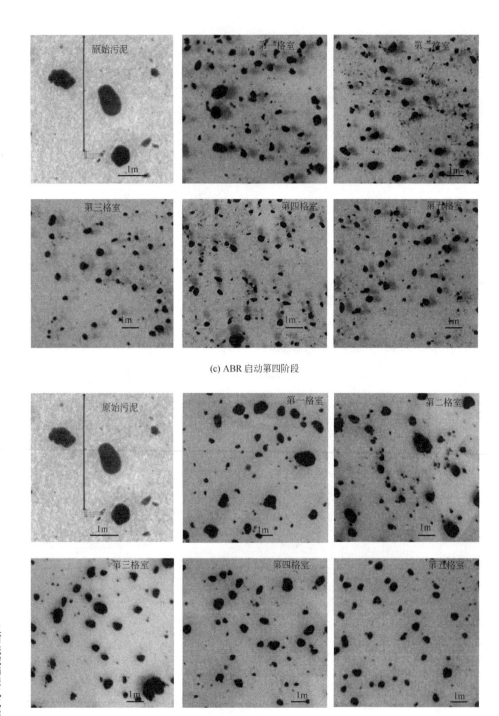

(c) ABR 启动第四阶段

(d) ABR 启动第五阶段

图 3-11　ABR 不同格室内颗粒污泥图像

图 3-12 是 ABR 启动过程中，各个格室颗粒污泥中位直径的变化。颗粒污泥的中位直径并不是随着 ABR 的运行呈线性增长，在反应器启动初期，污泥生长速度缓慢，随着反应器的运行，有机物浓度逐渐增加，颗粒污泥的生长速度也逐渐增快。经过 64 天的启动以后，ABR 五个格室中颗粒污泥的中位直径分别达到了（第一到第五格室）1.58mm、1.42mm、1.32mm、1.28mm 和 1.18mm。在反应器启动阶段颗粒污泥的平均生长速度分别是 10.8×10^{-3} mm/d、8.3×10^{-3} mm/d、6.7×10^{-3} mm/d、6.1×10^{-3} mm/d 和 4.5×10^{-3} mm/d。采用接种厌氧颗粒污泥启动 ABR，污泥颗粒的增加速度要大于接种消化污泥的 ABR 启动。

ABR 启动过程中，厌氧颗粒污泥二维分形维数（D_2）的变化如图 3-13 所示。D_2 可以表示污泥的致密程度，越接近于 2 说明污泥结构越致密。随着 ABR 启动时间的增加，五个格室中的污泥二维分形维数均呈下降趋势，在启动的第一阶段下降趋势最为明显，由最初的 2.06 下降到 1.63～1.80 之间，说明随着颗粒污泥体积的增加其致密程度是不断下降的。ABR 继续运行，污泥的分形维数下降趋势逐渐平缓，到第三、第四阶段之后甚至出现了平缓的上升趋势。在 ABR 完成启动之后，污泥的二维分形维数在 1.80～1.86 之间，较原始颗粒污泥有所下降，其中，第一格室污泥颗粒的二维分形维数最高，第五格室颗粒污泥的二维分形维数最低，但是差别并不大。

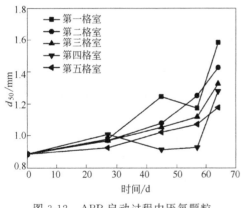 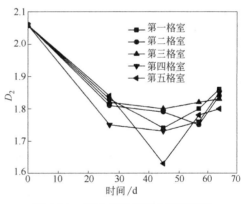

图 3-12　ABR 启动过程中厌氧颗粒
污泥中位直径变化

图 3-13　ABR 启动过程中厌氧颗粒
污泥二维分形维数的变化

3.3.2.3　ABR 启动成功后颗粒污泥的物理特征

表 3-7 为 ABR 启动成功以后各格室中污泥颗粒的物理特征。第三格室污泥浓度只有 7.14g/L，除第三格室外，其他四个格室的污泥浓度均大于 11.0g/L，其中第一格室最高，可达 26.17g/L。同样，第三格室中 MLVSS 也是最低的，只有 6.45g/L，第二格室与第四格室 MLVSS 浓度相当，为 10.0g/L 左右，第一格室中 MLVSS 是最高的，第五格室次之。研究表明，对于厌氧接触反应器，在其启动成

功之后，一般各个格室中 MLVSS 在 5.0～10.0g/L 之间，但由表 3-7 可知，启动完成的 ABR 只有第三格室中的颗粒污泥浓度在此范围，其他格室中厌氧颗粒污泥的 MLVSS 均大于 10.0g/L。ABR 各个格室中 MLVSS/MLSS 的值表明，反应器污泥颗粒中含可挥发性有机物比例较高。据文献报道，在成功启动的厌氧反应器中，可挥发性有机物在 50% 左右，但由表 3-7 可知，除第一格室外，其他四个格室中的可挥发性有机物含量均大于 89%。反应器各格室中污泥颗粒的沉降比（SV）大小顺序为第一格室＞第二格室＞第五格室＞第三格室＞第四格室。从污泥体积指数（SVI）可以看出，第一格室中颗粒污泥的 SVI 最小，第二格室中的 SVI 最高，这表明，第二格室中颗粒污泥的沉降性能和压缩性能最好，而第一格室的颗粒污泥最差。

表 3-7　ABR 启动成功后各格室颗粒污泥的理化特征

ABR 格室	MLSS/(g/L)	MLVSS/(g/L)	MLVSS/MLSS	SV	SVI/(mL/L)
第一格室	26.17	20.15	77.00%	68.51%	17.28
第二格室	11.67	10.63	91.08%	65.57%	27.42
第三格室	7.14	6.45	90.34%	33.33%	22.92
第四格室	11.73	10.73	91.47%	28.06%	23.87
第五格室	19.68	17.64	89.63%	42.11%	20.33

3.3.2.4　ABR 启动成功后颗粒污泥的微生物学特征

ABR 成功启动之后对其中的成熟厌氧颗粒污泥特性进行研究，首先是分子生物学特性。图 3-14 是 ABR 各格室中厌氧颗粒污泥样品所提取的总 DNA，并对其进行 PCR 扩增及 DGGE 分析得到的 DGGE 指纹图谱，其中每一条带代表一种或者几种微生物，且条带的亮度与微生物含量正相关，条带亮度较大的条纹是污泥中的优势生物群。微生物群落的种群结构和数量在 ABR 格室中存在明显演替过程。

从图 3-14 可以看出 ABR 第一格室微生物群落种类最多，第一格室中微生物含量最多，主要为产酸菌和产甲烷菌等。从第一格室到第五格室微生物含量依次递减。序列 3、5、6、7、13、16、20 和 21 在各个格室中存在，序列 13 在第一格室最为明显，并且在后面格室中逐渐减弱，序列 8、9 以及 14 从第四格室才开始出现，不同条带在不同格室中亮度不同。这些现象表明在 ABR 不同格室中微生物群落发生了演替，主要是因为 ABR 不同格室的基质浓度以及上清液 pH 不同，导致适合其生长的微生物群落不同。

选取 DGGE 图谱中比较有代表性的序列 21 条带，进行目标序列以及相关性序列的对比分析（表 3-8），并计算出主要细菌所占比例。采用 MEGA5 软件，Neighbor-joining 法构建系统发育树，自展数（bootstrap）为 1000，系统发育树如图 3-15。

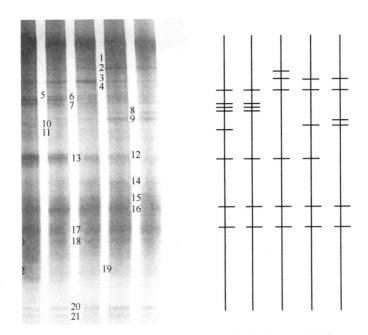

图 3-14　ABR 细菌 16S rDNA-PCR 产物水平 DGGE 图谱

表 3-8　DGGE 条带 16S rRNA 基因序列系统发育地位

样品编号	最相似细菌	登录号	相似度
1	*Raoultella ornithinolytica*	HF562904	100%
2	*uncultured Firmicutes bacterium*	GU955616	92%
3	*Sphingobacteriaceae bacterium*	EU377699	99%
4	*uncultured bacterium*	DQ537464	98%
4-1	*uncultured Chloroflexi bacterium*	JQ919719	95%
5	*Pseudomonas syringae*	KF735064	99%
5-1	*Pseudomonas fluorescens*	KF578018	100%
6	*Methylomonas koyamae*	AB538964	99%
7	*uncultured Clostridiales bacterium*	FJ823863	100%
8	*Staphylococcus sp.*	HG313900	99%
8-1	*Firmicutes sp.*	AY005049	100%
9	*uncultured Clostridium sp.*	KF581654	100%
9-1	*uncultured Azohydromonas sp.*	KC785923	98%
10	*uncultured bacterium*	JQ191029	99%
11	*Massilia aurea*	KC788061	99%
12	*Propionibacterium sp.*	EU980607	100%

样品编号	最相似细菌	登录号	相似度
13	*Clostridium botulinum*	FR745875	100%
14	*uncultured Firmicutes bacterium*	EF072718	99%
15	*uncultured Sphingobacteria bacterium*	EU299209	96%
16	*uncultured delta proteobacterium*	JX394050	96%
17	*uncultured Acidobacteria bacterium*	JN866313	99%
18	*Sphingomonas sp.*	KF551162	100%
19	*uncultured bacterium*	AB770336	93%
20	*Brevibacterium casei*	KF573739	99%
21	*uncultured Devosia sp.*	JQ402964	99%

根据已查得的几种细菌，得出了五个格室中产酸菌与产甲烷菌所占比例及变化情况，如表 3-9 所示：产酸菌比例（及数量）从第一格室到第五格室呈现递减的趋势，第一格室产酸菌含量最高，这也与 VFA 在第一格室中含量最高相一致；产甲烷菌在第一、三格室的比例较低，低于 20%，而在其他格室中的比例均高于 20%。第一格室的甲烷产量最高，这说明第一格室中的产甲烷菌数量最多，造成这种结果的原因：一是第一格室中的污泥浓度最高，单位体积中微生物含量更高；二是第一格室的体积是其他格室的两倍，所以造成了第一格室微生物基数最大。虽然产甲烷菌在第一格室中比例较低，但是生物数量却是五个格室中最高的。

表 3-9　产酸菌与产甲烷菌在 ABR 五格室中比例

项目	第一格室	第二格室	第三格室	第四格室	第五格室
产酸菌比例 /%	31.29	24.12	19.64	11.55	11.96
产甲烷菌比例/%	12.73	23.32	15.37	22.33	24.06

3.3.2.5　ABR 启动成功后颗粒污泥中有机物分析

与 ABR 第三格室到第五格室中的成熟厌氧颗粒污泥相比，第一、二格室中的成熟厌氧颗粒污泥对 COD、TN 及 TP 的去除贡献率更大，且产生大量的 VFA 和甲烷，因此在后续的厌氧颗粒污泥研究过程中，将 ABR 中的污泥分为两类进行对比研究：第一、二格室为 Ⅰ 类污泥，第三、四、五格室为 Ⅱ 类污泥，它们的基本性质如表 3-10 所示。

表 3-10　两类成熟厌氧颗粒污泥的基本性质

污泥种类	pH	COD/(mg/L)	d_{50}/mm	MLSS/(g/L)	VSS/(g/L)
Ⅰ	6.66	1080	1.58	18.45	16.74
Ⅱ	6.87	610	1.28	20.15	17.78

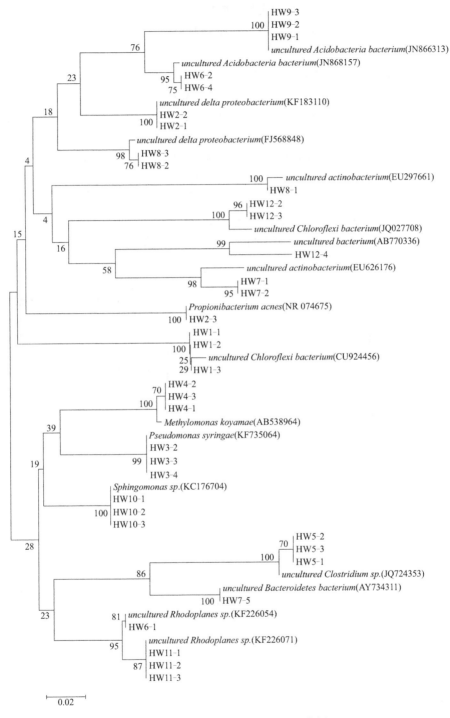

图 3-15　ABR 厌氧真细菌系统发育树

用冷冻离心及超声波技术从两类格室颗粒污泥中提取出不同层的 EPS（slime、LB 和 TB）三层，然后采用硫酸－蒽酮测定它们及原液的多糖含量，用改良的 Folin-酚法测蛋白质和腐殖质含量。结果如图 3-16 所示，Ⅰ类污泥 EPS（包括不同层中的蛋白质、腐殖质以及多糖）总量高于Ⅱ类污泥。厌氧颗粒污泥中的蛋白质主要储存在 slime 层中，其次是 TB 层，LB 层中含量非常少，污泥原液中含有相对较多的蛋白质，这说明在 ABR 的上清液中含有蛋白质。腐殖质的含量相对较少，对于Ⅰ类污泥，腐殖质主要集中在原液、slime 和 TB 层中，LB 层含量非常少；对于Ⅱ类污泥，腐殖质主要集中在原液和 slime 层中，LB 和 TB 层中的含量很少。厌氧颗粒污泥中的多糖含量最高，其中Ⅰ类污泥的 TB 层多糖含量最高，其他各层中的多糖含量基本在 $25\sim50\text{mg/L}$ 之间。由以上结果可以得出以下结论，Ⅰ类污泥含有的总 EPS 高于Ⅱ类污泥；腐殖质与蛋白质多集中在 slime 层，多糖在Ⅰ类污泥中 TB 层含量最高，在Ⅱ类污泥中则 slime 层含量最多。

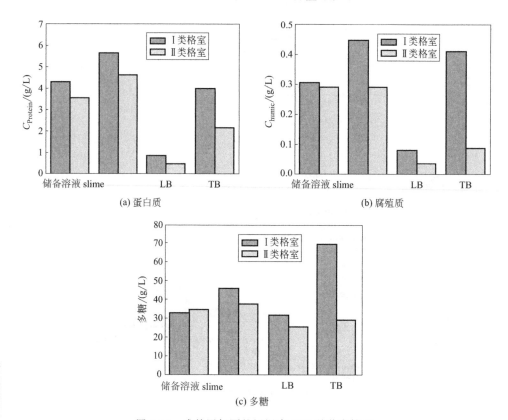

图 3-16　成熟厌氧颗粒污泥中 EPS 的分布情况

图 3-17 为利用激光共聚焦扫描技术（laser scanning confocal microscope，LSCM）得到的两类格室中颗粒污泥的扫描图片，不同的荧光颜色代表不同的物质，图中左上起第一个染色目标为多糖，下面依次是死细胞、蛋白质、脂类、葡

萄糖及总细胞。Ⅰ类污泥中污泥颗粒粒径较大，多糖、死细胞、蛋白质、脂类和总细胞在颗粒污泥内部分布比较均匀，颗粒污泥外层稍多一些。葡萄糖则主要分布在颗粒污泥的外层，内部也含有一些，但是相对较少；与Ⅰ类污泥相比较，Ⅱ类污泥颗粒污泥中的有机物分布更为均匀，除了葡萄糖外的有机物几乎完全均匀地分布在颗粒物内部和外部，葡萄糖的分布也不仅仅局限在颗粒物的最外层，也开始向颗粒污泥内部延伸。这可能与厌氧颗粒污泥的大小有关，Ⅱ类污泥中颗粒污泥粒径更小一些，所以有机物更容易进入到污泥内部。

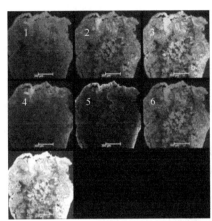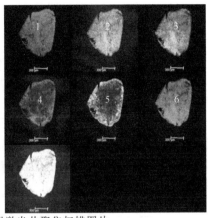

图 3-17　厌氧颗粒污泥激光共聚焦扫描图片

1—多糖；2—死细胞；3—蛋白质；4—脂类；5—葡萄糖；6—总细胞

3.3.2.6　ABR 启动成功后颗粒污泥的水凝胶结构

（1）流变特性

储能模量（G'）可以量化样品中贮存的能量并表征剪切过程中的弹性性质，损耗模量（G''）可以反映能量的黏性损失和样品的黏性特征。图 3-18 为Ⅰ类和Ⅱ类厌氧颗粒污泥的典型 SAS 流变图，由图可以看出在到达交界点以前，Ⅰ类和Ⅱ类厌氧颗粒污泥的 G' 大于 G''，此区间为线性黏弹性区间。该结果表明 ABR 中这两类厌氧颗粒污泥均表现出黏弹性固体特征，而这些特征和类凝胶结构类似，所以，ABR 内颗粒污泥具有类凝胶结构。

图 3-19 为不同环境因素影响下，ABR 中两类厌氧颗粒污泥储能模量的变化曲线。研究发现室温下，厌氧颗粒污泥储能模量为 24550Pa，高于好氧颗粒污泥储能模量的 10000Pa。厌氧颗粒污泥在去离子水中的储能模量为 8655Pa，对于Ⅰ类厌氧颗粒污泥，在 NaCl 浓度从 0 升高到 1.2mol/L 的过程中，储能模量逐渐下降到 4802Pa，随着 NaCl 浓度继续增加，储能模量开始不断升高至 5952Pa，然后在 NaCl 浓度为 3.4mol/L 时下降，随后继续升高到最大值 7227Pa，此时 NaCl 浓度也是最高，为 5mol/L，Ⅰ类厌氧颗粒污泥的平均储能模量为 5859Pa；对于Ⅱ类厌氧颗粒污泥，随着 NaCl 浓度的增加，储能模量先是缓慢下降，然后在 2.0mol/L

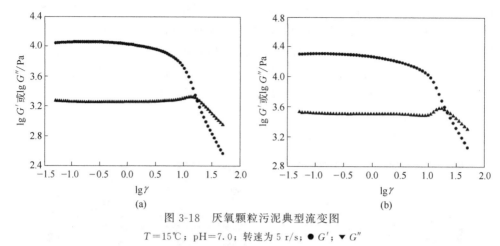

(a)   (b)

图 3-18　厌氧颗粒污泥典型流变图

$T=15℃$；pH＝7.0；转速为 5 r/s；● G'；▼ G''

处到达最大值 20300Pa，NaCl 浓度继续增加，储能模量开始迅速下降，在 3.4mol/L 处出现一个拐点，储能模量又开始上升，Ⅱ类厌氧颗粒污泥的平均储能模量为 12001Pa，高于Ⅰ类厌氧颗粒污泥的平均储能模量，这表明Ⅱ类厌氧颗粒污泥的弹性强于Ⅰ类厌氧颗粒污泥，且随着盐浓度的增加，厌氧颗粒污泥的强度呈不规律变化。

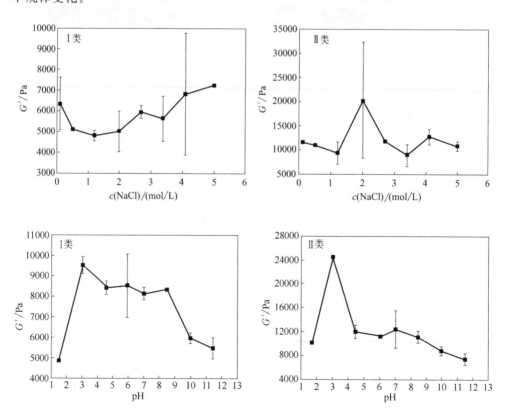

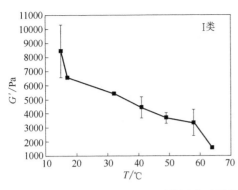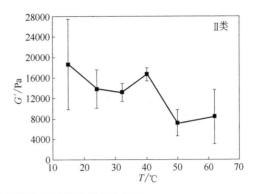

图 3-19　环境因素对两类厌氧颗粒污泥储能模量的影响

对于Ⅰ类厌氧颗粒污泥，pH 在 3.0～8.5 之间时，污泥的储能模量最高，平均值为 8586Pa，升高或者降低 pH 均导致颗粒污泥储能模量的下降；对于Ⅱ类厌氧颗粒污泥，pH 为 3.0 时污泥储能模量达到最高值 9522Pa，升高或者降低 pH 均导致第Ⅱ类颗粒污泥储能模量下降。

Ⅰ类厌氧颗粒污泥储能模量随温度升高整体呈下降趋势，在 15～17℃间快速下降，随后开始相对缓慢地下降，下降趋势基本呈直线型，平均储能模量为 4781Pa。对于第Ⅱ类厌氧颗粒污泥，在 15～32℃之间，污泥储能模量呈下降趋势，然后随着温度升高到 40℃，储能模量也迅速上升，然后又开始下降，在 50℃时出现拐点，Ⅱ类厌氧颗粒污泥的平均储能模量为 12973Pa，远高于Ⅰ类厌氧颗粒污泥的 4781Pa，这说明Ⅱ类厌氧颗粒污泥的弹性强于Ⅰ类厌氧颗粒污泥。

两类厌氧颗粒污泥结合能随环境因素的变化如图 3-20 所示。第Ⅰ类厌氧颗粒污泥结合能的变化趋势与其储能模量的变化趋势基本相同，NaCl 浓度在 1.2～2.7mol/L 的范围内，厌氧颗粒污泥的 E_C 相对较小，在 7.9～9.3J/m³ 的范围内波动，E_C 的平均值为 11.0J/m³。对于第Ⅱ类厌氧颗粒污泥，E_C 在 NaCl 浓度为 2.7mol/L 时取得最小值 1.5J/m³，在其他浓度下 E_C 在 19～31J/m³ 之间变动，E_C 的平均值为 22.9J/m³。

随着 pH 的变化，第Ⅰ类厌氧颗粒污泥结合能的变化趋势与其储能模量的变化趋势也基本相同，但是变化幅度更小一些，在 pH 的整个变化区间内，E_C 的平均值为 10.68J/m³；对于第Ⅱ类厌氧颗粒污泥，E_C 的变化趋势也与其储能模量相同，在 pH 的整个变化区间内，E_C 的平均值为 33.01J/m³。

第Ⅰ类厌氧颗粒污泥 E_C 随温度升高整体呈下降趋势，但是在 15～17℃之间有一个短暂的上升，随后开始下降，下降趋势基本呈直线型，平均 E_C 为 6.77J/m³。对于第Ⅱ类厌氧颗粒污泥，在 32℃时 E_C 达到最大值 50.34J/m³，在整个温度变化范围内 E_C 的平均值为 26.85J/m³，高于Ⅰ类厌氧颗粒污泥。

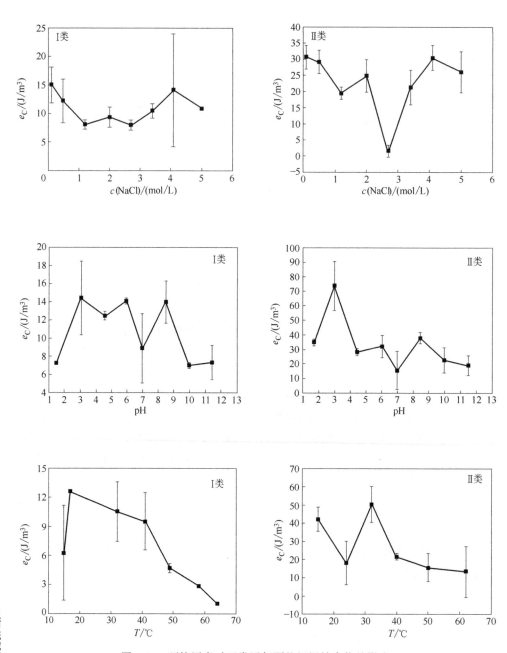

图 3-20　环境因素对两类厌氧颗粒污泥结合能的影响

颗粒污泥的 E_C 代表着其结合能力的强弱，E_C 值越高则表示破坏该颗粒污泥水凝胶结构所需要的能量就越多，也就是污泥的结构越稳定。从图 3-20 中可以看出，在三种环境因素影响下，第Ⅱ类厌氧颗粒污泥的结构稳定度强于第Ⅰ类厌氧颗粒污泥，第Ⅱ类厌氧颗粒污泥水凝胶结构更稳定，更不容易被破坏。同时可以看出，升高温度更容易导致 E_C 的降低。这表明，在高温条件下颗粒物的水凝胶结构更不稳定，易受到破坏，且Ⅰ类污泥比Ⅱ类更容易受到温度的影响。

化学因素改变时两类厌氧颗粒污泥屈服应力的变化如图 3-21 所示，两类厌氧颗粒物屈服应力随环境因素的变化趋势与其颗粒污泥结合能的变化趋势基本一致，但是变化幅度比结合能变化大。对于第Ⅰ类厌氧颗粒污泥，NaCl 浓度在 1.2～3.4mol/L 之间时，污泥屈服应力为 298.42～365.67Pa，增大或者减少 NaCl 浓度，屈服应力均可以上升到 400Pa 以上，在 NaCl 浓度的整个变化范围内污泥屈服应力

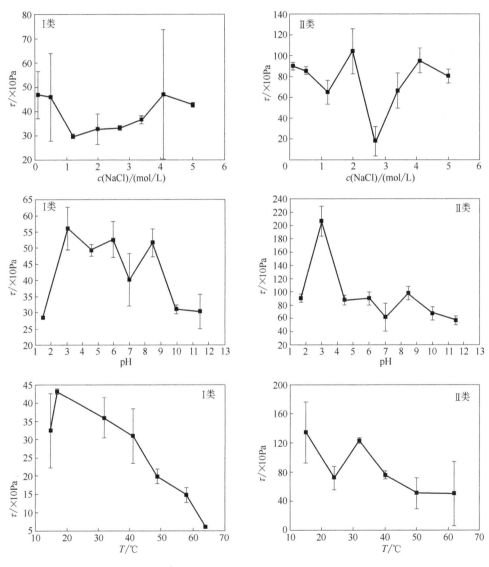

图 3-21　环境因素对两类厌氧颗粒污泥屈服应力的影响

的平均值为 393.37Pa；对于第Ⅱ类污泥，在 NaCl 浓度为 2.7mol/L 时，屈服应力取得最小值 176.24Pa，在其他盐浓度条件下，屈服应力的值均大于 600Pa，在 600～1040Pa 之间波动，在 NaCl 浓度的整个变化范围内污泥屈服应力的平均值为 754.14Pa，高于Ⅰ类厌氧颗粒污泥的平均值。

对于第Ⅰ类厌氧颗粒污泥，pH 过高或者过低时，均会导致污泥屈服应力的下降，在强酸性条件下，屈服应力取得最小值 285.27Pa，pH 在 3.0～8.5 之间变化时，污泥的屈服应力也在 400～560Pa 之间波动，继续升高 pH 使污泥处于强碱性条件，屈服应力迅速下降到 300～310Pa 之间；对于第Ⅱ类厌氧颗粒污泥，在 pH 为 3.0 时，其对应的屈服应力最大为 2062.97Pa，升高或者降低 pH，污泥的屈服应力均迅速下降到 569～980Pa 之间，在整个 pH 变化范围内，Ⅱ类厌氧颗粒污泥的平均屈服应力远高于Ⅰ类厌氧颗粒污泥。

Ⅰ类厌氧颗粒污泥屈服应力随温度的变化趋势与结合能变化趋势完全相同，当温度从 15℃上升到 17℃时，污泥屈服应力迅速升高，从 323.91Pa 上升到 431.64Pa，温度继续升高，屈服应力开始呈直线下降趋势，在整个温度变化范围内，Ⅰ类污泥屈服应力的平均值为 261.16Pa；对于第Ⅱ类厌氧颗粒污泥，温度为 15℃时，污泥屈服应力最高，达到 1342.73Pa，随后随着温度升高屈服应力开始下降，在 32℃时再次出现一个短暂的高点，然后继续下降，在整个温度变化范围内，Ⅱ类污泥屈服应力的平均值为 842.71Pa，是Ⅰ类污泥的两倍还多。所以，无论是在盐浓度、pH 还是温度变化的条件下，Ⅱ类污泥的屈服应力均高于Ⅰ类污泥。

（2）平衡水含量

从图 3-22 可以看出随着盐浓度的增加，Ⅰ类和Ⅱ类厌氧颗粒污泥的平衡水含量均呈直线下降趋势，第Ⅱ类厌氧颗粒污泥的平衡水含量整体上高于第Ⅰ类厌氧颗粒污泥。当盐浓度为 0.1mol/L 时，两类污泥的平衡水含量均大于 90%，当盐浓度上升到 5mol/L 时，两类污泥的平衡水含量已经下降到 72% 左右。Ⅰ类和Ⅱ类厌氧颗粒污泥的平衡水含量随 pH 的增加呈波动状变化，但整体上是上升趋势，在 pH 为 6.0 时，平衡水含量出现一个交点，在其他 pH 情况下Ⅱ类污泥的平衡水含量均高于第Ⅰ类污泥。

（3）渗透压

图 3-23 是厌氧颗粒污泥渗透压随 pH 和盐浓度改变的变化曲线，图中所取渗透压为其绝对值。在水环境中，厌氧颗粒污泥的渗透压为负值，本实验计算得出的渗透压也均为负值。若颗粒污泥渗透压为负值，则说明污泥水凝胶物质具有向环境中释放水的趋势。随着 pH 的增加，污泥渗透压呈波动式上升趋势，总的来说，污泥在碱性环境下渗透压绝对值高于酸性条件下污泥渗透压的绝对值，在中性条件下，两类污泥的渗透压分别为 0.11atm（1atm＝101325Pa）和 0.15atm。NaCl 浓度在 0.1～2.7mol/L 之间时，污泥渗透压绝对值随着 NaCl 浓度增加，逐渐缓慢上升，NaCl 浓度在 3.4～5.0mol/L 之间时，第Ⅰ类污泥渗透压绝对值迅速

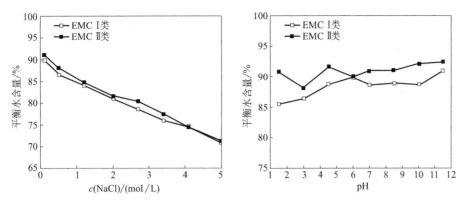

图 3-22　盐浓度和 pH 对厌氧颗粒污泥平衡水含量的影响

上升到 60atm 以上，第Ⅱ类污泥渗透压呈直线上升，但是上升幅度远低于Ⅰ类污泥。实验结果，厌氧颗粒污泥在碱性及高离子强度条件下向周围环境中释放水的趋势较大。在碱性条件下，Ⅱ类污泥颗粒向环境中释放水的能力强于Ⅰ类污泥，但是在高离子强度下，Ⅰ类污泥向环境中释放水的能力远远高于Ⅱ类污泥。在厌氧颗粒物具有向环境中释放水趋势的同时，环境中存在的离子以及溶解性有机物也会在渗透压的作用下进入到厌氧颗粒污泥内部，污泥与周围环境发生物质交换。

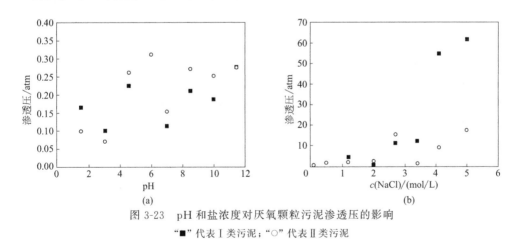

图 3-23　pH 和盐浓度对厌氧颗粒污泥渗透压的影响
"■"代表Ⅰ类污泥；"○"代表Ⅱ类污泥

3.3.2.7　ABR 的运行优化

（1）有机负荷

有机负荷是 ABR 操作过程中的重要参数，它直接影响到 ABR 对有机物的去除率，有机负荷和有机物去除率是衡量 ABR 处理效果的重要指标。分析在 ABR 启动升高有机负荷的过程中，各个阶段出水的平均 COD 以及平均 COD 去除率，结果如表 3-11 所示。ABR 启动过程中逐步提高进水 COD 浓度，同时保持 HTR 为

24h 不变，因此 ABR 中污泥负荷也被逐步提高，但是随着污泥有机负荷的提高，污泥对有机物的去除效果并没有降低，在启动第一阶段，COD 去除率只有 58.84%，在第二阶段上升到 80.11%，在第三、四阶段略有下降，但也在 60% 以上，ABR 启动的最后阶段，反应器中的微生物得到很好驯化，所以虽然进水有机负荷最高，但是，COD 去除效果却是最好的，平均去除率为 97.75%。以上结果说明 ABR 具有很强的应对有机负荷冲击的适应能力。

表 3-11 ABR 启动不同阶段对 COD 的去除效果

测定指标	第一阶段	第二阶段	第三阶段	第四阶段	第五阶段
进水 COD/(mg/L)	2000	2500	3400	4400	5700
平均出水 COD/(mg/L)	830	497	1124	1620	128
COD 平均去除率/%	58.84	80.11	65.39	63.17	97.75

（2）水力停留时间

水力停留时间（HRT）由进水流速决定，ABR 的体积一定，不同的进水流速导致水在反应器内停留的时间不同，从而与反应器中微生物接触反应时间也不同，进而影响微生物对 COD 和 NH_4^+-N 的去除效果。HRT 过长，污染物负荷低，微生物中的异养菌会与反硝化细菌竞争营养物质，从而使反硝化作用受到抑制，TN 处理率低；HRT 过短，污染物负荷较高，但微生物与污染物接触时间短，不能充分反应，出水效果不佳。因此，需要对反应器最适宜的 HRT 进行选择，以便在实际应用中采用最佳的水力停留时间条件。

选取五个水力停留时间对 ABR 反应器进行优化：8h、12h、24h、36h 和 48h，其中 24h 是 ABR 启动及运行时选用的水力停留时间，该停留时间下 ABR 的甲烷产量、污染物去除效果、颗粒污泥特征及微生物学的研究已经完成。表 3-12 为不同水力停留时间下 COD 和氨氮的平均去除率，从右到左依次为 48h、36h、24h 和 12h，在 48h 和 36h 两个阶段 COD 和氨氮去除效果比较稳定，且 COD 去除效果较好，而氨氮几乎没有去除。当水力停留时间缩短到 24h 时，COD 的去除率依旧保持在 80% 以上，且氨氮的去除率开始升高；继续缩短水力停留时间，增大了污泥负荷，COD 去除率明显降低，氨氮去除率相对于 24h 也有所降低。所以，综合比较可知选取水力停留时间为 24h 既能对 COD 和氨氮达到较好的去除效果，也可减少经济成本。

表 3-12 不同水力停留时间下污染物的平均去除率

指标	12h	24h	36h	48h
COD 平均去除率/%	53.0	90.8	85.9	90.4
氨氮平均去除率/%	11.1	22.8	3.6	4.2

（3）反应器温度

温度是影响微生物生长及其体内发生的生化反应最重要的影响因素之一，不同的微生物群体适宜的温度范围不同。根据微生物适宜生长的范围，可将其分为三类：嗜热微生物（42~75℃）、嗜温微生物（20~42℃）以及嗜冷微生物（5~20℃）。本工艺主要用来处理农村及郊区的畜禽养殖废水，温度过高，反应器运行能耗高，经济成本高，因此本实验主要研究在中温和低温情况下 ABR 的运行情况。图 3-24 为在不同温度条件下 ABR 对 COD 的去除效果。当反应器温度为 18℃时，出水 COD 去除率在 45%~70% 上下波动，平均去除率是 61.91%。在只改变温度（32℃）的情况下继续运行 ABR，出水 COD 的平均去除率上升到 91%。由此说明，降低温度对 COD 的去除效果影响显著，降低温度也就是降低了 ABR 对有机物的去除率。

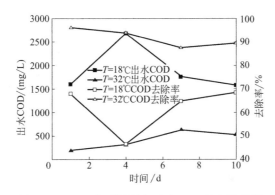

图 3-24　ABR 在不同温度下对 COD 的去除效果

3.3.2.8　ABR 的运行稳定性研究

ABR 启动成功以后，将进水 COD 浓度设置为 5000mg/L，氨氮浓度设置为 500mg/L，水力停留时间控制为 24h，反应器运行温度控制为（32±1）℃，考察长期高负荷条件下 ABR 对污染物的去除效果和运行情况。如图 3-25 所示，出水 COD 浓度在反应器运行前 1~38 天保持在 1000mg/L，出水 COD 去除率在 80% 以上，ABR 继续运行，出水 COD 浓度开始波动，波动范围 0~1600mg/L，其相应的去除率也随出水 COD 浓度变化上下波动，但是整体维持在 60% 以上。

图 3-26 为 ABR 运行过程中对氨氮的去除效果，如图 3-26 所示，出水氨氮浓度随 ABR 的运行上下波动，变化范围在 320~460mg/L 之间，相应的出水氨氮去除率始终保持在 40% 以下，氨氮的平均去除率是 15.20%。另外在 ABR 运行过程中，对出水 pH 进行了测量，pH 变化范围是 6.7~7.7 之间。pH 过高或者过低都不利于微生物的生长繁殖，因此当 pH 过高或者过低时可以通过调节进水碱度来调节 ABR 中 pH。总的来说，在高氨氮有机负荷下，ABR 运行状态良好，且对 COD

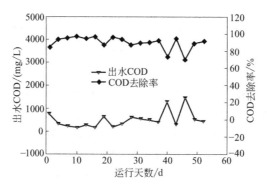

图 3-25　ABR 运行过程中对 COD 的去除效果

有很好的去除效果，对氨氮也保持相对稳定的去除率，所以，ABR 可以在高负荷条件下长期稳定运行。

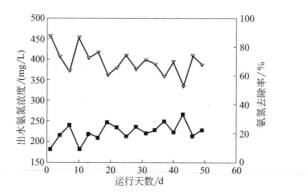

图 3-26　ABR 运行过程中对氨氮的去除效果

3.3.3　ABR-MABR 耦合工艺处理畜禽养殖废水研究

3.3.3.1　耦合反应器预挂膜阶段

适当的碳氮比有利于同步硝化反硝化的进行，一般认为，当碳氮比较低时，大部分的有机物都会被 HB 分解掉，造成反硝化作用中电子供体不足；当碳氮比较高时会刺激 HB 的活性，从而使其大量繁殖，造成硝化菌在争夺溶解氧的过程中处于劣势，影响硝化过程的发生，因此，比较适宜的碳氮比是 5∶1。根据 ABR 的研究结果，对于成功启动的五格室厌氧反应器，有机物的去除率 75% 是发生在第一格室，第一格室出水 COD 浓度约为 1250mg/L，而厌氧反应器对氨氮的去除率很低，每个格室对氨氮的去除效果相当，因此第二格室进水 COD∶NH_4^+-N≈1250∶500，这个比值不利于反硝化作用的发生，因此，根据实际畜禽养殖废水中氨氮的浓度，本实验对进水中氨氮的浓度进行了适当的调整，确保在反应器成功启动之

辽河流域面源氨氮污染控制技术

后曝气格室进水碳氮比有利于氮的去除。

耦合反应器预挂膜过程可以分为两个阶段，1～28 天：进水 COD 2000mg/L，氨氮 100mg/L；29～49 天：进水 COD 1000mg/L，氨氮 100mg/L。在反应器运行第一阶段没有对其进行控温，反应器的温度与室温相当，大概 20℃左右。四格室耦合反应器和五格室耦合反应器对 COD 的去除效果如图 3-27 所示。对于四格室反应器，在第一阶段中，出水 COD 浓度呈线性下降趋势，说明反应器对 COD 的去除能力稳步提高，但是总体去除能力较弱，COD 平均去除率为 37.04%，这可能与微生物未完全驯化及反应器温度较低有关；在第二阶段，升高四格室反应器的温度值（32±1）℃，同时降低进水 COD 浓度至 1000mg/L，此时，出水 COD 浓度在 200～420mg/L 之间，COD 平均去除率为 64.69%，高于第一阶段的平均去除率。对于五格室反应器，第一阶段出水 COD 浓度在 300～840mg/L 之间波动，COD 平均去除率是 69.11%；在第二阶段同样将反应器温度提高到（32±1）℃，同时降低进水 COD 浓度至 1000mg/L，此时出水 COD 浓度明显下降，在 80～450mg/L 之间，该阶段 COD 平均去除率是 74.28%。从以上结果可以看出在同样的进水负荷条件下，五格室反应器对有机物的去除效果强于四格室反应器，对于同一反应器只要降低进水有机负荷或者适当提高反应器温度均有利于有机物的去除。

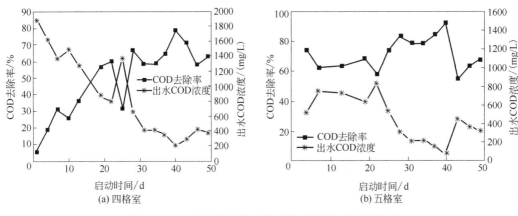

图 3-27　ABR-MABR 耦合反应器对 COD 的去除效果

图 3-28 为 ABR-MABR 耦合反应器预挂膜运行过程中对氨氮的去除效果。在此过程中的温度变化如上面所说，在第一阶段不控制温度，反应器温度为室温，在反应器运行的第二阶段，升高反应器的温度到（32±1）℃，进水氨氮浓度 100mg/L。在四格室反应为第二、三格室中放入了膜组件，同时在五格室反应为第三、四格室中放入了膜组件，放入膜组件的格室成为曝气格室，为了提高水中溶解氧的量，加快曝气格室硝化细菌的培养，在曝气格室内还放入了曝气头进行足量的曝气，所以在耦合反应器的挂膜阶段，曝气格室中有足够的溶解氧，这样

提高了氮的转化率和去除率。对于四格室反应器，在运行的初始阶段出水氨氮浓度相对较高，为 29.85mg/L，此时的去除率为 70.15%，随着反应器的运行，出水氨氮浓度迅速下降到 1～12mg/L，此时的 ABR-MABR 耦合反应器对氨氮具有良好的去除效果，平均去除率为 91.77%，当反应器运行到 49 天时，关掉曝气泵，此时曝气格室中的溶解氧量迅速下降，氨氮的去除效果也明显降低，出水氨氮浓度上升到 50mg/L。对于五格室反应器，运行第一天的出水氨氮浓度较低，但是随后出水氨氮浓度上升到 70mg/L，在运行 10 天以后，出水氨氮浓度又迅速下降，随后开始呈波浪状缓慢上升趋势，氨氮的平均去除率为 83.57%，低于四格室反应器的挂膜阶段的平均去除率 88.87%，所以，增加厌氧格室对氨氮去除效果的提升并没有优势。在两个耦合反应器运行后期出水氨氮浓度变化幅度均不大，且去除效果良好，由此可以推断耦合反应器的曝气格室或者生物膜上已经长出了适应这种环境的结构稳定的微生物群落，由此认为耦合反应器的挂膜过程已经完成。

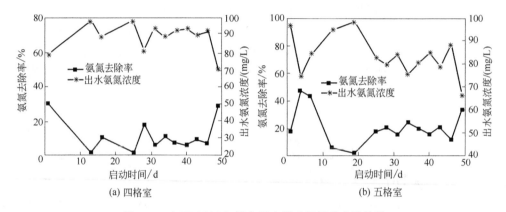

图 3-28　ABR-MABR 耦合反应器对氨氮的去除效果

3.3.3.2　耦合工艺低负荷启动阶段

ABR-MABR 耦合反应器挂膜实验完成以后，将两个耦合反应器进行低负荷同步启动，在启动过程中控制两个反应器的温度均为 (32±1)℃，同时关掉曝气泵，逐步提高进水的有机负荷和氨氮负荷，待进水 COD 提高到 5000mg/L，氨氮提高到 200mg/L，且反应器对它们的去除效果良好且稳定则认为反应器启动成功。启动过程可以分为五个阶段：第一阶段 (1～15 天)，进水 COD 2000mg/L，氨氮 100mg/L；第二阶段 (16～24 天)，进水 COD 2600mg/L，氨氮 100mg/L；第三阶段 (25～33 天)，进水 COD 3400mg/L，氨氮 130mg/L；第四阶段 (34～42 天)，进水 COD 4420mg/L，氨氮 169mg/L；第五阶段 (43～48 天)，进水 COD 5000mg/L，氨氮 200mg/L。总共历时 48 天完成了两个耦合反应器的启动。

在启动过程中，四格室反应器对 COD 的去除效果如图 3-29 (a) 所示，在启动的前两个阶段出水 COD 稳定，COD 去除率在 80% 以上，在启动的第三阶段，出水 COD 浓度开始上下波动，最大时可达 690mg/L，在运行的第四、五阶段，出水 COD 也在上下波动，但是均保持在 600mg/L 以下，启动阶段四格室反应器对COD 的平均去除率为 89.57%。五格室反应器启动过程中出水 COD 浓度也呈上下波动状，启动第一阶段和第三阶段的波动范围较大，COD 的去除效果相对不稳定，但是在反应器启动的整个过程中出水 COD 始终维持在 800mg/L 以下，去除率保持在 75% 以上，平均去除率是 89.14%，略低于四格室反应器 0.43 个百分点。根据以上结果，四格室和五格室反应器在启动阶段对 COD 均有良好的去除效果（>89%），在反应器体积一定时，增加厌氧格室数量并不能提高 COD 的去除效果。

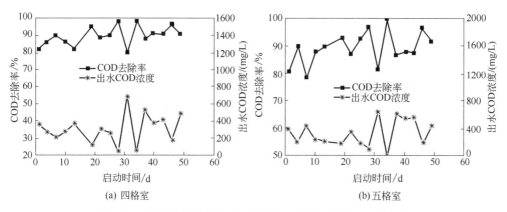

(a) 四格室   (b) 五格室

图 3-29　ABR-MABR 耦合反应器启动过程对 COD 的去除效果

在耦合反应器的启动阶段逐步升高进水氨氮负荷，两个耦合反应器对氨氮的去除效果如图 3-30 所示。在反应器启动的初始阶段，两个反应器均采用 PVDF 中控纤维膜进行曝气，由于曝气量不大（DO≈0），两个反应器对氨氮的去除率均不高，在 40% 以下，随后在五格室反应器中增加曝气头，加大曝气量（DO=1～4mg/L），其他条件与四格室反应器保持一致，在启动的 4～31 天中，五格室氨氮的去除率明显高于四格室，说明溶解氧量是影响氨氮去除效果的重要因素，在这个过程中四格室反应器对氨的平均去除率是 22.05%，五格室反应器对氨氮的平均去除率是 68.99%。启动 31 天之后，在四格室反应器的两个曝气格室中也加入曝气头增大曝气量（DO=2～3mg/L），由图 3-30 可以看出，增大曝气量以后四格室反应器出水中氨氮浓度迅速下降，氨氮去除率也升高到 70% 以上。在两个反应器启动的最后一阶段，进水氨氮浓度升高为 200mg/L，出水氨氮浓度也开始呈现上升趋势，氨氮去除率开始下降，但是仍保持在 60% 以上，在这一阶段，四格室反应器对氨氮的平均去除率是 78.08%，五格室反应器对氨氮的平均去除率也是 78.08%。

以上结果说明，曝气量是影响氨氮去除效果的重要因素，实验中采用的 PVDF 中空纤维曝气膜的曝气量不能满足要求，因此需要加大曝气量或者膜面积，本实验在后面的环节中会改用膜面积更大的曝气膜。

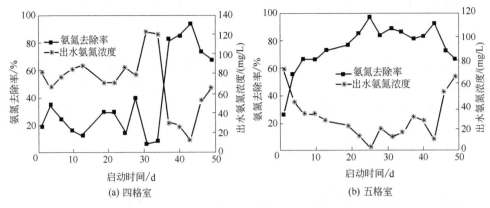

图 3-30　ABR-MABR 耦合反应器启动过程对氨氮的去除效果

　　另外，在反应器启动稳定阶段，对曝气格室中的不同形态的氮浓度及溶解氧浓度进行测定，结果如表 3-13 所示。当氨氮浓度过高时，曝气格室中的亚硝态氮浓度几乎为零，说明没有达到亚硝态氮的积累，同时最终出水的氨氮去除率也较低。当曝气格室中测得的亚硝态氮浓度达到 20mg/L 以上时，氨氮浓度明显降低，同时硝酸盐出现，且浓度较高。在五格室反应器中，不同形态氮之间相互转换，氨氮去除率达到 70% 以上，总氮去除率在 40% 左右，氮去除效果优于四格室反应器。

　　测量曝气格室中的溶解氧量得出：四格室反应器的 DO 浓度均小于 0.5mg/L，有时甚至为零，说明曝气格室中的液体处于厌氧甚至缺氧的情况；五格室反应器的第三格室内 DO 浓度 1.3mg/L，氧浓度较高，可以较好地实现氨氮及亚硝态氮的氧化，第四格室 DO 浓度较低，但是从不同形态氮浓度可以得出此格室中发生了进一步的氧化作用。

表 3-13　曝气格室及出水中不同形态氮浓度

启动阶段	测定指标	四格室反应器			五格室反应器		
		第 2 格室	第 3 格室	出水	第 3 格室	第 4 格室	出水
第三阶段	pH	7.2	7.32	7.2	7.58	7.88	8.05
	COD	92	176	260	232	200	196
	NH_4^+-N/(mg/L)	88.24	78.88	86.16	19.84	8.2	2.28
	NO_2^--N/(mg/L)	0.02	0.11	0.04	27.2	23.5	11.5
	NO_3^--N/(mg/L)	0	0.32	0.53	14.8	28.91	39.84
	DO	0	0	—	1.3	0	—

启动阶段	测定指标	四格室反应器			五格室反应器		
		第2格室	第3格室	出水	第3格室	第4格室	出水
第四阶段	pH	6.88	7.09	7.18	7.73	8.53	8.33
	COD	190	720	50	120	164	146
	NH_4^+-N/(mg/L)		135.88	119.48	15.95	3.7	16.8
	NO_2^--N/(mg/L)	0	0	0.1	4.7	1	2.4
	NO_3^--N/(mg/L)	—	—	—	104.5	88.01	65.39
	DO	0	0	—	2.42	3.64	—
第五阶段	pH	7.87	7.85	8.02	7.73	8.53	8.33
	COD	456	524	484	496	452	436
	NH_4^+-N/(mg/L)	79.92	78.52	71.52	89.48	82.4	88.04
	NO_2^--N/(mg/L)	2.8	0.6	0	4.2	1.2	0.2
	NO_3^--N/(mg/L)	1.89	2.31	1.89	1.47	1.89	1.89
	DO	2.56	2.6		2.43	2.89	

3.3.3.3 成熟污泥

（1）污泥浓度

ABR-MABR 耦合反应器成功启动之后，每个格室中取一部分污泥研究污泥浓度变化。图 3-31 为不同格室中污泥 MLSS 与 MLVSS 的变化，1、2 分别代表四格室反应器的第一和第四格室，3、4、5 则分别代表五格室反应器的第一、第二和第五格室。四格室反应器第一格室污泥浓度较高，MLSS 达到 32.3g/L，MLVSS在 10g/L 左右，第四格室是最后的出

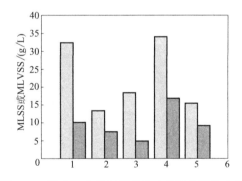

图 3-31　耦合反应器厌氧各种中污泥浓度的变化

水格室，到达该格室的畜禽养殖废水有机物含量较低，不利于该格室微生物的生长，所以第四格室污泥含量较低，但是可挥发性有机物含量较高，可生化性能好。五格室反应器第一格室污泥浓度为 18.7g/L，可挥发性有机物含量也不高，为 4.8g/L，第二格室的污泥浓度较高，为 34.1g/L，可挥发性有机物含量 16.7g/L，可生化性能也相对较好；第五格室为出水格室，污泥浓度较低，但是可挥发性有机物含量高，污泥可生化性能好。

（2）成熟厌氧颗粒污泥的形貌特征

ABR-MABR 厌氧格室中接种的颗粒污泥是取自 ABR 的成熟厌氧颗粒污泥。随着耦合反应器启动时间的增加，厌氧颗粒污泥的粒径逐渐增大，且由于营养物质分布不均，第一到第五格室的颗粒污泥增长速度也不尽相同，接收到营养物质较多的第一格室，颗粒污泥增长最快，从第一格室到第五格室污泥增长速度呈下降趋势。图 3-32 是四格室耦合反应器成功启动以后第一和第四格室中厌氧颗粒污泥的形貌特征。图 3-33 是五格室耦合反应器成功启动以后第一、第二和第五厌氧格室中颗粒污泥的形貌特征。

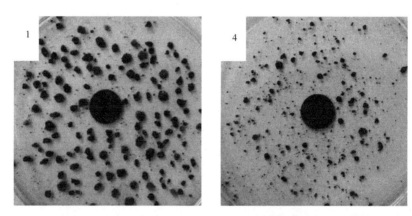

图 3-32　四格室耦合反应器中成熟厌氧颗粒污泥的形貌特征

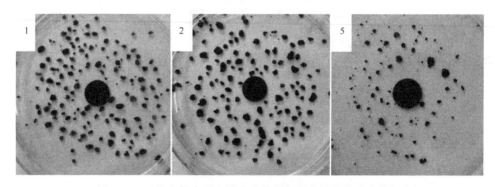

图 3-33　五格室耦合反应器中成熟厌氧颗粒污泥的形貌特征

ABR-MABR 耦合工艺中使用的接种颗粒污泥中位直径在 1.18～1.58mm 之间，分形维数（D_2）为 1.80～1.86，随着 ABR-MABR 的成功启动，反应器中的厌氧颗粒污泥有了不同程度的生长。其中，四格室反应器中的厌氧颗粒污泥均达到了 2.0mm 以上；五格室反应器中第一格室颗粒污泥生长最快，达到 2.37mm，第二格室次之，第五格室中颗粒污泥的生长非常缓慢，仅为 1.62mm。污泥的分形维数可以表示其致密程度，ABR-MABR 启动成功后厌氧颗粒污泥的 D_2 范围为

1.75~11.89，略高于接种污泥，说明 ABR-MABR 中厌氧颗粒污泥致密程度更高（表 3-14）。

表 3-14   ABR-MABR 中成熟厌氧颗粒污泥的中位直径和分形维数变化

项目	四格室反应器		五格室反应器		
	第一格室	第四格室	第一格室	第二格室	第五格室
中位直径/mm	2.96	2.15	2.37	1.98	1.62
D_2	1.89	1.78	1.85	1.84	1.75

（3）成熟污泥的微生物学特征

通过扫描电镜观察耦合反应器厌氧和曝气格室中污泥的形貌特征。如图 3-34

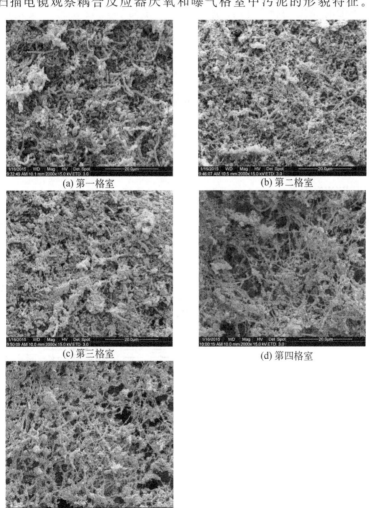

(a) 第一格室   (b) 第二格室   (c) 第三格室   (d) 第四格室   (e) 第五格室

图 3-34   ABR-MABR 中不同格室污泥的表面形貌特征

所示，前三个格室中污泥的结构较为致密，后两个格室中的污泥呈现疏松多孔的结构。另外，从图中可以看出第一格室中的厌氧颗粒污泥主要由杆状菌以及胞外聚合物组成构成，同时还可以看到少量的球状菌散布在厌氧颗粒污泥表面。第二格室中除了杆状菌以外，还有大量丝状菌分布在厌氧颗粒污泥表面。第三、第四格室为曝气格室，第三格室中厌氧颗粒污泥结构致密，多由杆状菌和胞外聚合物组成，四格室中颗粒污泥结构疏松，污泥表面含有杆状菌、丝状菌和球菌等。第五格室颗粒污泥表面结构疏松，含有大量丝状菌、杆状菌和胞外聚合物。

ABR-MABR 耦合反应器成功启动之后对其中的成熟污泥的分子生物学特性进行研究。图 3-35 是耦合反应器各格室中污泥样品所提取的总 DNA，并对其进行 PCR 扩增及 DGGE 分析得到的 DGGE 指纹图谱，其中每一条带代表一种或者几种微生物，且条带的亮度与微生物含量正相关，条带亮度较大的条纹是污泥中的优势生物群。前四个条带为四格室反应器中污泥样品的 DGGE 指纹图谱，四格室反应器中的第一和第四格室是厌氧格室，但是这两个格室中的微生物群落结构却不相同，这可能与基质浓度以及上清液 pH 不同有关；第二和第三格室是膜曝气格室，从图谱中可以看出这两个格室的微生物群落结构基本相同，第二格室中微生物含量更高。五格室反应器中第一、第二和第五格室是厌氧格室，格室中微生物群落结构不尽相同，第一格室中微生物种类更丰富，含量更多；第三和第四格室是膜曝气格室，这两格室中微生物群落结构比较接近，但是，有些条带只存在于

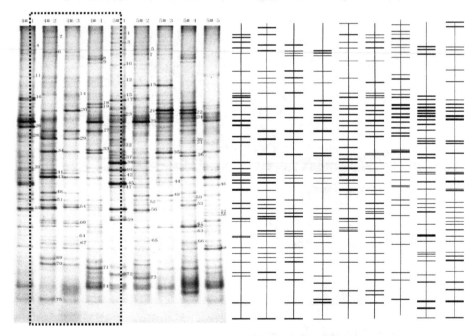

图 3-35　ABR-MABR 细菌 16S rDNA-PCR 产物水平 DGGE 图谱

辽河流域面源氨氮污染控制技术

第三格室中，比如序列 5、7 和 13。通过污泥样品的 DGGE 指纹图谱可以发现，无论是四格室反应器还是五格室反应器中的微生物种类都非常丰富（超过 70 种），通过条带颜色的深浅，测序结果递交 GenBank 数据库，并于 GenBank 中的序列进行比对，得到条带所代表的细菌类型并计算出主要细菌所占比例。鉴于本实验结果的条带数量过多，根据条带出现了频率和颜色的深浅，下面的实验只选取了比较有代表性的 39 个条带进行分析，分析结果如表 3-15 所示。采用 MEGA5 软件，Neighbor-joining 法构建系统发育树，自展数（bootstrap）为 1000，系统发育树如图 3-36。

测序结果显示，大部分细菌都属于未经培养菌种（uncultured bacterium），它们的具体属种及其理化性质不能确定。其中，与序列 24、41 最为相似的是 uncultured Nitrospira sp.，属于硝化螺旋菌门（Nitrospirae）；序列 16、17 属于螺旋体门（Spirochaetes），可以分解利用糖类和氨基酸，序列 7、8、33 均属于厌氧菌，序列 13 与未培养螺旋藻（uncultured Spirulina）的相似度为 99%，序列 20、36 都属于未培养 β-变形菌门（uncultured Proteobacterium），序列 25 与未培养螺杆菌（uncultured Sulfurimonas sp.）的相似度为 99%，序列 22 与未培养节杆菌（uncultured Arthrobacter sp.）的相似度为 91%，是专性好氧菌。

表 3-15 DGGE 条带 16S rRNA 基因序列系统发育地位

样品编号	最相似细菌	相似度	登录号
6-1	*Akkermansia muciniphila*	83%	NR_074436
7-1	*Porphyromonas gulae*	87%	NR_113088
8-1	*Propionibacterium sp.*	96%	KM461982
9-1	uncultured *Anaerolineaceae bacterium*	99%	KC769165
13-1	uncultured *Spirulina sp.*	99%	JN188308
16-1	uncultured *Spirochaetes bacterium*	97%	KF692475
17-1	*Treponema zuelzerae*	100%	NR_104797
18-1	*Clostridium beijerinckii*	100%	LC005451
19-1	*Propioniciclava tarda*	96%	NR_112669
20-1	uncultured *Proteobacterium*	100%	KJ730110
22-1	uncultured *Arthrobacter sp.*	91%	JQ400809
23-1	uncultured *Deinococci bacterium*	99%	JQ906959

样品编号	最相似细菌	相似度	登录号
24-1	*uncultured Nitrospira sp.*	100%	KJ480929
25-1	*uncultured Sulfurimonas sp.*	99%	JX312144
26-1	*uncultured Syntrophaceae bacterium*（δ-Pro-teobacteria）	92%	GU202942
27-1	*uncultured Desulfosporosinus sp.*	98%	GU556283
29-1	*Myxococcales bacterium*	98%	AB245340
33-1	*Mesotoga infera*	99%	NR_117646
34-1	*uncultured Cytophagales bacterium*	99%	GQ471878
35-1	*Hydrogenophaga taeniospiralis*	100%	LN650479
36-1	*uncultured Dechloromonas sp.*	99.00%	JQ288711
38-1	*Aminomonas paucivorans*	100.00%	NR_114458
40-1	*uncultured Clostridium sp.*	97.00%	JQ724353
41-1	*uncultured Nitrospira sp.*（Nitrospirae）	93.00%	EF469200
43-1	*Pseudomonas linyingensis*	98.00%	HG974513
45-1	*uncultured crenarchaeote clone*	98.00%	HQ141818
48-1	*Pseudomonas linyingensis*	100.00%	HG974513
49-1	*uncultured Thiobacillus sp.*	97.00%	KM595275
51-1	*Catellibacterium terrae*	100.00%	JX844631
53-1	*Thauera sp.*	100.00%	HG513119
54-1	*Aeromonas sobria*	99.00%	KM516017
55-1	*uncultured Smithella sp.*	99.00%	GQ183319
56-1	*uncultured Clostridium sp.*	100.00%	AB844774
59-1	*uncultured Bacteroidetes bacterium*	94.00%	AB611122
62-1	*uncultured Thiobacillus sp.*	98.00%	KM595275
68-1	*uncultured bacterium*	96.00%	GU363557
70-1	*uncultured Syntrophorhabdus sp.*	99.00%	JN809588
71-1	*Eubacterium sp.*	92.00%	JF709903
74-1	*uncultured Gracilibacter sp.*	100.00%	JQ087093

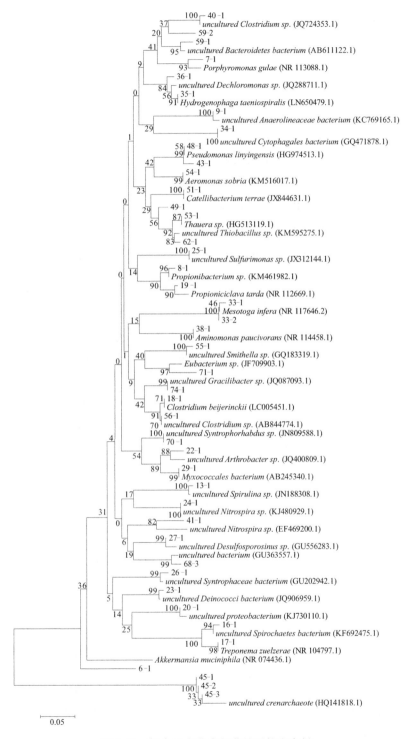

図 3-36　耦合反应器中细菌的系统发育树

3.3.3.4 ABR-MABR 工艺的优化

(1) 膜面积的影响

对于已经完成启动的 ABR-MABR 耦合反应器，在启动过程中可以发现，溶解氧量对氨氮去除效果及氮形态的转化均具有重要影响，由于原来的 PVDF 曝气膜组件 [图 3-37 (a)] 膜面积较小，曝气量不能满足实验要求 (DO≈0)，所以氨氮去除效果不好；当采用曝气头进行曝气时，溶解氧量迅速升高在 1~3mg/L 之间，且氨氮去除率上升，不同形态的氮在曝气格室内均存在，但是曝气头曝气幅度过大，会使曝气格室中的污泥量迅速减少，从长远来看不利于反应器的运行，在此基础上，我们选择的膜面积较大的 PP 膜 [图 3-37 (b)] 来代替原来的 PVDF 膜，膜面积增加了 10 倍，PP 膜的基本性质如表 3-16 所示。

(a) PVDF膜组件　　　　　　　　(b) PP膜组件

图 3-37　耦合反应器中的曝气膜组件

表 3-16　PP 膜的基本性质

材质	膜面积	孔径	截留分子量
PP(聚丙烯)	$0.2m^2$	$0.1~0.2\mu m$	10 万

① 对 COD 的去除效果。采用 PP 膜组件进行曝气之后耦合反应器 COD 的去除效果如图 3-38 所示。

两个耦合反应器对 COD 的去除率均在 84%~92% 之间上下波动，四格室反应器的去除效果略优于五格室反应器。在 PVDF 膜组件曝气条件下耦合反应器对 COD 的平均去除率分别是 89.57% 和 89.14%，在 PP 膜组件曝气条件下耦合反应器对 COD 的平均去除率分别是 88.55% 和 86.44%，由此说明更换膜组件增加曝气量对有机物的去除并没有明显影响，在实验测试的阶段，增大曝气量反而会降低 COD 的去除率。

② 对氨氮的去除效果。更换新膜以后，两个耦合反应器对氨氮的去除效果以

及出水中不同形态氮的浓度变化如图 3-39 所示。

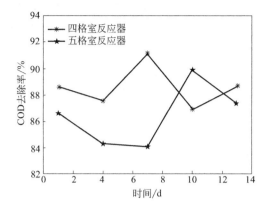

图 3-38　ABR-MABR 对 COD 的去除效果

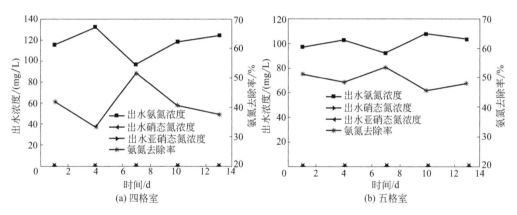

图 3-39　ABR-MABR 对氨氮的去除效果

对于四格室反应器，出水中主要以氨氮为主，氨氮浓度在 90～140mg/L 之间波动，硝态氮和亚硝态氮的浓度几乎为零；对于五格室反应器，出水中的氮也是以氨氮为主，几乎没有硝态氮和亚硝态氮，氨氮浓度在 100mg/L 左右，总体上低于四格室反应器出水中的氨氮浓度。两个反应器对氨氮的平均去除率分别是 41.00% 和 49.47%，均高于仅采用 PVDF 膜进行曝气的氨氮去除率（低于 40%），说明增加曝气膜面积来提高氨氮的去除率是成功的。

（2）温度的影响

选取两个温度范围进行优化，一个是耦合反应器运行过程中的（32±1）℃，另外一个就是实验室温度 18～20℃。温度优化是在膜面积优化之后进行的，所以，温度优化过程是在 PP 膜曝气的条件下完成的。在（32±1）℃的温度条件下，两个耦合反应器对 COD 和氨氮的去除效果如上所说，它们分别是 88.55% 和 86.44%、41.00% 和 49.47%；在 18～20℃的温度条件下两个耦合反应器对 COD 与氨氮的去除效果分别如图 3-40 与图 3-41 所示。四格室反应器对 COD 的去除效果强于五格室反应器，但是其对氨氮的去除效果没有五格室反应器好，两个反应器对 COD 的平均去除率是 79.21% 和 78.3%，低于（32±1）℃的温度条件下两个反应器对 COD 的去除率说明降低温度会削弱耦合反应器对有机物的去除。在此温度下，两个耦合反应器随氨氮的平均去除率分别是 24.88% 和 33.07%，五格室的去除效果优于四格室反应器对氨氮的去除效果，且相对于反应器温度为（32±1）℃时，这两个反应器的去除率均有所下降，下降幅度也差不多。总的来说，温度降低会削弱 ABR-MABR 耦合反应器对污染物的去除效果，这主要是由于降低温度会抑制微生物的活性，降低它们对污染物的降解速率以及它们自身的繁殖速度。

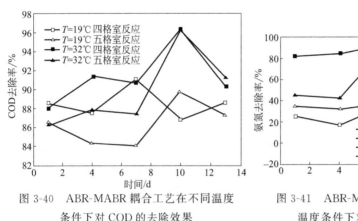

图 3-40　ABR-MABR 耦合工艺在不同温度
条件下对 COD 的去除效果

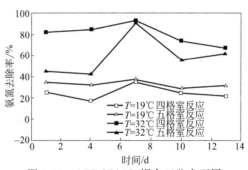

图 3-41　ABR-MABR 耦合工艺在不同
温度条件下对氨氮的去除效果

参考文献

[1]　梁增芳，肖新成，倪九派. 农业面源污染认知与调控意愿关系的实证分析——以三峡库区南沱镇为例 [J]. 西南大学学报（自然科学版），2015（3）：125-131.

[2]　李省，赵升吨，贾良肖，等. 有机肥好氧发酵原理及工艺合理性探讨 [J]. 现代农业科技，2014（16）：186-188.

[3]　刘丹. 混合畜禽粪便厌氧发酵特性试验研究 [D]. 哈尔滨：东北农业大学，2008.

[4]　Abouelenien F，Fujiwara W，Namba Y，et al. lmproved methane fermentation of chicken manure via ammonia removal by biogas recycle [J]. Biorcsourcc Technology，2010，101（16）：6368-6373.

[5]　范云. 家畜粪便厌氧发酵制取沼气的影响因素及工艺特性研究 [D]. 哈尔滨：哈尔滨工业大学，2012.

[6]　郭建斌，董仁杰，程辉彩，等. 温度与有机负荷对猪粪厌氧发酵过程的影响 [J]. 农业工程学报，2011（12）：217-222.

[7]　王晓娇. 混合原料沼气厌氧发酵影响因素分析及工艺优化 [D]. 杨凌：西北农林科技大学，2013.

[8]　张纪利，孙建生，刘明竞，等. 不同物料水分对有机肥发酵过程中微生物数量的影响 [J]. 中国农学通报，2014（15）：141-145.

[9]　魏宗强. 鸡粪堆肥过程中养分损失及其控制对策研究 [D]. 泰安：山东农业大学，2010.

[10]　黄纯杨，邓泳，贺方云，等. 通风方式对有机肥发酵过程中理化性质的影响 [J]. 耕作与栽培，2013（4）：3-5.

辽河流域面源氨氮污染控制技术

[11] 白森，苟剑渝，张纪利，等. 通风槽对有机肥发酵过程中理化性质的影响 [J]. 湖北农业科学，2014（22）：5404-5407.

[12] 耿富卿，苟剑渝，何楷，等. 不同碳氮比对有机肥发酵过程中微生物数量的影响 [J]. 作物研究，2013（S1）：25-28.

[13] 叶江平，贺方云，吴峰，等. 生物有机肥处理方式与微生物菌群关系研究 [J]. 中国烟草科学，2014（05）：33-39.

[14] 卢健，贺方云，张纪利，等. 碳氮比对有机肥发酵过程中理化性质的影响 [J]. 湖北农业科学，2014（14）：3251-3256.

[15] 叶勇，谭凤仪，卢昌义，等. 红树林系统处理畜牧废水营养盐的研究 [J]. 环境科学学报，2001，21（2）：224-228.

[16] 廖新俤，骆世明. 人工湿地对猪场废水有机物处理效果的研究 [J]. 应用生态学报，2002，13（1）：113-117.

[17] 邓良伟，陈铬铭. IC工艺处理猪场废水试验研究 [J]. 中国沼气，2001，19（2）：12-15.

[18] 张国治，姚爱莉. 藻类对猪粪厌氧废液的净化作用 [J]. 西南农业学报，2000，13（增刊）：105-112.

[19] 彭军，吴分苗，唐耀武. 组合式稳定塘工艺处理养猪废水设计 [J]. 工业用水与废水，2003（6）：44-46.

[20] 高越晗，戚文娟. 西子生态农场的综合开发利用研究 [J]. 环境污染与防治，1998，20（4）：26-29.

[21] 韩力平，王建龙，施汉昌. 生物强化技术在难降解有机物处理中的应用 [J]. 环境科学，1999，20（6）：100-102.

[22] 邓喜红. 规模化养殖场粪污治理概述 [J]. 农业环境与发展，1999（2）：42-46.

[23] 范建伟，张杰. 活性污泥膜分离技术在畜禽废水处理中的应用 [J]. 工业用水与废水，2002，33（3）.

第4章 ▶▶
农村生活面源氨氮污染人工湿地控制技术

　　人工湿地是一种经人工设计、建造的工程化的新型污水处理工艺，在设计和建造过程中，合理选用进水方式等工艺条件，优化系统中的物理化学和生物作用，形成基质、植物及微生物组成的复合生态系统来模拟强化自然湿地自净能力。人工湿地处理技术常常因地制宜地应用在经济技术薄弱、居住分散的农村地区，具有出水水质好、建设运行费用低以及操作简单等优点。

4.1 人工湿地处理技术基本理论

　　人工湿地按其内部的水位状态可以分为表面流人工湿地和潜流人工湿地，而潜流人工湿地又可以按水流方向分为水平潜流人工湿地和垂直潜流人工湿地[1]。

4.1.1　表面流人工湿地

　　表面流人工湿地如图 4-1 所示。在内部构造、生态结构和外观上都十分类似于天然湿地，经过科学的设计、运行管理和维护，去污效果优于天然湿地系统[2]。表面流人工湿地的水面位于地基质以上，其水深一般为 0.3～0.5m。污水从进口以一定深度缓慢流过湿地表面，部分污水蒸发或渗入湿地，出水经溢流池流出。湿地中接近水面的部分为好氧层，较深部分及底部通常为厌氧区，因此具有某些与兼性塘相似的性质。表面流人工湿地优点在于投资省、操作简单、运行费用低；

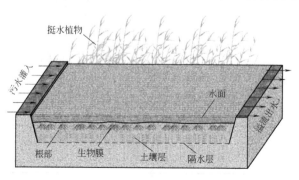

图 4-1　表面流人工湿地结构图

缺点是负荷低，去污能力有限。在表面流人工湿地中，系统所需要的氧主要来自水体表面扩散、植物根系的传输。根系的氧传输能力非常有限。表面流人工湿地受自然气候条件影响较大，容易滋生蚊虫，并有臭味。

4.1.2 水平潜流人工湿地

水平潜流人工湿地构造如图4-2。该类型湿地没有暴露的自由水面，污水从左端进入湿地，在基质表面以下以水平流动的方式流过湿地，从另一端流出。污水在湿地床表面下流动，可以充分利用填料表面生长的生物膜、丰富的植物根系及填料被留等作用，能够提高处理效果和处理能力[3]。由于污水在地表下流动，因此，水平潜流湿地保温性能较好，处理效果受季节影响较小。

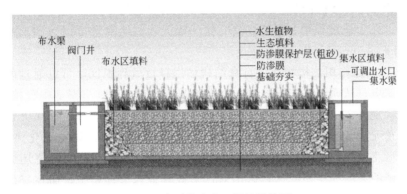

图4-2 水平潜流人工湿地结构图

4.1.3 垂直潜流人工湿地

垂直潜流人工湿地结构如图4-3所示。污水从湿地表面垂向流过填料的底部或从底部垂直向上流进表面，与水平潜流不同的是，垂直潜流湿地填料床体处于不饱和状态，氧气可以通过大气扩散和植物传输进入湿地内部，由于复氧能力强，垂直潜流人工湿地的脱氮除磷能力更强。

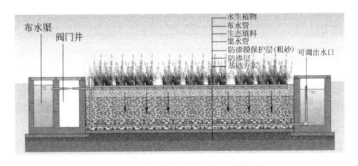

图4-3 垂直潜流人工湿地结构图

4.2 人工湿地处理技术原理

人工湿地的作用机理具体表现在三方面，分别为植物作用、基质作用和微生物作用[4]。

4.2.1 植物作用

① 直接吸收作用。应用于污水处理的湿地植物通常都具有生长快、生物量大和吸收能力强的特点，它们在生长的过程中，需要吸收大量的氮、磷等营养元素。此外，一些大型水生植物还可吸收铅、镉、砷、汞和铬等重金属，以金属螯合物的形式蓄积于植物体内的某些部位，达到对污水和受污染土壤的生物修复[5]。以香蒲为例，在生长过程中，对铅、锌、铜、镉吸收的绝对量可以达到128mg/kg、1375mg/kg、28mg/kg 和 120mg/kg。

② 氧气输送作用。植物通过自身结构输送释放氧到根区，可以通过改变根区的氧化还原电位从而影响基质中的生物化学循环[6]。例如，当湿地中种植芦苇时，按照人工湿地床体中基质距芦苇根系的远近，将其分为好氧、缺氧和厌氧区等根际微处理单元。营养盐通过在好氧区的硝化过程将污水中的氨氮氧化为硝酸氮，而在缺氧区将硝酸盐，通过反硝化菌的作用，还原为亚硝酸盐，最终还原为氮气除去；对磷的去除则在还原区以磷酸盐的形式释放到流动相中，而在好氧区除磷菌有过度吸收磷酸盐的能力，将磷吸收去除。

③ 强化水里条件。人工湿地植物会影响湿地中水的运动，植物密度会影响到水流的速度，带来悬浮颗粒吸附与沉降的差异。另外，植物还为微生物的活动提供巨大的物理表面，湿地植物庞大的根系能和填料表面一起形成特殊的生物膜结构，对污染物的过滤、吸附、吸收和转化等有相当重要的作用，且植物根系表面也是重金属相有机物沉积的场所[7]。由于植物根系对介质的穿透作用，在介质中形成了许多微小的气室或间隙，减少了介质的封闭性，增强了介质的疏松度，加强和维持了介质的水力传输。

4.2.2 基质作用

传统用作人工湿地的基质主要有土壤、砂砾、砾石、卵石、煤渣、页岩、活性炭、陶粒等。随着人工湿地处理技术的发展，人们开始研究、使用新的材料作为人工湿地的基质。基质主要作为湿地的填料骨架，同时也为微生物生长提供载体，本身基质对水中的污染物质也有一定的吸附作用。

基质往往被看成是人工湿地中高效的"活过滤器"，它的净化功能主要由下列要素组成：基质中的细菌、真菌和放线菌等微生物对污染物质的降解、转化及为微生物提供载体；基质对有机、无机胶体及其复合体的吸收、络合和沉淀作用；

基质的离子交换作用[8]。

4.2.3 微生物作用

自然界中，C、N、P 元素的循环离不开微生物活动。微生物对于整个生态系统具有非常重要的影响，对于自然界中的元素转化起着不可缺少的作用。在湿地系统中，微生物种类非常丰富，主要包括细菌、真菌、藻类、原生动物和后生动物。细菌在污水净化工程中起到非常重要的作用，它能使复杂的含氮有机物转化为可供植物和微生物吸收利用的无机氮化物真菌，是参与基质中有机物分解过程的主要承担者；真菌具有强大的酶系统，能促进纤维素、木质素等的分解，而且可以将蛋白质最终分解释放出氨；放线菌在基质中分布也很广泛，主要参与有机化合物分解，能够维持湿地生物群落的动态平衡；原生动物可以摄取一些微生物，能够调节湿地中微生物群落的动态平衡。在这些微生物的协同作用下，共同完成对污水的净化功能。

植物通过根系将氧气输送到根部，在植物根系区域形成氧化状态，污水中可以生物降解的有机物在这个区域被好氧微生物分解成二氧化碳和水，水中的氨被硝化细菌硝化。出于植物充氧的能力有限，在植物根系以外的区域，氧气的浓度会随着距离的增加而降低，形成缺氧区和厌氧区，通过反硝化作用使氮素以氮气的形式释放到大气中，从而达到脱氮的目的。

但微生物对于除磷的作用较小[9]，污水中的有机磷以及溶解性较差的无机磷酸盐都不能被植物直接吸收，只有经过磷细菌的代谢活动，将有机磷转化成磷酸盐，将溶解性差的磷化合物溶解，才能被植物吸收，从而将磷从污水中去除。

4.3 人工湿地处理农村生活污水技术应用

运用人工湿地处理污水可追溯到 1903 年，建在英国约克郡 Earby 的人工湿地，被认为是世界上第一个用于处理污水的人工湿地，连续运行直到 1992 年。而人工湿地生态系统在世界各地逐渐受到重视并被运用，还是在 20 世纪 70 年代德国学者 Kichunth 提出根区法（the root-zone-method）理论之后开始的。在国际上，人工湿地处理技术已经得到广泛应用，在欧洲有超过 50000 座的人工湿地污水处理工程，在北美也超过 10000 座。2000 年在英国、丹麦、德国各国有 200 处至少以地下潜流湿地为主的人工湿地系统在运行，新西兰也有 80 多处人工湿地系统被投入使用。

人工湿地的研究与应用在我国起步较晚，主要集中于"七五"和"八五"期间。1987 年天津市环境保护所建成了我国第一个占地 6hm²、处理规模为 1400m³/d 的芦苇人工湿地工程。1989 年北京昌平县建设处理量为 500m³/d 自由表面流人工湿地处理的生活污水，处理效果良好，出水水质佳；1990 年华南环科所在深圳白泥坑建立了占地 12.6hm^2、处理规模为 3100m^3/d 的人工湿地，脱 N 除 P 效果较高、运行稳定，且季节性差异也较小。1990 年广东省深圳市龙岗区平湖镇白泥坑建立占地 0.84hm^2、处理规模为 4500m^3/d 的人工湿地。21 世纪以来人工湿地在我国的应用研究也日趋成熟。2003 年 8 月，深圳宝安区石岩街道采用国际先进的"高效垂直流人工湿地系统水质净化专有技术"，石岩河人工湿地日处理污水量达 1.5 万吨，每吨污水的处理费用仅为传统污水处理厂的四分之一。2016 年 11 月，改造提升了岩河人工湿地、苗圃林地、石岩河入库口自然湿地三个区块，总面积 1573.5 亩（104.9hm^2），构建湿地水网，让湿地发挥吸、蓄、渗、净等"天然海绵"功能，强化城市的防洪排涝作用。

4.4 人工湿地处理技术存在的问题

① 占地面积大。人工湿地处理系统对污染物的净化效果与污水在人工湿地中流动的时间和空间是否充足存在着很大的关系。并且，当系统中的基质和植物达到对污染物吸收的饱和程度时，为使污水正常处理则需要运行备用池。所以相比于传统的污水处理厂，人工湿地污水处理系统需要较大的占地面积，一般认为约为传统污水处理厂的 2～3 倍。因此，人工湿地处理系统在选址时要考虑到环境和经济效益综合最优化、规模化的因素。

② 温度受气候条件限制。人工湿地应合理控制植物的生长温度，因表面的植物生长和植物类型的选取都受到气候条件的限制，如果温度过高或者过低，那么植物极易死亡。同时，微生物也会面临生存威胁。尤其是我国北方，冬季气温低，植物的可选择种类受限制，此外冬季地表水结冰，抑制了水的流动，所以北方农村宜采用潜流湿地。可以通过 PVC 薄膜全面覆盖的方式达到要求的保温效果。

③ 基质堵塞、吸附能力饱和。随着运行时间的增长，人工湿地中积累了较多营养物质和繁殖的微生物，如果维护不当，便很容易产生淤积、阻塞现象，使水力传导性、湿地处理效果和运行寿命降低；一旦植物下落堆积未及时处理，那么极易导致基质堵塞，如果堵塞时间过长，还会发生氧化反应，不利于延长人工湿地系统的使用时间。随着人工湿地的不断运行，基质的吸附能力通常会趋于饱和，也会影响湿地的处理效果。排除淤积、饱和现象的最佳途径是，在有备用池的前提下，定期地对基质进行去淤和更换，对植物进行收割。

4.5 生物移动床强化人工湿地处理农村生活污水技术

4.5.1 设计思路

由于人工湿地系统的主要问题是脱氮能力差，尤其是硝化反应率低，而曝气生物滤池（BAF）工艺有机物容积负荷高、水力负荷大、水力停留时间短、能耗及运行成本低，同时该工艺对有机物和氨氮处理效果较好，出水水质较好，可用于微污染水、生活污水、预处理水等的深度处理上，在废水处理上已得到较多的应用。本课题拟采用 BAF 强化人工湿地处理农村生活污水工艺，解决湿地硝化能力差以及氮、磷污染物去除效率低的难题，为湿地的广泛应用提供技术支持。

BAF 作为一种发展较快的生物处理技术，具有出水水质高、抗冲击负荷能力强、泥量少、占地面积小、节省投资、运行方便、便于管理等优点，可以用于污水的二、三级处理。但是由于 BAF 中主要是曝气运行，所以整体装置处于好氧状态下，对于 TN 的去除较差。本研究主要通过控制水力停留时间和气水比来研究 BAF 对农村生活污水中 COD、NH_4^+-N 和 TN 的处理效果。

4.5.2　BAF 挂膜启动

（1）挂膜方式的选择

挂膜方法分为自然挂膜法和接种法两种。自然挂膜法就是通过进水中的微生物在滤料上积累挂膜。可分为连续稳定进水，逐步加大进水量进水和间歇进水。接种法是将已经培养好的污泥人工加入到反应器中当作菌种来进行滤料挂膜的方法，分为快速排泥挂膜法和密闭循环挂膜法。具体采用哪种方法根据试验运行条件而定，如果采用自然挂膜法，也可以在进水的时候加入一些已经驯化好的污泥来提高挂膜速度。一般以氨氮的去除率达到稳定作为挂膜的成熟标志。胡飞[10] 等选择活性污泥接种闷曝后逐渐增加到设计流量的复合挂膜法。滤池主体半径为60cm，高为4m，先从滤池顶部加入3L良好的活性污泥，之后加入原水闷曝2天，排空污泥及水，再以 $0.1m^3/h$ 进水 8 天，最后逐渐调整到 $0.2m^3/h$。整个过程始终保持5∶1的气水比。27天后挂膜完成，COD和氨氮的去除率稳定在70%和97%，滤料表面上可观察到红褐色的绒状菌胶团，并生长丝状菌且有大量原生动物和后生动物。

为了缩短时间，快速完成挂膜启动，在结合以上几种挂膜方式，采取先闷曝后逐步加大进水量的连续进水法进行挂膜。将取自昌图县污水厂的污泥与污水混合后倒入 BAF 中以 60L/h 的曝气量闷曝两天后，将反应器排空，以 5L/h 进水量，60L/h 曝气量运行，每天对出水进行 COD 和氨氮的测量。然后逐步将进水量增加到 10L/h。

（2）挂膜结果与分析

启动过程中，曝气生物滤池出水会随着进水的变化有一些波动，但整体的出水效果是一直变好，在启动的后期出水 COD 能稳定在 45mg/L 左右，去除率能达到 75% 左右。出水氨氮达到 1.8mg/L 左右，去除率能达到 90% 左右。当滤料表面形成大量的棕黄色絮状物时，手感顺滑（图 4-4）。

通过镜检可以观察到大量的鞭毛虫、变形虫等微生物，而且出水氨氮稳定在

1.5mg/L，氨氮的去除率已经稳定在90％左右，认定挂膜成功。

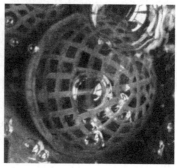

图 4-4　火山岩挂膜图

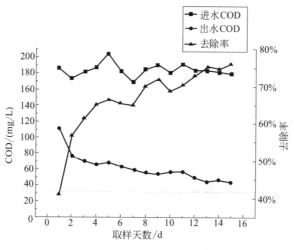

图 4-5　挂膜期间 COD 去除效果

　　挂膜期间 COD 去除效果见图 4-5。从图 4-5 中可以看出第 1 天的出水 COD 很高，是因为闷曝后有很多并没有附着在滤料表面的微生物随着出水流出造成了 COD 值偏高。由于刚开始的膜很薄，微生物很少，所以处理效果并不是很好，5 天后增加了进水流量到 3～6L/h，增加进水量后出水 COD 值由于水力负荷的增加有一个明显升高，但过一天后微生物就习惯了增高后的水力负荷，在第 11 天将进水量增加至 10L/h，随着进水水力负荷的增加，出水 COD 又升高，两天后又稳定，10 多天后曝气生物滤池内的微生物已经趋于成熟，大量微生物附着在火山岩的表面，最后 5 天内 COD 的出水一直保持在 30～40mg/L，去除率保持在 75％左右。

　　启动期间 NH_4^+-N 的去除情况如图 4-6 所示，氨氮去除效果依靠反应器中的硝化细菌和亚硝化细菌的数量和活性以及周边环境。前期先将污泥和污水混合后加入到曝气生物滤池内进行闷曝 2 天，然后池内排空，再开始流入待处理污水，目

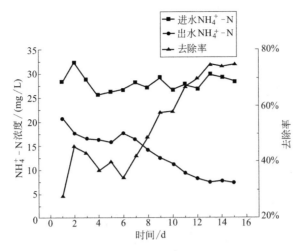

图 4-6   挂膜期间 NH_4^+-N 去除效果

的是加快挂膜速度。前期虽然在滤料表面有微生物，但是要形成生物膜还需要一定的时间，只能依靠污水中包含的少量微生物，所以去除效果差，经过了 8 天的进水，滤料表面的生物富集，生物膜有了一定的厚度，氨氮的去除效果有了明显的提升，出水氨氮由 14mg/L 降至 11g/L 左右，随后在第 10 天增加进水流量至 10L/h，突然的水力负荷增加使氨氮削弱了氨氮的去除效果，但是 2 天后，氨氮的去除率趋于稳定，出水氨氮为 7.5mg/L 左右，去除率达到了 75％，曝气生物滤池挂膜成功。

4.5.3   BAF 处理农村生活污水影响因素研究

对于曝气生物滤池，许多参数影响其处理效果，其中 BAF 的 HRT 和气水比尤为重要，直接影响生物膜的活性，通过试验，对 HRT 和气水比影响因素进行考察分析，研究讨论 BAF 的 HRT 及气水比对 COD，NH_4^+-N 和 TN 的去除效果的影响，分析其作用规律，从而确定 BAF 较优的运行条件。

（1）HRT 对处理效果的影响

对于 BAF 来说，水力停留时间（HRT）是指污水与滤料上的微生物的接触时间，HRT 直接影响水力负荷及污染物负荷。HRT 对 BAF 的处理效果有两方面的影响：一方面滤池的污染物负荷有限，因此必须保证一定的停留时间以提升去除率；另一方面必须尽量缩小 HRT 以保证较高的处理负荷，且一定的流速又有利于将老化的生物膜冲刷掉而促进生物膜的更新换代，使生物滤池维持好的去除效果。再有就是，虽然延长 HRT 可以提高去除率，但是在实际工程中，延长 HRT 意味着增大反应器的容积，增加基础建设和维护费用。因此在污水的处理过程中，必须选择合理的 HRT，以期在最短的时间内获得最佳的去除效果。

试验装置容积一定时，HRT 与进水流量呈对应的关系，见表 4-1，试验主要考虑在进水流量为10L/h、20L/h和30L/h的条件下，即HRT分别对应为14.1h、7h和4.7h时，对各污染物去除效果的影响。在试验过程中，气水比保持为3∶1，温度保持在15～20℃。

表 4-1　水力负荷表

HRT/h	进水流量/(L/h)
14.1	10
7	20
4.7	30

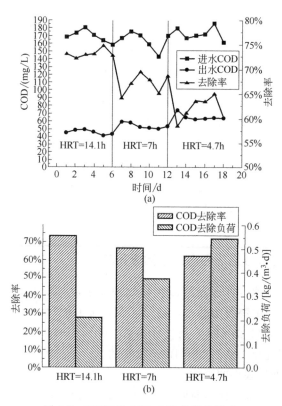

图 4-7　HRT 对 COD 去除效果的影响

（2）HRT 对 COD 处理效果的影响

从图 4-7（a）中可知在气水比相同的情况下，BAF 对 COD 的去除效率总来说是随着 HRT 的缩短而降低，在 HRT 为 14.1h、7h 和 4.7h 的情况下，COD 的去除率分别为 72%～75%、64%～69% 和 58%～65%，出水 COD 值分别为 41～49mg/L、43～60mg/L 和 62～75mg/L。

从图 4-7（a）中还能够发现，每当改变 HRT 的时候，去除率都有一个大幅度的下降，这是由于突然降低的 HRT 或者说是突然升高的水力负荷导致有机负荷增大，滤料上附着的生物膜在最开始 2 天不足以接受这种环境的改变，导致出水水质变差，生物降解。但是在 2 天后，生物膜随着有机负荷的增大而快速生长繁殖，生物量增加，生物降解速率变快，随之有机物的去除率也就升高，并慢慢稳定下来。这也是曝气生物滤池耐冲击负荷强的原因。因此对 COD 的去除率和去除负荷进行总结，结果如图 4-7 (b) 所示。

从图 4-7 中可以看出，COD 的去除率随着 HRT 的缩短而变小，去除负荷随着 HRT 的缩短而增大，当 HRT 为 14.1h，COD 去除率为 73.21%，去除负荷（以 COD 计，下同）为 0.21kg/ (m^3 · d)；当 HRT 为 7h，COD 去除率为 67.08%，降低了 6.13%，去除负荷为 0.38kg/ (m^3 · d)，升高了 81%；当 HRT 为 4.7h，COD 去除率为 61.96%，又降低了 5.12%，去除负荷为 0.55kg/ (m^3 · d)，升高了 44.73%（相比于 7h）。随着 HRT 的缩短，COD 去除率逐步下降，但去除负荷逐步升高，这是由于 COD 的去除率虽然随着 HRT 的减小而下降，但是 COD 去除量随着进水流量成倍的增大而增大。虽然 HRT 降低时 COD 的去除负荷高，但是 HRT 过小，水力负荷过大，水力剪切过大会导致生物膜脱落，还有如果有机负荷过大超过微生物处理能力，出水效果会变差。

综上所述，COD 去除率随着 HRT 的缩短而降低，为使 BAF 对 COD 的去除率及去除负荷均能保持一定的效果，应该将 BAF 的 HRT 控制在 7h，即进水流量为 20L/h。

（3）HRT 对 NH$_4^+$-N 处理效果的影响

BAF 由于其空间梯度特征，可以实现不同污染物的逐渐高效去除，具有较强的硝化脱氮的能力，Pujol 等[11] 认为，BAF 在高滤速下可以促进氨氮的去除，而且缩短 HRT 可以在实际工程中减少基建费用，但是缩短 HRT 势必会增加负荷，而且对生物膜造成一定的冲击，因而影响 BAF 的硝化能力。

从图 4-8 中可以看出，随着水力停留时间的缩短，水力负荷和流量增加，出水的 NH$_4^+$-N 升高，去除率下降。当进水流量为 10L/h，水力停留时间为 14.1h，氨氮的出水为 7.6～8.6mg/L，去除率平均为 77.02%，氨氮去除负荷为 0.0465kg/ (m^3 · d)；当进水提高到 20L/h，水力停留时间为 7h，氨氮的出水为 8.3～9.3mg/L，去除率平均为 75.46%，氨氮去除负荷为 0.0898kg/ (m^3 · d)；当进水提高到 30L/h，水力停留时间为 4.7h，氨氮的出水为 9.4～10.2mg/L，去除率平均为 73.16%，氨氮去除负荷为 0.1359kg/(m^3 · d)。

随着水力停留时间的缩短，水力负荷加大，氨氮的去除率逐渐下降，去除负荷增加，从图可以看出水力停留时间由 7h 变成 4.7h 造成的氨氮去除率下降比由 14.1h 变成 7h 的下降幅度大，这是因为，随着水力停留时间的再一次缩短，污水与滤料表面的生物膜接触减少，已经难以保证硝化反应的正常进行，硝化作用没有得到充分的发挥，而且随着水力负荷的增加，污水中的有机物增加，异养菌大

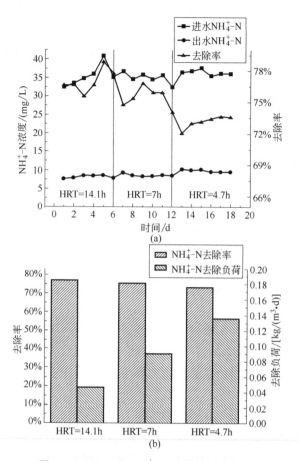

图 4-8　HRT 对 NH_4^+-N 去除效果的影响

量繁殖，抑制了硝化细菌的新陈代谢。但是随着水力负荷的增大，单位时间内处理的氨氮的总量变大，所以虽然去除率下降，但是氨氮的去除负荷呈倍数增加。通过试验数据来看，当 HRT 为 7h 时，去除率与去除负荷相对来说都保持着较好的水平。

4.5.4　BAF 对农村生活污水的处理效果

下面介绍在 HRT 为 7h，即进水流量为 20L/h、气水比为 5∶1 的情况下，BAF 对农村生活污水的 COD、NH_4^+-N 以及 TN 的处理效果。水温为 15～20℃，pH 为 6.8～7.2。

（1）BAF 对 COD 的处理效果

BAF 对污水中有机物的去除主要是依靠过滤截留和生物氧化，附着在滤料表面的异养微生物通过自身的代谢吸取污水中的有机物，从而达到去除有机物的目的，脱落的生物膜和大分子有机物则通过过滤截留作用被火山岩所吸附截留。从

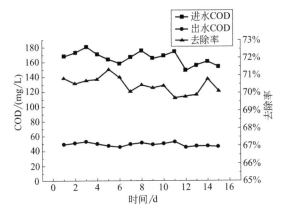

图 4-9 BAF 对 COD 去除效果

图 4-9 中可知在水温 15～20℃，pH 为 6.8～7.2，HRT 为 7h，气水比为 5∶1 的情况下，BAF 对农村生活污水中 COD 的去除率为 70% 左右，进水 COD 范围为 149～181mg/L，出水 COD 为 46～53mg/L，出水 COD 值会随着进水值产生一些波动，但整体保持很高的处理效果，出水 COD 值已经满足《城镇污水处理厂污染物排放标准》（GB 18918—2002）一级 A 标准。

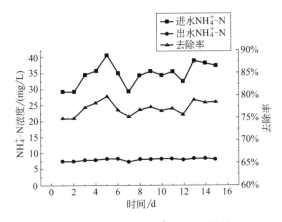

图 4-10 BAF 对 NH_4^+-N 去除效果

（2）BAF 对 NH_4^+-N 的处理效果

BAF 对污水中 NH_4^+-N 的去除主要依靠附着在滤料表面的生物膜，生物膜中的硝化菌和亚硝化细菌属于好氧自养微生物，通过在好氧条件下的硝化反应和亚硝化反应，将 NH_4^+-N 转化为 NO_2^--N 和 NO_3^--N，从而达到 NH_4^+-N 的去除。从图 4-10 中可知虽然 NH_4^+-N 进水浮动比较大，为 29.4～40.8mg/L，但出水效果很稳定，一直保持在 7.4～8.3mg/L 之间，去除率也保持在 74.82%～79.66%，污水处理排放一级 B 标准中 NH_4^+-N 的指标是 8mg/L，当进水 NH_4^+-N 浓度比较低时，出水 NH_4^+-N 值小于 8mg/L，但是当进水 NH_4^+-N 过高，出水则大于 5mg/L，达不到《城镇污水处理厂污染物排放标准》一级 A 标准。

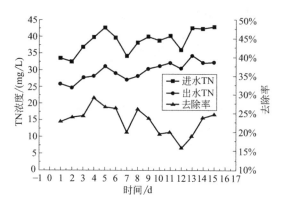

图 4-11　BAF 对 TN 去除效果

（3）BAF 对 TN 的处理效果

BAF 对污水中 TN 的去除主要是通过硝化细菌的硝化反应和反硝化细菌的反硝化反应，然而曝气生物滤池是以曝气为主，滤池内的氧气充足，很难营造大段的厌氧区，但是滤料表面的生物膜呈固着态，有利于不同优势菌属的培养成长，其次，生物膜的聚集厚度有利于形成好氧/厌氧微区。而且反硝化需要足够的碳源，所以 BAF 对 TN 的去除率很低，只能通过同步硝化反硝化去除一小部分的TN。从图 4-11 中可知 TN 的去除率很低，只有 15%～30%，出水 TN 为 25～33mg/L，未达到《城镇污水处理厂污染物排放标准》一级 A 标准。曝气生物滤池没有明确的厌氧区，池内很难实现厌氧好氧交替的环境，生长环境不利于反硝化细菌的富集，反硝化无法完成。

通过探究 HRT 以及气水比对 BAF 对 COD 和 NH_4^+-N 处理效果的影响，研究 BAF 处理农村生活污水处理效果研究，研究表明：HRT 和气水比是影响 BAF 处理农村生活污水的重要因素，为了实现 BAF 对污水中 COD 和 NH_4^+-N 的高效去除又节省能源，应该选择 HRT 为 7h，气水比为 5∶1 作为运行条件。

在最佳运行条件下，进行 BAF 处理农村生活污水效果的试验研究，出水 COD 为 46～53mg/L，去除率为 70% 左右；出水 NH_4^+-N 为 7.4～8.3mg/L，去除率为 74.82%～79.66%；出水 TN 为 25～33mg/L，去除率为 15%～30%。出水 COD 已达到城市污水排放标准一级 A；出水氨氮只能达到城市污水排放标准一级 B，偶尔会因为进水 NH_4^+-N 升高超出标准值；TN 去除效果差，这是由 BAF 缺少厌氧区造成的。为了保证出水 NH_4^+-N 的稳定以及提高 TN 的去除效果，接下来将探究 BAF 与其他工艺相结合的处理方法。

4.5.5 BAF-人工湿地组合工艺处理农村生活污水试验研究

从前期试验结果可以看出曝气生物滤池的硝化效果很好，但是由于缺少明显的厌氧段，反硝化效果极差，对于 TN 的去除效果受到限制，而且出水效果不好，针对以上情况，提出 BAF 与人工湿地组合处理工艺，即污水首先经过 BAF，之后再经过人工湿地的处理。这样既解决了反硝化受抑制、TN 去除效果差的问题，又可以提高出水水质。

（1）人工湿地对农村生活污水处理效果

人工湿地由于运行成本低、运行简单等特点已经广泛用于处理生活污水，人工湿地通过基质的截留吸附，微生物的新陈代谢和植物根部的吸附处理污水中的有机物和氮素。植物通过光合作用产生氧气，通过植物内部将氧气传送至根部，实现湿地内好氧与厌氧相结合。本段试验为了考察 BAF 与湿地之间互相影响的关系，取进水流量为 20L/h。

① 人工湿地对 COD 的处理效果。人工湿地对 COD 的去除通过基质，植物和微生物的共同作用。

基质在为植物提供生长介质的同时通过过滤和吸附将有机物基质去除；植物通过对污水中的有机物有吸收代谢作用，进行自身的生长；微生物是人工湿地对有机物去除的主要部分，微生物通过新陈代谢和自身的繁殖，实现有机物的去除，而且在根部周围的好氧环境下，微生物更加活跃。

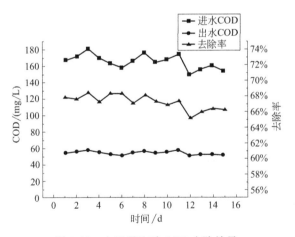

图 4-12　人工湿地对 COD 去除效果

从图 4-12 中可以看出进水 COD 为 $149\sim181$mg/L，出水为 $50\sim57$mg/L，去除率为 67.24%，进水流量为 20L/h 的情况下 HRT 为 19h。之前试验中的 BAF 对于 COD 的去除效果为 70%，两者相差不大，人工湿地出水 COD 值略微高一点，这是由于 BAF 主要是人工曝气，而人工湿地是依靠植物自然复氧，充氧能力相对来说弱一点。

② 人工湿地对 NH_4^+-N 的处理效果。一般认为，在普通人工湿地中，湿地内部溶解氧主要来自于植物根系的传导。

湿地植物利用自身的光合作用产生氧气，然后输送至下部根系，形成好氧微环境被微生物利用。一般认为，分子扩散和对流是实现氧输送的主要过程。但是植物根系对氧的输送能力与植物的种类和根系的发达程度有关，普遍认为，植物对氧的传导能力有限。人工湿地对 NH_4^+-N 的去除主要是通过在植物周围的微生物，在根系上同时存在许多硝化细菌，这些微生物借助根系提供的好氧条件进行硝化反应将污水中的 NH_4^+-N 去除。

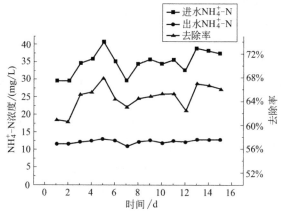

图 4-13　人工湿地对 NH_4^+-N 去除效果

从图 4-13 中可以看出，进水 NH_4^+-N 为 29.4～40.8mg/L，出水 NH_4^+-N 为 10.9～13.1mg/L，去除率为 64.61%，出水 NH_4^+-N 含量很高。与 BAF 相比，人工湿地对于 NH_4^+-N 的去除能力较差，这是因为通过植物复氧营造的好氧区只分布在整个人工湿地的上半部分的植物根系周围，DO 和好氧区的大小有限，整体的人工湿地大部分还是处于厌氧缺氧状态，所以人工湿地对于 NH_4^+-N 的去除能力不强。

③ 人工湿地对 TN 的处理效果。人工湿地对 TN 的去除是通过微生物的硝化与反硝化反应相结合，从上面的试验可以发现人工湿地中硝化反应受到氧气不足的抑制，所以在硝化反应受限的前提下，TN 的去除效果也受到了影响。

从图 4-14 中可知，进水 TN 为 32.4～42.8mg/L，出水 TN 为 23.8～29.9mg/L，去除率为 31.17%。人工湿地对 TN 的去除能力不高，主要是由于农村生活污水溶解氧总体水平不高，有机碳源分布不均衡，整个湿地里面硝化反应不能有效进行，而碳源的不均衡也影响了反硝化反应的进行。所以，TN 的去除能力较低。

总体来说人工湿地对于氮素的去除能力较差，主要是由于受到了湿地中 DO 低的

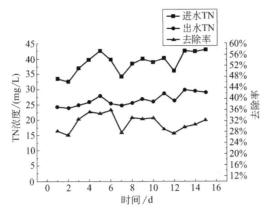

图 4-14 人工湿地对 TN 去除效果

限制，硝化反应差。而 BAF 的优势就是通过人工曝气，硝化反应完全，NH_4^+-N 的去除率高。将 BAF 与人工湿地组合在一起，两者之间互相补充，可以提高对污水的净化能力。

（2）BAF-人工湿地组合工艺对农村生活污水处理效果

BAF 与人工湿地组合工艺是将 BAF 与人工湿地串联，BAF 为上向流，气体与污水流动方向一致，污水首先通过 BAF，在 BAF 的高 DO 的情况下污水中的 NH_4^+-N 通过硝化反应转化为硝态氮和亚硝态氮，同时去除污水中的部分有机物，可以达到减小人工湿地的有机负荷的目的，之后污水再通过人工湿地，人工湿地为水平潜流，在湿地内的根系周围还会继续进行硝化反应，进一步去除污水中的 NH_4^+-N，在人工湿地中厌氧的条件下，通过附着在湿地基质上的反硝化细菌的反硝化反应，将硝态氮和亚硝态氮转化为氮气，从而实现氮素的大量去除。

经过试验得到 BAF 最佳气水比为 5：1，最佳 HRT 为 7h，即进水流量为 20L/h，BAF-人工湿地组合工艺有效容积为 0.521m³，HRT 与进水流量呈对应的关系见表 4-2，试验主要考虑在进水流量为 10L/h、20L/h 和 30L/h 的条件下，即 HRT 分别对应 52.1h、26.1h 和 17.4h 时。所以试验 BAF-人工湿地组合工艺处理农村生活污水的运行参数是 HRT 为 26.1h，气水比保持 5：1，温度保持在 15～20℃。

表 4-2 水力负荷表

HRT/h	进水流量/（L/h）
52.1	10
26.1	20
17.4	30

① BAF-人工湿地组合工艺对 COD 的处理效果。将运行条件调整为气水比为

5：1，水力停留时间为 26.1h 的情况下运行 15 天，对出水 COD 进行测量。

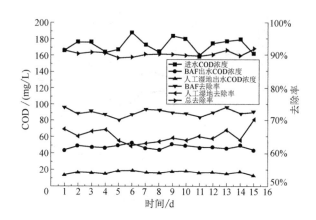

图 4-15　BAF-人工湿地组合工艺对 COD 去除效果

如图 4-15 所示，进水 COD 为 159～188mg/L，BAF 出水 COD 为 43～53mg/L，去除率为 72.41%，人工湿地出水为 13～20mg/L，去除率为 65.34%，组合工艺对于 COD 的总去除率为 90.43%。BAF 出水会随着进水波动，BAF 出水 COD 基本已经可以满足一级 A 的排放标准，但是在进水 COD 巨幅增长的时候，出水仍会超过一级 A 的标准值，但是 BAF 出水再经过人工湿地后，COD 出水已经稳定在 13～20mg/L，已经完全满足一级 A 标准。而且可以看出，虽然 BAF 出水 COD 值浮动较大，但是人工湿地出水 COD 值并没有因此而浮动，说明人工湿地对于 COD 的去除很稳定，稳定的 BAF-人工湿地组合工艺对于有机物能大部分去除，但对于难降解有机物的降解时间较长，并且微生物会新陈代谢产生分泌物，这些都限制了反应器的出水不会无限低。当生物膜的增长和脱落达到平衡时，生物膜就达到了一个稳态，从 Rittmann 的稳态生物膜理论也能得知，在稳定状态下，出水不会无限降低，当水中的可利用有机物很低时，会造成一部分生物自身的内源呼吸作用，从而死亡脱落。该理论解释了 BAF-人工湿地组合工艺出水 COD 基本维持在一个稳定值的原因。

　　② BAF-人工湿地组合工艺对 NH_4^+-N 的处理效果。从图 4-16 中可以看出进水 NH_4^+-N 为 35.4～38.2mg/L，BAF 出水为 7.3～8.4mg/L，去除率为 78.53%，人工湿地出水 3.3～4.4mg/L，去除率为 52.5%，总去除率为 89.69%。

　　BAF-人工湿地组合工艺对于 NH_4^+-N 的去除主要是通过 BAF，其中 87.56% 的 NH_4^+-N 去除是由 BAF 贡献，这主要是因为 BAF 内的好氧环境，有助于硝化反应完全，而且 BAF 是生物膜处理，耐冲击负荷强，可以适应进水 NH_4^+-N 的日常大幅变化。从图中可以看出，相对于波动的进水 NH_4^+-N，BAF 出水 NH_4^+-N 为 7.3～8.4mg/L，相对比较稳定，而且减缓了接下来人工湿地的 NH_4^+-N 负荷。人

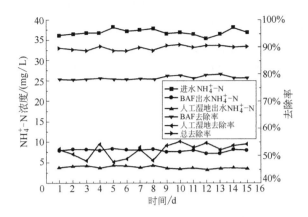

图 4-16 BAF-人工湿地组合工艺对 NH_4^+-N 去除效果

工湿地对于 NH_4^+-N 的去除主要是通过植物光合作用复氧在根部形成的微好氧环境，通过根部微生物的硝化作用，对 NH_4^+-N 进行去除，再加上 BAF 出水中携带的溶解氧随污水进入到人工湿地中，在湿地前端形成的好氧环境也可以实现对 NH_4^+-N 的去除。总体来说，BAF 对于 NH_4^+-N 的去除效果，基本达到排放标准一级 B，之后经过人工湿地的处理，出水 NH_4^+-N 达到排放标准一级 A。

③ BAF-人工湿地组合工艺对 TN 的处理效果。从图 4-17 中可以看出进水 TN 为 35.4～38.2mg/L，BAF 出水为 28.6～31.2mg/L，去除率为 22.22％，人工湿地出水 13～14.1mg/L，去除率为 54.59％，总去除率为 64.68％。

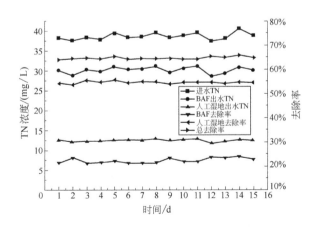

图 4-17 BAF-人工湿地组合工艺对 TN 去除效果

气水比对反应器的稳定运行有两方面的作用。一是保持反应器中溶解氧充足，气水比直接影响着水中 DO 值，氧气直接影响微生物的活性，BAF 与人工湿地中的氨化菌、异养菌和硝化自养菌都是好氧菌，首先氧气是微生物呼吸作用中的最终电子受体，其次卤醇类和不饱和脂肪酸的生物合成中需要氧，并且必须是溶于水的才能被利用，如果溶解氧低会限制微生物的生长，影响污染物的去除效果。二是气水比能够改变反应器的水力条件，氧气传输主要是通过界面转移的途径，根据双膜理论，气水比越大，膜间的传质阻力越小，生物膜内的溶解氧浓度越高，气水比较小，则水中的溶解氧浓度较低，不利于好氧菌的生长繁殖，活性也受到抑制。此外，曝气时产生的气泡会对生物膜产生冲刷作用，有利于生物膜的更新。

总体来说气水比是整个装置的关键影响因素，但不是气水比越大越好，当进水基质浓度较低或者可生化降解性较差时，过大气水比会导致供氧过量使得微生物代谢活动增强，当微生物可利用的营养物质不足时，转为内源呼吸，消耗自身维持生命活动，影响微生物在滤料表面生长，而且过大的气水比会产生较大的剪切力使得冲刷作用过强，会对生物膜造成冲击，减少生物量，影响处理效果。除此之外如果气水比过大，BAF 出水中的 DO 含量会很大，直接影响人工湿地中的反硝化过程，影响 TN 的去除效果。最后就是过大的气水比会提高费用，造成浪费。为了提高 TN 的去除效果，又做了气水比的试验，如图 4-18 所示。

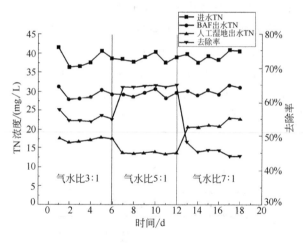

图 4-18　气水比对 TN 去除效果的影响

从图 4-18 可以看出，当气水比 3∶1 时，通过硝化反应将 NH_4^+-N 转化为硝态氮和亚硝态氮的数量有限，虽然在 BAF 曝气量低的情况下，进入人工湿地的污水含氧量低，厌氧环境好，但是由于硝态氮和亚硝态氮含量有限，导致反硝化将硝态氮转化成氮气这一过程受限，TN 去除效果差；当气水比为 7∶1 时，由于 BAF 曝气量大，随污水进入到人工湿地的 DO 含量高，破坏厌氧环境，限制了反硝化的发生，导致 TN 去除效果极差。HRT 影响的是污水中污染物与微生物的接触时间，当 HRT 较小，硝化反应和反硝化反应会由于接触时间不足而对 NH_4^+-N 的转化以及 TN 的去除造成数量上的影响。经过研究后得出气水比为 5∶1 时，既能保证硝化反应的充足发生，又能保证不会破坏人工湿地的厌氧环境，保证反硝化的进行，实现了 TN 的去除效果。BAF-人工湿地组合工艺通过前端 BAF 的硝化反应和后端人工湿地的反硝化反应实现了 TN 的去除，出水效果满足出水标准一级 A。

④ BAF 对人工湿地去除效果的影响

表 4-3　组合工艺与单独工艺对污染物去除效果比较

出水指标	组合工艺	BAF 单独	人工湿地单独
COD 去除率	90.43%	72.41%	67.24%
NH_4^+-N 去除率	89.69%	78.53%	64.61%
TN 去除率	64.68%	22.22%	31.17%

组合工艺与 BAF、人工湿地单独处理工艺对于农村生活污水的处理效果见表 4-3。从表中可看出：组合工艺对 COD、NH_4^+-N 和 TN 的去除效果比 BAF 和人工湿地单独运行的去除效果高，BAF-人工湿地组合工艺实现了对于人工湿地的强化，组合工艺对于 COD 的去除率为 90.43%，BAF 工艺为 72.41%，人工湿地为 67.24%，组合工艺较 BAF 提高了 24.89%，较人工湿地提高了 34.49%；组合工艺对于 NH_4^+-N 的去除率为 89.69%，BAF 工艺为 78.53%，人工湿地为 64.61%，组合工艺较 BAF 提高了 14.21%，较人工湿地提高了 38.82%；组合工艺对于 TN 的去除率为 64.68%，BAF 工艺为 22.22%，人工湿地为 31.17%，组合工艺较 BAF 提高了将近 2 倍，较人工湿地提高了 1 倍。BAF-人工湿地组合工艺发挥了两个单体的优势，形成了利于 TN 去除的途径。

（3）小结

① 研究了人工湿地对农村污水的处理效果，人工湿地出水 COD 基本在 60mg/L 以下，去除率为 67.24% 左右，出水 NH_4^+-N 为 10.9~13.1mg/L，去除率为 64.61% 左右，出水 TN 为 23.8~29.9mg/L，去除率为 31.17% 左右。人工湿地对 COD 去除效果可以满足一级 A 标准，但是对 NH_4^+-N 和 TN 的去除效果很差。

② 研究了 BAF-人工湿地组合工艺的处理效果，在 HRT 为 26.1h，气水比为 5∶1 的条件下，组合工艺出水 COD 基本在 13~20mg/L，去除率为 90.43%，出水 NH_4^+-N 为 3.3~4.4mg/L，去除率为 89.69%，出水 TN 为 13~14.1mg/L，去除率为 64.68%，三项污染指标都满足污水厂排放标准一级 A。

③ 组合工艺对于 COD 的去除较 BAF 提高了 24.89%，较人工湿地提高了 34.49%；组合工艺对于 NH_4^+-N 的去除较 BAF 提高了 14.21%，较人工湿地提高了 38.82%；组合工艺对于 TN 的去除较 BAF 提高了将近 2 倍，较人工湿地提高了 1 倍。

④ BAF 与人工湿地组合以后，解决了人工湿地内 DO 低、硝化水平差、NH_4^+-N 和 TN 去除效果差的问题，同时，人工湿地也解决了 BAF 没有厌氧环境、反硝化难以实现所造成的 TN 去除效果差的问题。

4.5.6 BAF-人工湿地耦合工艺挂膜启动

经过前期研究，可以看出 BAF-人工湿地组合工艺对于农村生活污水处理效果可以达到污水排放标准一级 A，尤其是经过 BAF 与人工湿地组合后，解决了 BAF 与人工湿地都难以去除的 TN，但是由于 BAF 与人工湿地组合工艺所需要的占地面积较大，而且组合工艺由两个单元组成，不方便操作管理。为了解决此问题提出 BAF-人工湿地耦合工艺。

BAF-人工湿地耦合工艺与组合工艺不同之处在于将 BAF 与人工湿地两个装置耦合为一个装置（详见图 4-19），即在 BAF 中的填料上种植植物，滤池分为 3 个区，每个滤料区中间由曝气区隔开，曝气的方向为从下至上，污水的方向为从左至右，每个曝气区内都有一根曝气管，污水流经曝气区后，污水携带的空气可以为滤料上的微生物提供氧气，通过控制曝气管的开关，来控制装置不同区的 DO，比组合工艺更加方便操作。组合装置中 BAF 的水流向为从下至上的竖向流，而耦合工艺中的流向为从左向右的水平流，不仅减少了占地，还缩短了流程。

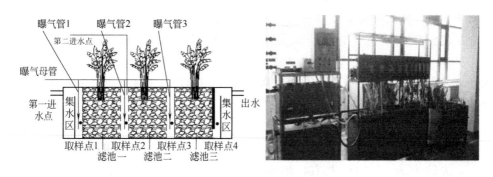

图 4-19 BAF-人工湿地耦合工艺示意及装置图

（1）挂膜启动

为了缩短时间，快速完成挂膜启动，采取先闷曝后逐步加大进水量的连续进水法进行挂膜。将驯化后的污泥与待处理污水混合后倒入耦合装置中以 60L/h 的曝气量闷曝两天后，将反应器排空，以 5L/h 进水量、60L/h 曝气量运行，曝气为 3 个曝气管同时曝气，每个为 20L/h，保证装置内为好氧状态，这样有助于微生物的生长。每天对出水进行 COD 和氨氮的测量。然后 5 天后将进水流量增加至 6～3L/h，10 天后增加到 10L/h。

① 挂膜期间 COD 去除效果。从图 4-20 中可以看出，进水 COD 为 159～185mg/L，出水 COD 由 120mg/L 逐渐降到 43mg/L，最终在 45mg/L 左右随着进水 COD 的变化而波动。

前 5 天进水流量为 5L/h，水力负荷较小，对生物膜的冲刷较小，有助于微生物的生长，第 6 天将进水流量调整为 8L/h，进水流量的增加造成第 6 天的出水

辽河流域面源氨氮污染控制技术

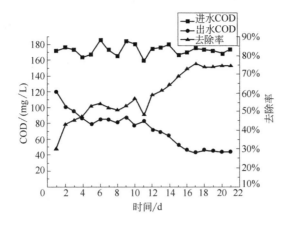

图 4-20　挂膜期间 COD 去除效果

COD 有些波动，到了第 10 天，出水 COD 基本已经达到 80mg/L 左右，去除率为 50% 左右，第 11 天将进水调整到 10L/h，出水 COD 逐渐降低，到第 21 天，出水 COD 已经基本保持稳定，出水 COD 为 45mg/L 左右，去除率为 74% 左右。

　　② 挂膜期间 NH_4^+-N 去除效果。从图 4-21 中可以看出，进水 NH_4^+-N 为 35.4～38.3mg/L，前 5 天出水 NH_4^+-N 为 25mg/L 以上，去除率仅为 30% 左右；第 6 天进水流量增至 8L/h，出水 NH_4^+-N 增加，说明滤料上的生物膜并不稳定，到了第 10 天，出水 NH_4^+-N 为 19.5mg/L，第 11 天将进水流量增加至 10L/h，最后出水 NH_4^+-N 逐渐下降，到了第 21 天，出水 NH_4^+-N 基本稳定为 6mg/L 左右，去除率为 82% 左右。

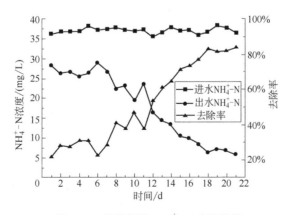

图 4-21　挂膜期间 NH_4^+-N 去除效果

　　出水的 COD 和 NH_4^+-N 基本稳定，表明 BAF-人工湿地耦合工艺挂膜完成。

（2）曝气方式对 BAF-人工湿地耦合工艺处理农村生活污水处理效果的研究

BAF-人工湿地耦合工艺由于分为了 3 个滤池区，通过不同的曝气方式可以改变其内部 DO 浓度结构，实现好氧与厌氧的分区，硝化与反硝化的结合，从而实现 NH_4^+-N 与 TN 的高效去除。试验条件是进水流量为 20L/h，即 HRT 为 20h，气水比为 5∶1。曝气方式通过曝气位置区分，共分为 3 种，见表 4-4，通过 3 种曝气方式下运行 BAF-人工湿地耦合工艺处理模拟的农村生活污水，对出水中的 COD，NH_4^+-N 和 TN 进行测量，并分析曝气方式对 BAF-人工湿地处理农村生活污水的影响，寻找最适合的曝气方式。

表 4-4　曝气方式表

曝气方式	曝气方法
曝气方式 1	开启曝气管 1，曝气量 100L/h
曝气方式 2	开启曝气管 2，曝气量 100L/h
曝气方式 3	开启曝气管 3，曝气量 100L/h

① 曝气方式对 DO 的影响。在气水比为 5∶1，HRT 为 20h 情况下，将 BAF-人工湿地耦合工艺分别在三种曝气方式下运行，在不同曝气方式下装置内会产生不同的 DO 分布。

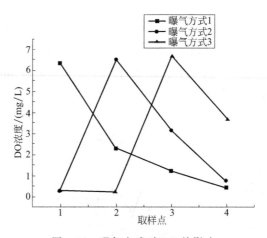

图 4-22　曝气方式对 DO 的影响

从图 4-22 中可以看出，曝气方式 1，即前端曝气下最开始由于测量点距离曝气点近，DO 浓度很高，但是随着微生物一系列反应的发生和繁殖，越往后的位置 DO 浓度越来越低，DO 下降的速度由快转慢，这是由于耦合装置前端 COD 和 NH_4^+-N 浓度高，微生物的新陈代谢作用对于 COD 的去除，以及硝化作用对于 NH_4^+-N 的去除都消耗了大量的 DO，导致 DO 下降速度极快。曝气方式 2，即中间曝气，根据曲线可以看出，进水 DO 携带量低，经过曝气后 DO 浓度上升，然后经过微生物的消耗后，最终降到 0.75mg/L，但是从图中可以看出曝气方式 2 下，DO 降低比较慢，这是由于 COD 和 NH_4^+-N 在滤池 1 区已经被消耗了一部分，所以相对于曝气方式 1 来说，氧气消耗较少。曝气方式 3，即后端曝气，由于曝气位置相对靠后，前 2 个滤池区基本只能依靠植物复氧为装置提供氧气，但是在滤池内部大部分仍属于好氧区，而滤池区 3 属于好氧环境，最终出水中 DO 也相对较高。

② 曝气方式对 COD 处理效果的影响。BAF-人工湿地耦合工艺中上层由于存在植物的光合作用，在湿地上层植物根系附近属于好氧区，在装置的中层和底层属于缺氧厌氧区。

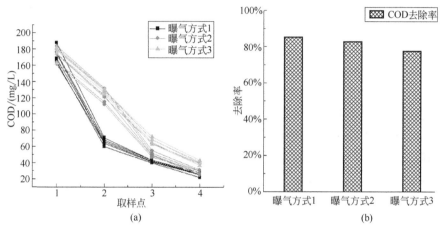

图 4-23　曝气方式对 COD 去除效果的影响

从图 4-23 中可以看出曝气方式 1 下，前阶段的 COD 浓度很高，但是由于曝气的存在，耦合工艺前段的 DO 很高，属于好氧区，微生物在好氧条件下，对有机物进行降解，所以最开始 COD 浓度下降很快；在第 2 滤池中，随着氧气被消耗，装置中 DO 逐渐下降，水中的微生物的增殖也达到稳定，各种微生物的数量基本确定，COD 的去除变慢；第 3 滤池中，由于氧气已经被前两段滤池中的微生物利用消耗，第 3 段滤池中的 DO 水平很低，属于缺氧、厌氧状态，再加上 COD 浓度变低，与微生物接触的概率变小，所以第 3 段滤池对于 COD 的去除效果较差。但总体来说，在曝气方式 1 条件下，BAF-人工湿地耦合工艺对于农村生活污水中 COD 的去除效果较理想，出水为 25.5mg/L，满足《城镇污水处理厂污染物排放标准》一级 A 标准。在曝气方式 2 下，曝气点位于滤池 1 与滤池 2 中间，所以，滤池 1 的 DO 低，上层污水依靠根部微生物的新陈代谢去除有机物，底层污水依靠滤料上附着的厌氧微生物的水解酸化去除有机物，滤池 1 中的有机物去除率较低，为 29.40%，滤池 2 为好氧段，充足的氧气随着污水流入到滤池中，微生物在 DO 浓度高的环境下，对 COD 去除能力变高，COD 浓度大量减少，之后在滤池 3 中，DO 含量有些降低，COD 浓度少量降低，最后出水 COD 为 30.3mg/L。曝气方式 3

下，曝气点位于整个装置后段，所以污水经过滤池1和滤池2后COD的去除率并不高，在经过好氧环境的滤池3后，COD得到快速去除，但是由于只是滤池3这一个滤池属于好氧段，所以，污水在好氧段的停留时间较短，污水中的有机物还没来得及被微生物分解利用吸收就流出了装置，所以曝气方式3对COD的去除效果不如曝气方式1、2出水，COD浓度为39.8mg/L。总体来说，三种曝气方式下出水COD都满足《城镇污水处理厂污染物排放标准》一级A标准，但是对COD的去除效果：曝气方式1>曝气方式2>曝气方式3。

③ 曝气方式对NH_4^+-N处理效果的影响。曝气方式对NH_4^+-N去除的影响主要是DO的影响，对于NH_4^+-N的去除主要是通过微生物的硝化反应，而硝化菌为好氧菌，所以氧气充足有利于NH_4^+-N的去除，三种曝气方式下试验装置内DO的格局不同。从图4-24中可以看出，曝气方式1下，污水经过滤池1以后，NH_4^+-N由37.13mg/L下降到9.55mg/L，主要是在曝气方式1下，滤池1内DO高，装置前中端的营养物质及有机氮含量丰富，硝化细菌数量明显高于装置后端，硝化细菌可以充分利用水中的DO进行硝化反应，NH_4^+-N被转化为硝态氮和亚硝态氮，滤池2和滤池3中距曝气点较远，再加之氧气被不断消耗，滤池2、3内的DO水平逐渐降低，硝化菌数量也逐渐减少，NH_4^+-N的去除效果也随之下降，滤池2后NH_4^+-N的浓度为6.22mg/L，滤池3后NH_4^+-N浓度为4.35mg/L，出水满足《城镇污水处理厂污染物排放标准》一级A标准。曝气方式2下，滤池1并未曝气，虽然硝化菌数量较多，但是受到DO的限制，NH_4^+-N去除效果较差，滤池1后NH_4^+-N值为25.83mg/L，滤池2受到曝气影响，DO上升，NH_4^+-N大量去除，滤池2后NH_4^+-N为7.12mg/L，滤池3内溶解氧逐渐下降，硝化菌数量较少，硝化能力下降，滤池3后NH_4^+-N为4.63mg/L，满足城镇污水排放标准一级A。曝气方式3下，滤池1、2内DO较低，NH_4^+-N的去除主要通过植物光合作用在植物根系周围形成的微型好氧区进行的硝化反应对NH_4^+-N的去除，滤池3内经过曝气DO水平较高，但是硝化菌数量有限，污水在滤池3内停留时间有限，所以曝气方式3对NH_4^+-N的去除效果并不理想，出水NH_4^+-N为6.21mg/L，未达到城镇污水排放标准一级A。总体来说对于NH_4^+-N的去除效果：曝气方式1>曝气方式2>曝气方式3。

④ 曝气方式对TN处理效果的影响。污水中的氮一般以有机氮和氨氮形式存在，废水中的有机氮在处理过程中被异养微生物首先转化成氨氮，而后氨氮在硝化菌的作用下被转化为无机亚硝态氮和硝态氮，最后通过反硝化和植物的吸收作用从系统中去除。废水中的无机氮可通过植物的生长吸收被去除。但是氨氮的硝化和反硝化才是总氮去除的主要机制。BAF-人工湿地耦合工艺对TN的去除主要是通过3个滤池内的DO差异，形成好氧与厌氧相结合的环境，实现硝化与反硝化反应去除TN，传统的人工湿地内DO不足，硝化反应受限制，NH_4^+-N转化为硝

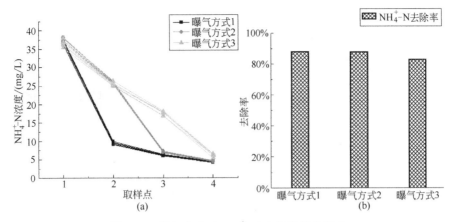

图 4-24 曝气方式对 NH_4^+-N 去除效果的影响

态氮和亚硝态氮的数量较少,而传统的 BAF 内缺少反硝化的过程。BAF-人工湿地耦合工艺通过 3 种曝气方式改善内部 DO 结构,实现好氧与厌氧相结合的情况。从图 4-25 中可知曝气方式 1 下,进水 TN 为 38.93mg/L,3 个滤池的出水 TN 分别为 36.58mg/L、27.32mg/L 和 16.53mg/L。滤池 1 DO 高,整个滤池 1 属于好氧状态,破坏了厌氧区,而且反硝化菌在处理工艺前端的数量较少,所以反硝化很差;滤池 2 中,DO 开始下降,会存在一些小型厌氧区,利于反硝化的进行,TN 开始去除;在滤池 3 中,DO 很低,反硝化菌数量多,但是由于污水中的有机物在之前已经被微生物和植物根系大量去除,导致碳源不足,影响了反硝化的进行,所以反硝化依然受到限制,出水 TN 未达到《城镇污水处理厂污染物排放标准》一级 A 标准。曝气方式 2 下,进水 TN 为 39.25mg/L,3 个滤池出水分别为 30.75mg/L、28.03mg/L 和 20.48mg/L。在滤池 1 中通过植物根系周围形成的类似于 A/O 的环境中,可对 TN 有一部分的去除,在滤池 2 中好氧环境下,TN 去除率很低,在滤池 3 中,虽然反硝化菌和碳源都存在,但是 DO 含量较高,厌氧区较少,TN 去除效果仍不好,出水并未达到《城镇污水处理厂污染物排放标准》一级 A 标准。曝气方式 3 下,进水 TN 为 39.45mg/L,3 个滤池出水分别为 30.3mg/L、22.75mg/L 和 21.25mg/L。滤池 1、2 中主要是植物根系附近的微型好氧/厌氧环境对污水中的 TN 进行去除,滤池 3 是反硝化细菌最多的区域,但是由于曝气破坏了厌氧环境,抑制了反硝化的发生,所以曝气方式 3 下,BAF-人工湿地耦合工艺对 TN 去除效果很差。

总体来说,三种曝气方式下,前端曝气方式为最佳,COD 和 NH_4^+-N 的去除率达到《城镇污水处理厂污染物排放标准》一级 A 标准,但是 TN 的去除率较差。

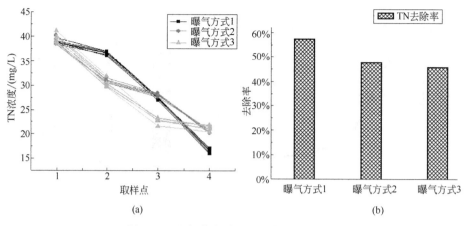

图 4-25　曝气方式对 TN 去除效果的影响

4.5.7　BAF-人工湿地耦合工艺影响因素研究

BAF-人工湿地耦合工艺对污染物的去除主要是通过附着在滤料上的生物膜的新陈代谢完成的，所以整个装置对农村生活污水的去除效果与微生物的活性有直接关系，而微生物的活性与周围的环境密切相关。改变控制影响微生物生长的因素来提高 BAF-人工湿地组合工艺对污水的处理效果，HRT 和气水比在实际工程中易于控制，所以现对这两方面进行研究。试验中在曝气方式 1 的前提下，HRT 分别选取 40h、20h、13.3h，气水比分别选取 3：1、5：1 和 7：1，水温为 15～20℃。

（1）HRT 对处理效果的影响

HRT 是实际工程运行的重要参数，具有较低的 HRT 可以提高单位时间的处理量，减少占地面积，节约基建费用，但是 HRT 过小会影响微生物的增长速率，缩短污水与微生物的接触时间，甚至会由于冲刷力过大造成生物膜脱落，导致处理效果差。HRT 过大虽然可以提高污水与微生物的接触时间，但是不能够发挥污水处理装置的去除能力。适合的 HRT 有利于传质作用，可以充分利用 BAF-人工湿地耦合装置的去除能力，防止污染物只在前端被去除，利于提高装置的最大含污能力。

① HRT 对 COD 处理效果的影响。从图 4-26 中可以看出，进水 COD 为 162～185mg/L，在 HRT 为 40h 时，出水 COD 为 24～33mg/L，去除率为 84.03%；HRT 为 20h 时，出水 COD 为 32～39mg/L，去除率为 81.72%；在 HRT 为 13.3h 时，出水 COD 为 38～50mg/L，去除率为 75.46%。随着 HRT 的减小，COD 的去除率逐渐下降，每次缩短 HRT 之后的第一天，COD 的去除率都会有一个明显的下降，这是由于 HRT 的突然改变会突然增大水力负荷，对于微生物是一个冲击，但是第二天基本就会平稳。总体来看 3 种水力负荷下出水 COD 都满足《城镇

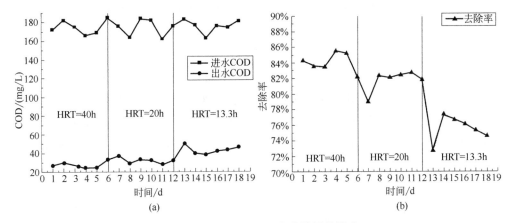

图 4-26 HRT 对 COD 去除效果的影响

污水处理厂污染物排放标准》一级 A 标准，对于 COD 的去除来说，HRT 为
13.3h 是最为适合的，因为 HRT 越短，单位时间内处理的水量越多，在实际工程
中节省占地，节省基建费用。

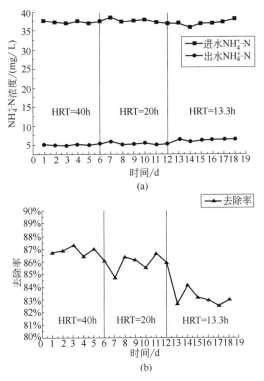

图 4-27 HRT 对 NH_4^+-N 去除效果的影响

② HRT 对 NH_4^+-N 处理效果的影响。从图 4-27 中可以看出，进水 NH_4^+-N 为

$35.83 \sim 38.6$mg/L，在 HRT 为 40 h 时，出水 NH_4^+-N 为 $4.7 \sim 5.2$mg/L，去除率为 86.71%；HRT 为 20h 时，出水 NH_4^+-N 为 $5.0 \sim 5.9$mg/L，去除率为 85.86%；在 HRT 为 13.3h 时，出水 NH_4^+-N 为 $5.7 \sim 6.5$mg/L，去除率为 83.05%。随着 HRT 的减小，NH_4^+-N 的去除效果逐渐下降，当 HRT 由 40h 调整到 20h 时，NH_4^+-N 去除效果相差较小，当 HRT 为 20h 时，虽然处理效果比 HRT 为 40h 时差一点，但是 HRT 节省一半，单位时间内处理的水量为前者的 2 倍，当 HRT 由 20h 调整到 13.3h 时，处理效果下降较大。所以对于 NH_4^+-N 的去除来说，HRT 选择 20h。

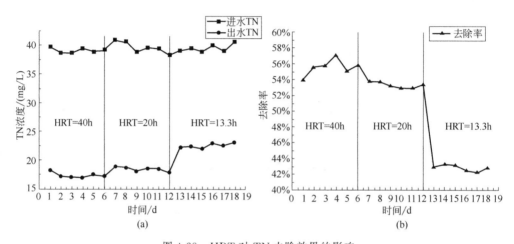

图 4-28　HRT 对 TN 去除效果的影响

③ HRT 对 TN 处理效果的影响。从图 4-28 中可以看出，进水 TN 为 $38.4 \sim 40.9$mg/L，在 HRT 为 40h 时，出水 TN 为 $16.9 \sim 18.3$mg/L，去除率为 55.52%；HRT 为 20h 时，出水 TN 为 $17.9 \sim 18.9$mg/L，去除率为 53.30%；在 HRT 为 13.3h 时，出水 TN 为 $22.1 \sim 23.2$mg/L，去除率为 42.83%。随着 HRT 的减小，TN 的去除效果逐渐下降，当 HRT 由 40h 调整到 20h 下的 NH_4^+-N 去除效果相差较小，当 HRT 由 20 调整到 13.3h，处理效果下降较大。三种情况下出水 TN 都无法满足《城镇污水处理厂污染物排放标准》一级 A 标准，其中当 HRT 为 13.3h 时，出水 TN 效果特别差，去除率大幅度下降，分析原因，只有在滤池 3 中才会有大规模的厌氧区，进行反硝化反应，由于 HRT 的减小，污水与反硝化细菌接触时间短，再加之前期硝化反应也由于 HRT 过短受到限制，硝态氮和亚硝态氮数量较少，所以反硝化受到很大影响。因为 HRT 为 40h 与 20h 时对于 TN 的去除效果相差不大，但是 HRT 可以充分发挥装置的处理能力，所以对于 TN 的去除，HRT 选择 20h。

（2）气水比对处理效果的影响

气水比主要影响着 BAF-人工湿地耦合工艺中的 DO，对于好氧微生物代谢活

辽河流域面源氨氮污染控制技术

动，水体中的 DO 有着重要的控制作用。如好氧微生物对有机物的氧化分解作用，硝化菌对氨氮的硝化反应的去除过程都需要氧的直接参与。在生物处理工艺中气水比的高低能直接影响工艺水体中的溶解氧含量的高低，同时也影响着工艺的运行成本。在 BAF-人工湿地耦合工艺中，过高的溶解氧虽然能提高 NH_4^+-N 的去除效果，但是会影响整个装置的 DO 分布，破坏厌氧区，导致反硝化受限制，而且水体最高能溶解的氧气和水体自身有关，存在一个上限，过高的曝气量会浪费氧气，增加工艺运行的成本值。如果曝气量太小，影响硝化反应的发生，在装置后段反硝化的时候导致硝态氮和亚硝态氮不足，影响 NH_4^+-N 和 TN 的去除。在综合考虑对污水的处理效果和经济效益时，选择恰当的气水比尤为重要。

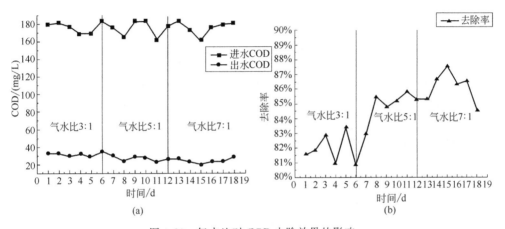

图 4-29　气水比对 COD 去除效果的影响

① 气水比对 COD 处理效果的影响。从图 4-29 中可以看出，进水 COD 为 161～184mg/L，在气水比为 3∶1 时，出水 COD 为 28～35mg/L，去除率为 81.94%；气水比为 5∶1 时，出水 COD 为 23～30mg/L，去除率为 84.93%；气水比为 7∶1 时，出水 COD 为 20～28mg/L，去除率为 86.17%。随着气水比的增加，COD 的去除率逐渐升高，这是由于气水比的升高，曝气量加大，DO 上升，微生物的新陈代谢活动更频繁，分解吸收利用有机物变快。总体来看 3 种气水比下出水 COD 都满足《城镇污水处理厂污染物排放标准》一级 A 标准，对于 COD 的去除来说，气水比为 3∶1 是最为适合的，因为气水比越小越能节省基建费用。

② 气水比对 NH_4^+-N 处理效果的影响。从图 4-30 中可以看出，进水 NH_4^+-N 为 35.9～38.4mg/L，在气水比为 3∶1 时，出水 NH_4^+-N 为 4.3～5.5mg/L，去除率为 86.85%；气水比为 5∶1 时，出水 NH_4^+-N 为 4.2～4.6mg/L，去除率为 88.39%；气水比为 7∶1 时，出水 NH_4^+-N 为 3.8～4.5mg/L，去除率为 88.70%。随着气水比的增加，NH_4^+-N 的去除率逐渐升高，这是由于气水比的升高，曝气量加大，DO 上升，硝化细菌更加活跃，硝化反应将更多的 NH_4^+-N 转为硝态氮和亚

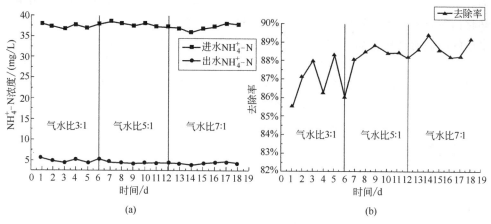

图 4-30 气水比对 NH$_4^+$-N 去除效果的影响

硝态氮。总体来看气水比为 3：1 时出水 NH$_4^+$-N 因为进水 NH$_4^+$-N 的波动超出 5mg/L，而气水比为 5：1 和 7：1 都满足《城镇污水处理厂污染物排放标准》一级 A 标准，但是两种情况下出水相差不多，去除率分别为 88.39% 与 88.70%，所以对于 NH$_4^+$-N 的去除来说，气水比为 5：1 是最为适合的，因为气水比越小越能节省基建费用。

③ 气水比对 TN 处理效果的影响。从图 4-31 中可以看出，进水 TN 为 38.4～41.2mg/L，在气水比为 3：1 时，出水 TN 为 17.9～18.6mg/L，去除率为 53.03%；气水比为 5：1 时，出水 TN 为 16.2～17.1mg/L，去除率为 58.03%；气水比为 7：1 时，出水 TN 为 20.8～22.1mg/L，去除率为 45.78%。气水比 5：1 比气水比 3：1 对于 TN 的去除效果要好，这是因为相对充足的氧气下，可以使硝化反应更容易发生，更容易将 NH$_4^+$-N 转化为硝态氮和亚硝态氮用于之后的反硝化反应，但是当气水比提升到 7：1 的时候，TN 去除率不升反降，这是因为高曝气量将滤池 3 中的厌氧环境破坏，造成反硝化受到削弱，影响了 TN 的去除。所以综上所述，对于 TN 的去除最合适的气水比为 5：1，但是在气水比为 5：1 的情况下，出水 TN 仍不能满足《城镇污水处理厂污染物排放标准》一级 A 标准。分析应该是装置后段有机物不足，有机碳源不足影响了反硝化，降低了 TN 去除率。

（3）分段进水对处理效果的影响

分段进水生物脱氮工艺是近年来快速开发的一种生物脱氮新工艺，在美国、日本和欧洲等国用于城市污水处理厂改造和新建项目中，并取得了良好的处理效果。国外的工艺试验研究和工程应用结果表明，分段进水生物脱氮工艺具有处理效率高、基建投资和运行费用省、运行管理方便等特点，适用于各种规模污水厂的改造和新厂建设，是具有发展前途的污水处理新工艺。我国对分段进水生物脱氮工艺的研究尚处于起步阶段。

由于装置前端微生物数量多，有机物被大量去除，造成后端反硝化时有机碳

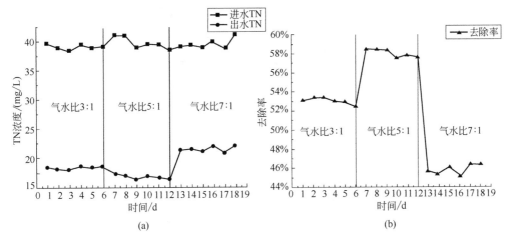

图 4-31　气水比对 TN 去除效果的影响

源不足，限制反硝化的进行，影响硝态氮和反硝化氮转化为氮气，导致 TN 去除率低。直接投加有机碳源会提高实际工程中的运行成本，而采用分段进水的方式，不仅可以解决运行成本，还可以减弱试验装置前端的水力负荷，由于进水中 DO 水平较低，分段进水还可以降低试验装置中的 DO，有利于反硝化的进程。

① 分段进水对 COD 处理效果的影响。从图 4-32 中可以看出，进水 COD 为 156～181mg/L，进水比为 1:1 时，出水 COD 为 71～81mg/L，去除率为 56.69%；进水比为 2:1 时，出水 COD 为 43～48mg/L，去除率为 72.72%；进水比为 3:1 时，出水 COD 为 32～39mg/L，去除率 78.46%。出水 COD 随着进水比的增大而降低。进水比为 1:1 时，后期进水流量较大，混合后 COD 的浓度较高，再加之第二进水点进水在装置中的停留时间较短，还没来得及反应，污水就已经流出装置，而且滤池 2、3 中的微生物含量相对较少，对于 COD 的去除效果没有滤池 1 好。进水比为 2:1 与 3:1 时，第二进水点流量较小，稀释后滤池 2、3 内的 COD 含量较小，所以出水 COD 相对较好。总体来说，分段进水对于 COD 的去除效果：进水比 3:1＞进水比 2:1＞进水比 1:1，其中进水比为 1:1 时，出水 COD 无法满足《城镇污水处理厂污染物排放标准》一级 A 标准。进水比 2:1 和 3:1 时，出水可以满足《城镇污水处理厂污染物排放标准》一级 A 标准。其中进水比 3:1 下对 COD 的处理效果最好，所以对于 COD 来说，最合适的进水比为 3:1。

② 分段进水对 NH_4^+-N 处理效果的影响。从图 4-33 中可以看出，进水 NH_4^+-N 为 32.4～40.8mg/L，进水比为 1:1 时，出水 NH_4^+-N 为 9.4～10.3mg/L，去除率为 72.80%；进水比为 2:1 时，出水 NH_4^+-N 为 4.1～4.8mg/L，去除率为 87.12%；进水比为 3:1 时，出水 NH_4^+-N 为 4.4～4.8mg/L，去除率 87.04%。进水比为 1:1 时，出水 NH_4^+-N 效果较差，这是由第二进水点进水流量过高导致，

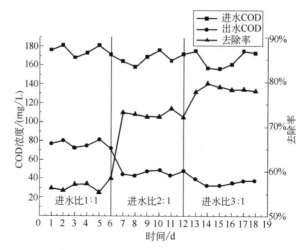

图 4-32　分段进水比对 COD 去除效果的影响

分段进水不仅在试验中间提高了 NH_4^+-N 的浓度，还降低了装置内的 DO，导致硝化反应受到影响，COD 过高抑制了硝化菌的生长繁殖，而且第二进水点的进水在装置内的停留时间有限，所以去除效果差；进水比为 2∶1 和 3∶1 两种情况下，对于 NH_4^+-N 的去除效果相差不大，出水满足《城镇污水处理厂污染物排放标准》一级 A 标准。对于 NH_4^+-N 的去除，气水比为 2∶1 和 3∶1 皆可以。

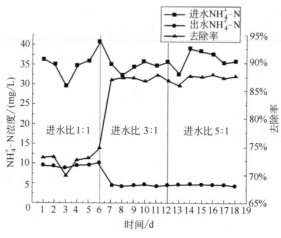

图 4-33　分段进水比对 NH_4^+-N 去除效果的影响

③分段进水对 TN 处理效果的影响。从图 4-34 中可以看出，进水 TN 为 34.6～42.3mg/L，进水比为 1∶1 时，出水 TN 为 17.4～18.9mg/L，去除率为 52.89%；进水比为 2∶1 时，出水 TN 为 13.9～14.7mg/L，去除率为 63.96%；进水比为 3∶1 时，出水 TN 为 15.6～17.2mg/L，去除率 59.26%。进水比为 1∶1 时，虽

然有机碳源足够多，但是由于进水流量较大，导致出水 TN 数量过高；进水比为 2∶1，出水满足《城镇污水处理厂污染物排放标准》一级 A 标准；进水比为 3∶1 时，出水 TN 比 2∶1 时差，为满足《城镇污水处理厂污染物排放标准》一级 A 标准，分析原因为碳源不足，导致硝化受限，无法将硝态氮和亚硝态氮转化为氮气，TN 去除不达标。所以对于 TN 的去除，最佳进水比为 2∶1。

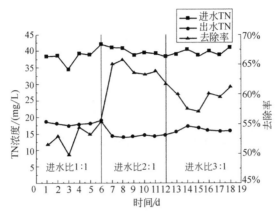

图 4-34　分段进水比对 TN 去除效果的影响

综上所述，分段进水不同进水比对于 COD 的去除最佳为 3∶1，对于 NH_4^+-N 的去除，2∶1 与 3∶1 都可以，对于 TN 的去除最佳为 2∶1，考虑到气水比为 2∶1 时，出水 COD 也能满足《城镇污水处理厂污染物排放标准》一级 A 标准，确定最佳进水比为 2∶1。

表 4-5　单点进水与分段进水对污水处理效果表

指标进水方式		COD		NH_4^+-N		TN	
		范围	均值	范围	均值	范围	均值
单点进水	进水/(mg/L)	163～188	172.67	36.2～37.7	37.13	36～39.7	38.93
	出水/(mg/L)	22～28	25.5	4.2～4.5	4.35	15.9～17.1	16.53
	去除率/%	84.04～86.67	85.23	88.06～88.53	88.29	56.04～59.02	57.53
分段进水	进水/(mg/L)	156～181	170.07	32.4～37.5	35.71	37.9～40.8	38.98
	出水/(mg/L)	39～49	45.67	4.1～4.9	4.57	13.5～14.7	14.35
	去除率/%	71.68～75.16	73.17	86.78～87.96	87.22	62.27～64.46	63.17

从表 4-5 中可以看出，分段进水下 COD 和 NH_4^+-N 的去除效果下降了，这是由于第二点的进水在装置中的停留时间较短，但是 TN 的去除率上升了，这是因为在单点进水 COD 在装置前端被大量去除，导致后续反硝化时有机碳源不足，分段进水后，在滤池 3 中反硝化反应发生的时候有机碳源变多，反硝化加强。

（4）运行参数优化下 BAF-人工湿地耦合工艺稳定运行效果

经过之前对于试验影响因素的研究，确定最佳曝气方式为曝气方式 1，即前端曝气，最佳 HRT 为 20h，最佳气水比为 5∶1，采用分段进水，最佳进水比为 2∶1。采用这些参数运行，考察 BAF-人工湿地耦合工艺对于农村生活污水的处理效果。

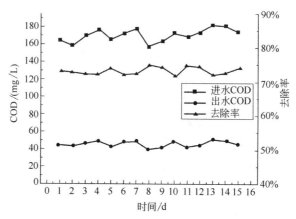

图 4-35　BAF-人工湿地耦合工艺对 COD 最佳去除效果

① BAF-人工湿地耦合工艺对 COD 的处理效果。经过 15 天的运行对进水和出水进行测量，如图 4-35 所示，进水 COD 为 157～182mg/L，出水 COD 为 39～51mg/L，去除率为 73.17％。出水 COD 会随进水 COD 变化产生波动，采用分段进水后，出水 COD 值有一定增长，但总体来说出水满足《城镇污水处理厂污染物排放标准》一级 A 标准。白少元等研究曝气强化的水平潜流人工湿地对污水的处理效果，对于 COD 的处理率为 61.4％。

② BAF-人工湿地耦合工艺对 NH_4^+-N 的处理效果。经过 15 天的运行对进水和出水进行测量，如图 4-36 所示，进水 NH_4^+-N 为 32.4～37.5mg/L，出水 NH_4^+-N 为 4.1～4.9mg/L，去除率为 87.22％。出水 NH_4^+-N 稳定保持在 5mg/L 以下，满足《城镇污水处理厂污染物排放标准》一级 A 标准，钟秋爽采用曝气人工湿地处理污水，在分段进水的条件下，NH_4^+-N 去除率为 81.3％，对于 NH_4^+-N 的去除效果相差不多。

③ BAF-人工湿地耦合工艺对 TN 的处理效果。经过 15 天的运行对进水和出水进行测量，如图 4-37 所示，进水 TN 为 37.9～40.8mg/L，出水 TN 为 13.5～14.7mg/L，去除率为 63.17％。经过分段进水的调整后，有机碳源增加，加强了反硝化反应，TN 去除率提高，出水 TN 已经可以满足《城镇污水处理厂污染物排放标准》一级 A 标准。

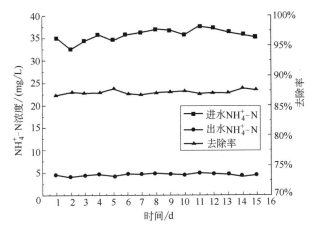

图 4-36　BAF-人工湿地耦合工艺对 NH_4^+-N 最佳去除效果

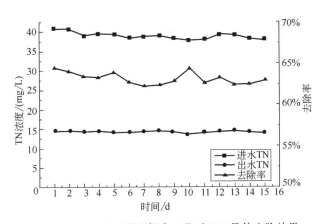

图 4-37　BAF-人工湿地耦合工艺对 TN 最佳去除效果

（5）两种工艺对农村生活污水处理效果的对比分析

表 4-6　人工湿地、组合与耦合工艺对农村生活污水处理效果对比图

项目	人工湿地	组合工艺	耦合工艺
COD 去除率/%	67.24	90.43	73.17
NH_4^+-N 去除率/%	64.61	89.69	87.22
TN 去除率/%	31.17	64.68	63.17

表 4-6 中所示是人工湿地、BAF-人工湿地组合工艺与 BAF-人工湿地耦合工艺对于农村生活污水的处理效果的对比。从图中可以看出，组合工艺对于 COD、NH_4^+-N 和 TN 的去除率分别为 90.43%、89.69% 和 64.68%，耦合工艺对于 COD、NH_4^+-N 和 TN 的去除率分别为 73.17%、87.22% 和 63.17%，去除效果较人工湿地单独处理农村生活污水有大幅度提升。比较来看，组合工艺对农村污水

的处理效果较好，尤其是 COD 高达 90.43%，比耦合工艺高出 17.26%，NH_4^+-N 和 TN 的去除效果，两者相差不多。两种工艺都可以满足《城镇污水处理厂污染物排放标准》一级 A 标准。BAF-人工湿地组合工艺的优点是：由于是 BAF 单元和人工湿地单元串联而成，好氧区和厌氧区分隔明显，硝化反应和反硝化反应在分别不同的反应器中就好比 O+A 型，对氮的去除效果很好，所以对于农村生活污水处理效果好，而且组合工艺解决了 BAF 反硝化差，TN 去除率低，人工湿地硝化差，对氮素去除效果差的问题，BAF 与人工湿地相互影响相互弥补不足；BAF-人工湿地耦合工艺的优点是，将 BAF 与人工湿地耦合成为一个装置，节省占地面积，运行维护方便，装置内的 3 个滤池区，也可以根据曝气方式实现厌氧区与好氧区的切换，而且 BAF-人工湿地耦合工艺没有 BAF 柱，完全可以在处理污水的同时作为人工景观。

4.5.8 小结

① 曝气方式对农村生活污水去除效果的影响：综合分析三种曝气方式对三种污染物去除效果的影响，前端曝气最为适合。COD 去除率为 85.23%，NH_4^+-N 去除率为 88.29%，TN 去除率为 57.53%。但是 TN 未满足城市污水排放标准一级 A。

② HRT 对农村生活污水去除效果的影响：在前端曝气，气水比为 3∶1 的条件下，综合三种 HRT 对污染物去除效果的影响，以及单位时间内的污水处理量，HRT 为 20h 最为适合，COD、NH_4^+-N 和 TN 的去除率分别为 81.72%、85.86% 和 53.30%。

③ 气水比对农村生活污水去除效果的影响：在前端曝气，HRT 为 20h 的条件下，综合考虑对于三种污染物去除情况以及实际运行费用的考虑，气水比为 5∶1 是最适合的，COD、NH_4^+-N 和 TN 的去除率分别为 84.93%、88.39% 和 58.03%。

④ 分段进水对农村生活污水去除效果的影响：在前端曝气，HRT 为 20h，气水比为 5∶1 的条件下，采用分段进水的进水方式，综合三种污染物的去除情况发现，进水比为 2∶1，去除效果最好。COD、NH_4^+-N 和 TN 的去除率分别为 73.17%、87.22% 和 63.17%。出水中三种污染物都满足《城镇污水处理厂污染物排放标准》一级 A 标准（分别为 60mg/L、5mg/L、15mg/L）。

⑤ 对比了 BAF-人工湿地组合工艺与 BAF-人工湿地耦合工艺的特点。相对来说组合工艺对污染物去除效果较好，而耦合工艺占地面积小，运行操作更方便。

参考文献

[1] Kadlec R H, Knight R L, Vymazal J, et al. Constructed Wetlands for Pollution Control. Processes, performance, design and operation [J]. Scientific & Technical Report, 2000: 1-156.

[2] Murray-Gulde C, Heatley J E, Karanfil T, et al. Performance of a hybrid reverse osmosis-constructed wetland treatment system for brackish oil field Produced water [J]. Water Research, 2003, 37 (3): 705-713.

[3] U. S. EPA. Design Guiding Principles for constructed treatment wetlands Providing water quality and wild life habitat. EPA843/B00/003. U. S. Washington, DC: EPA office of wetlands, oceans, and watersheds, 2002.

[4] 刘强, 李亚峰, 程琳, 等. 人工湿地对污染物的净化功能及存在问题 [J]. 辽宁化工, 2008, 37 (4): 255-257.

[5] 贺锋, 吴振斌. 水生植物在污水处理和水质改善中的应用 [J]. 植物学通报, 2003, 20 (6): 641-647.

[6] 夏汉平. 人工湿地处理污水的机理与效率生态学杂志, 2002, 21 (4): 51-59.

[7] Brix H. Use constructed wetland in water pollution control: historical development, present status, and future perspectives [J]. Water Science and Technology, 1994, 30 (8): 209-223.

[8] 张虎成, 用卫, 俞清, 等. 人工湿地生态系统污水净化研究进展 [J]. 环境污染治理技术与设备, 2004, 5 (2): 11-15.

[9] Vymazal J. Removal of nutrients in various types of constructed wetlands [J]. Science of the Total Environment, 2007, 380 (1-3): 48-65.

[10] 胡飞, 施海仁, 张飞, 等. 污泥驯化技术在反硝化深床滤池调试中的应用 [J]. 中国给水排水, 2019, 35 (11): 74-76.

[11] Pujol R, Chudoda P. A three-stage biofiltration process: Performances of a pilot plant [J]. Water Science and Technology, 1998, 38 (8): 257-265.

第 5 章 ▶▶

农村生活面源氨氮污染地下渗滤系统控制技术

5.1 地下渗滤系统处理技术

5.1.1 地下渗滤系统概述

地下渗滤系统是基于生态学原理，集成厌氧、好氧处理工艺而形成的一种生态法处理技术。在地下渗滤系统最上层土壤表面种植草坪、花卉、树丛等植物，既能实现污水处理的功能，又能达到绿地利用的目的。它具有不影响地面景观、基建及运行成本低、处理效果好、受气候影响小、不产生臭味、管理简单、工程简单等优点[1, 2]。

5.1.2 地下渗滤系统处理技术原理

在地下渗滤系统中，污水有控制地投配到距地面一定深度、具有一定构造和良好扩散性能的人工土壤层中，污水经毛细管浸润和人工土层渗透作用，使污水向四周扩散，通过过滤、沉淀、吸附和生物降解作用等过程使污水得到净化[3-5]。

5.1.3 地下渗滤系统处理农村生活污水技术应用

地下渗滤系统在全国范围内均有应用。美国约有 25％的家庭生活污水通过化粪池－地下渗滤系统处理后排放或回用，尤其是哥伦比亚地区，约 99.3％的家庭污水采用该系统进行二级处理[6]。2001 年仅有地下渗滤处理工程 320 个，2007 年发展到 1000 余个，处理后的水储存在地下含水层用作饮用水。在法国，有 30～50 座污水处理厂使用地下渗滤系统进行污水处理，出水或储存于含水层或抽走回用。法国地中海沿岸的 Grau Du Roi 市为减少或避免二级处理出水对附近旅游点海水的污染，出水经过几米深的自然土壤层的渗滤后回灌于地下的含水层。2005 年西班牙穆尔西亚市应用两个中试规模下的垂直和水平地下渗滤系统处理生活污水，与水平分布相比，垂直分布有较低的建造和维修成本以及较低的土地和功率要求；但垂直分布对污染物去除效率较低，出水均符合 91/271/EEC 指令所规定的处理生活污水的规范[7]。

在国内，地下渗滤系统主要在没有排水设施和污水管网的城郊、村镇及北方寒冷地区应用。"八五"和"九五"期间，中国科学院沈阳应用生态研究所论证了在我国北方寒冷地区地下渗滤系统处理生活污水是可行的，同时论证了其出水作为中水回用的可行性，建成沈阳工业大学地下渗滤工程。此系统对生活污水净化效果稳定，出水水质达标且中水回收率 64%～85%[8]。"九五"期间在辽河油田茨榆坨采油厂家属区主持修建了处理规模为 $300m^3/d$ 的示范工程，其一次性投资相当于二级生化处理工程的 1/2，运转费用仅为其 1/5，出水实现了回用[9]。2000年，贵州省环境科学院研究设计院与日本环境所达成协议，日本向贵州引进土地处理技术，2001 年 3 月，双方在红枫湖水上运动中心组建成小型污水地下渗滤处理规模为 $3m^3/d$ 的示范工程[10]。2008 年上海交通大学在上海市崇明区建立系统最不利水力负荷为 $27cm^3/d$ 的化粪池-土壤地下渗滤系统的示范工程，处理效果稳定，出水水质较好，运行 27 个月无堵塞现象发生，运行费用为 0.08 元/t[11]。2016 年中国农业大学应用该地下渗滤系统处理校园污水，运行简单，能耗低，出水效果好[12]。

5.1.4 地下渗滤系统处理技术存在的问题

（1）系统堵塞问题

地下渗滤系统处理系统的堵塞不仅影响地下渗滤系统的进水负荷，还会降低床体的水力传导性，妨碍通气，降低地下渗滤系统的净化效果，而且有时严重到缩短系统的使用寿命。地下渗滤系统的堵塞成因复杂，一般认为物理堵塞和生物堵塞是造成系统崩溃的主要原因，具体堵塞机理则涉及流体力学、结构力学、渗流力学等多方面，此外气泡堵塞在一些情况下也容易发生。综合研究报道[13,14]减小系统的水力负荷、降低进水污染物负荷和强化补氧等措施可有效减少微生物作用的堵塞作用，气体对土壤的堵塞则可通过干湿交替、间歇投配得到解决，悬浮物堵塞可以通过强化预处理措施得到缓解。总之，上述措施只能使系统堵塞问题得到缓解，但不能使其恢复。

（2）对环境的影响

地下渗滤系统对进水的水力负荷要求严格，一旦超过系统的纳污能力，则会对地下水或承接水体造成二次污染。土壤中的微生物好氧反应过程中会产生 CO_2，厌氧反应过程中会产生 CH_4、SO_2 和 N_2O 等气体，对环境的温室效应产生一定的影响[15]。目前，我国对地下渗滤系统的研究多集中于对 COD 和氨氮等指标的去除，而对卫生毒理学指标如除菌率、除病毒率的研究却鲜有报道。因此，应该在以后的研究中关注卫生毒理学指标以及如何减少气体的产生和处理这些气体的排放等问题。

（3）管理与维护

目前地下渗滤系统大部分处于无管理和维护的现状，一般皆为系统运行出现问题后停止运行来缓解问题。若维护不当，系统处理效率严重下降，甚至使整个系统报废；若管理不当，例如进水负荷超标，可能会对地下水或承接水体造成二次污染。地下渗滤系统的管理涉及规划、场址选择、设计、施工、运行和维护全过程各环节，因此需定期检查和处置预处理设施中的污泥和余渣，定期地评估处理系统的有效性和效率等。实践证明，有效管理是保证地下渗滤系统达到保护公众健康和环境资源的关键[16]。

5.2 高效生物移动床-地下渗滤系统脱氮集成技术

5.2.1 研究方案

针对小规模的农村村屯生活污水，采用高效生物移动床与地下渗滤系统相结合的组合处理工艺，在去除污水中COD的同时高效脱除氨氮，实现污水的源头控制与就地处理。重点研究高效生物移动床－地下渗滤系统中氨氮的去除效率、影响因素及脱氮机制，优化组合工艺参数，构建适宜低温条件低碳节能生物脱氮及适宜北方地区农村生活污水深度处理技术体系。

（1）高效生物移动床脱氮技术

主要通过悬浮生物填料优选，反应器构型优化、温度调节、pH调节、曝气量调节等手段构建高效脱氮生物移动床技术，系统研究农村面源氨氮同步硝化反硝化的环境条件控制策略、脱氮影响因素分析、条件参数变化规律，高效生物移动床生物脱氮工艺的稳定性和脱氮效果评估。初步建立适宜低温条件、低碳节能的生物脱氮技术体系。

（2）地下渗滤系统脱氮技术及其参数优化

通过渗滤介质优选、土壤改良、投配方式、环境条件调节等手段构建脱氮地下渗滤系统，探讨脱氮条件控制、影响因素分析、条件参数变化规律、工艺稳定性和脱氮效果评估。在植物、微生物和基质的共同作用下，各种形态的氮元素之间可以互相转化。脱氮机理研究包括：渗滤系统中氮素的转化途径、基质的吸附作用、有机物及氮磷污染物在孔隙基质中迁移转化规律以及植物和微生物的吸收作用等。

通过考察环境条件与运行参数的变化对脱氮微生物影响及活性变化规律；在最优控制条件下，采用生物工程技术，确定各单元内微生物与脱氮微生物种群结构的时空分布规律、功能分区及微生物优势种群特性，考察基质理化特性及变化规律，探讨脱氮动力学过程；为构建适宜北方地区农村污水深度处理技术体系奠定基础。

（3）高效生物移动床－地下渗滤系统组合脱氮工艺优化控制策略及处理效果评估

利用适用于寒冷气候的生物移动床和地下渗滤系统耦合工艺联合处理农村面

辽河流域面源氨氮污染控制技术

源污水，可有效去除造成水体富营养化的氮、磷等污染物，其适用范围广，非常适用于没有完善污水管网系统的地区和乡镇。

5.2.2　生物移动床-地下渗滤系统处理农村生活污水技术

5.2.2.1　生物移动床处理农村生活污水试验

（1）生物移动床（MBBR）结构设计

反应器高450mm，内层外径150mm、内径140mm，外层外径200mm、内径190mm。反应器为有机玻璃材质，有效容积为5L，到达有效容积时液面高325mm。采用泵进水重力出水方式，自动开泵进水，时控器连接电磁阀控制出水时间及出水量，全排总水量4L。在反应器壁上垂直方向设置有溢流口、取样口、排水口，共5个口，每个等间距，间距为78mm，口间容积为1.2L。底部设有排水排泥口和曝气头，采用底部间歇曝气，转子流量计控制曝气量，保持溶解氧在4mg/L左右，反应器内填料为改性聚乙烯填料，空床填充率50%。图5-1和图5-2分别为装置图和实物图。

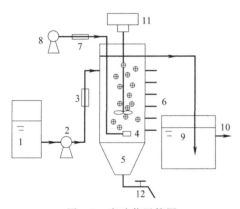

图 5-1　实验装置简图

1—进水箱；2—进水泵；3—流量计；4—曝气头；
5—污泥沉淀区；6—出水口；7—气体流量计；
8—空气泵；9—沉淀池；10—出水；11—搅拌机；
12—排泥管

图 5-2　BBR 反应器实物图

（2）MBBR 的启动与测定

MBBR 挂膜所使用的活性污泥取自沈阳市浑南污水处理厂二沉池，沉淀后倒掉上清液，取底部活性污泥作为接种污泥的来源。

挂膜阶段，采用排泥挂膜法，即将接种污泥混合液与填料同时放入反应器中，静态曝气24h，曝气量为0.1m³/h，然后排掉上清液和悬浮污泥，接着进生活污水。实验接种污泥的污泥浓度（MLSS）为5000mg/L，进水为4L，填料填充率为50%，水力停留时间（HRT）为 8h，溶解氧（DO）控制在 2～6mg/L，pH 约为 6～8。

常温条件下，采用 MBBR 工艺处理模拟农村生活污水，检测进出水中污染物的浓度及活性污泥特性。当 MBBR 挂膜启动结束时，进水的 COD 以及 NH_4^+-N 和 TP 的平均浓度分别为 400mg/L、35mg/L 和 7mg/L 时，在 pH 为 7 左右、DO 为 2～4mg/L、HRT 为 3h 的条件下，COD、NH_4^+-N、TN 和 TP 的去除率分别达到 85%、85%、60% 和 70%。挂膜运行过程中污染物的去除效果见图 5-3。

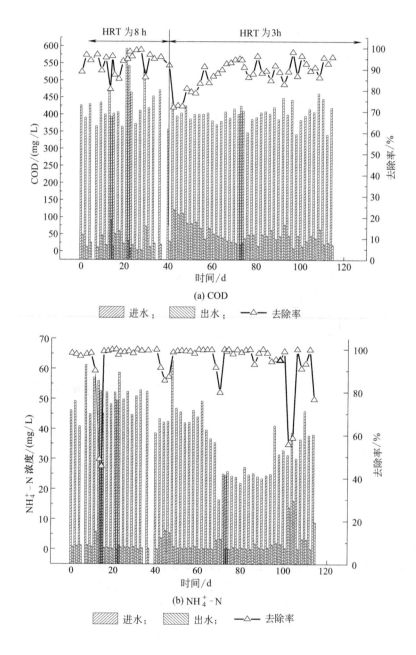

(a) COD

▨ 进水； ▨ 出水； —△— 去除率

(b) NH_4^+-N

▨ 进水； ▨ 出水； —△— 去除率

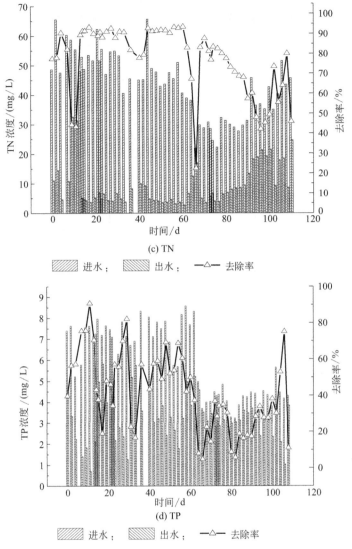

(c) TN

  ▨▨▨ 进水； ▨▨▨ 出水； —△— 去除率

(d) TP

  ▨▨▨ 进水； ▨▨▨ 出水； —△— 去除率

图 5-3 挂膜运行过程中污染物的浓度和去除率

5.2.2.2 生物移动床工艺耦合地下渗滤系统脱氮技术研究

（1）地下渗滤系统（SWIS）反应器设计

参考前人的实验设计和实际调研的数据结果，SWIS 放弃了之前研究中使用较多的圆柱状的模拟系统，选择方柱体：50cm×40cm×90cm，主体体积为 180L，反应器示意图见图 5-4。反应装置在不同的区段填充不同的渗滤介质：反应装置表层覆盖草皮作为植被吸收水分和营养物质；草皮下为 10cm 的草炭土层；下面有5cm 粗砂；再下面是 10cm 的砾石层，在砾石层的 5cm 深处放入布水管；砾石层下为渗滤层,厚度为55cm,使用沙壤土;渗滤层下面分别为5cm的粗砂层和5cm的砾石层,在砾石层贴底壁处放入集水管,通过集水口至外接出水口排水。

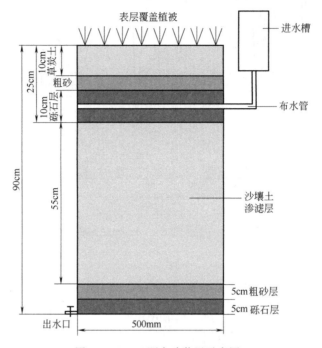

图 5-4　SWIS 预实验装置示意图

为了方便在实验过程中分析不同填料和渗滤介质对 NH_4^+-N 的去除效率,实验装置设计为分体形式,每 30cm 为 1 小节,使用螺栓固定,层与层交界处使用硅胶密封;为了方便实验中分析不同层段中微生物的群落变化情况,在反应器的两侧设置有取样孔,分别在距离每层段上下沿的 10cm 处,不取样时,使用胶塞封闭,实物如图 5-5 所示。

图 5-5　SWIS 实物及顶部种植的日本结缕草

本实验研究的 SWIS 装置用于处理高效生物移动床的出水,因此其水质较生活污水好,COD 和 NH_4^+-N 等有机污染物含量较低。实验进水使用自配水样,COD 50～80mg/L、NH_4^+-N 15～25mg/L,从上层布水管进水,根据渗滤系统的渗滤时间和过程情况,将进水水力负荷控制在 5～10cm/d,考察出水水质变化。

（2）基质筛选

以炉渣（粒径 0～1mm 为 B_1、粒径 1～2mm 为 B_2）、铁尾矿（C）、沸石（粒径 1～2mm，D）为改性物质，与 SWIS 中主体土壤草炭土（A）进行混合，优化 SWIS 的填充顺序与组成比例，检测对水中 NH_4^+-N 的去除作用。当进水 COD 以及 NH_4^+-N 和 TP 的浓度分别为 60mg/L、8mg/L 和 2mg/L 时，干湿比为 1：3 的条件下，处理污染物能力最佳的填充顺序为按 B_2/D/C 顺序分层后再完全混合的基质，即 35%A+2.5%B_2+2.5%D+2.5%C+50%A、2.5%B_2、2.5%C 与 2.5%D 完全混合，此时，对 NH_4^+-N 的去除率达到 98.36%。实验结果如图 5-6 所示。

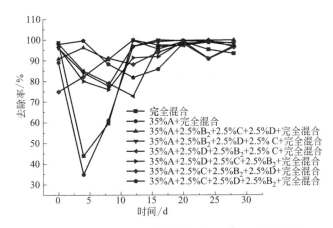

图 5-6 A+B_2/C/D+完全混合对 NH_4^+-N 的去除率

（3）MBBR-SWIS 组合系统处理农村生活污水

以模拟及实际农村生活污水为处理对象，研究 MBBR 组合 SWIS 的处理效率，实验结果如图 5-7 所示。

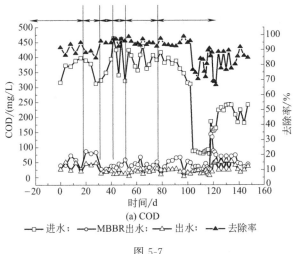

图 5-7

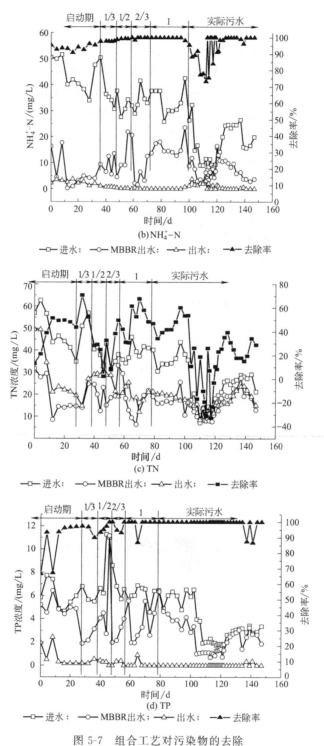

图 5-7　组合工艺对污染物的去除

当进水的 COD、NH$_4^+$-N 和 TP 的浓度分别为 400mg/L、35mg/L 和 7mg/L 时，MBBR 的 pH 为 7 左右、DO 介于 2～4mg/L、HRT 为 3h，SWIS 的干湿比 3：1 条件下，MBBR 组合 SWIS 于 40d 启动成功，COD、NH$_4^+$-N、TN 和 TP 的去除率分别达到 95%、100%、71% 和 99%；组合系统稳定运行时，干湿比为 1：1，运行 40d 时 MBBR 的出水完全进入到 SWIS 中，最终 COD、NH$_4^+$-N、TN 和 TP 的去除率分别达到 95%、100%、60% 和 100%；组合系统运行 100d 后，以白塔堡河污水为处理对象，干湿比 1：1 的条件下，系统出水中 COD 和 NH$_4^+$-N 的去除率因白塔堡河水碳氮比只有 7：1 而明显下降到 70% 和 75%，TN 浓度反而升高；调整碳氮比为 11：1 后，COD 和 NH$_4^+$-N 和 TN 的去除率上升至 85%、98% 和 30%；无论碳氮比如何改变，出水中均未检测出 TP；MBBR 组合 SWIS 运行 147d，对 COD 和 TN 的去除率分别为 83% 和 35%；而 NH$_4^+$-N 和 TP 的去除率未检出。

（4）SWIS 中微生物群落多样性分析

16S rDNA 高通量测序试验结果表明，SWIS 中去除污染物的主要优势菌群分别为黄色杆菌科 *Pseudolabrys* 和亚硝化单胞菌科 Nitrosomonadaceae 等异养脱氮菌、放线菌门的 Gaiellales 有机物降解菌以及 α-变形菌纲的 Rhizomicrobium 除磷菌；厌氧绳菌科 Anaerolineaceae 在 SWIS 启动期结束后成为厌氧土层的优势菌群。实验结果如图 5-8 所示。

SWIS 在运行过程中的微生物群落结构变化如图 5-8 所示，图谱中共有 8 条带，对应 8 种样品。从图谱可以看出，每条带都被分割为若干片段，这些片段分别对应着样品群落中不同的菌种，通过 16S rDNA 测序结果的 OTU 聚类分析，将 97% 以上相似水平的 OTU 代表序列进行分类学分析，再根据 Silva1、Unite 等细菌、真菌数据库的检索结果就能得到每个菌种对应的名称，将丰度低于 1% 的菌群合并为 Others。从检索结果来看，8 个样品中主要分布 62 种细菌，样品细菌群落中相对丰度＞2.0% 的细菌如表 5-1 所示。其中黄色杆菌科 *Pseudolabrys*、放线菌门 Gaiellales、Subgroup_6、KD$_4$-96、亚硝化单胞菌科 Nitrosomonadaceae、Rhizomicrobium、厌氧绳菌科 Anaerolineaceae 分布较广，在 8 个样品中都存在且为主要的优势菌群。

表 5-1 细菌群落中相对丰度＞2.0% 的细菌

样品名称	数量	细菌名称
1-0	9	黄色杆菌科 *Pseudolabrys*、放线菌门 Gaiellales、亚硝化单胞菌科 Nitrosomonadaceae、DA111、Rhizomicrobium、Candidate_division_TM7、芽单胞菌属 Gemmatimonas、慢生根瘤菌属 Bradyrhizobium、JG30-KF-AS9
1-1	14	黄色杆菌科 *Pseudolabrys*、放线菌门 Gaiellales、Subgroup_6、KD4-96、亚硝化单胞菌科 Nitrosomonadaceae、DA111、Rhizomicrobium、酸杆菌科 Acidobacteriaceae、Candidate_division_TM7、芽单胞菌属 Gemmatimonas、慢生根瘤菌属 Bradyrhizobium、酸微菌目 Acidimicrobiales、柄杆菌科 Caulobacteraceae

样品名称	数量	细菌名称
1-2	9	黄色杆菌科 *Pseudolabrys*、放线菌门 Gaiellales、Subgroup_6、KD4-96、亚硝化单胞菌科 Nitrosomonadaceae、酸杆菌科 Acidobacteriaceae、Candidate_division_TM7、芽单胞菌属 Gemmatimonas、厌氧绳菌科 Anaerolineaceae、慢生根瘤菌属 Bradyrhizobium
1-3	11	黄色杆菌科 *Pseudolabrys*、放线菌门 Gaiellales、Subgroup_6、KD4-96、亚硝化单胞菌科 Nitrosomonadaceae、DA111_norank、厌氧绳菌科 Anaerolineaceae、慢生根瘤菌属 Bradyrhizobium、乳球菌属、柄杆菌科 Caulobacteraceae Lactococcus、Candidate_division_OD1
2-0	8	黄色杆菌科 *Pseudolabrys*、放线菌门 Gaiellales、亚硝化单胞菌科 Nitrosomonadaceae、DA11、Rhizomicrobium、芽单胞菌属 Gemmatimonas、放线菌纲 Actinobacteria
2-1	13	黄色杆菌科 *Pseudolabrys*、放线菌门 Gaiellales、Subgroup_6、KD4-96、DA111、Rhizomicrobium、酸杆菌科 Acidobacteriaceae、Candidate_division_TM7、酸微菌目 Acidimicrobiales、柄杆菌科 Caulobacteraceae、酸杆菌门 Bryobacter、芽单胞菌科 Gemmatimonadaceae
2-2	9	黄色杆菌科 *Pseudolabrys*、放线菌门 Gaiellales、Subgroup_6、KD4-96、亚硝化单胞菌科 Nitrosomonadaceae、Candidate_division_TM7、厌氧绳菌科 Anaerolineaceae、乳球菌属 Lactococcus、酸微菌目 Acidimicrobiales、蓝藻纲 Cyanobacteria
2-3	13	黄色杆菌科 *Pseudolabrys*、放线菌门 Gaiellales、Subgroup_6、KD4-96、亚硝化单胞菌科 Nitrosomonadaceae、DA111、酸杆菌科 Acidobacteriaceae、Candidate_division_TM7、芽单胞菌属 Gemmatimonas、厌氧绳菌科 Anaerolineaceae、慢生根瘤菌属 Bradyrhizobium、乳球菌属 Lactococcus、酸微菌目 Acidimicrobiales

从图 5-8 和表 5-1 可以分析各个断面上微生物菌群的差异，Rhizomicrobium 只在断面 0 和断面 1 中大量存在，Rhizomicrobium 为 α-变形菌纲中的属，是与植物根系共生的细菌，且有除磷的特征。Subgroup_6 和 KD4-96 在除断面 0 外的其他断面均大量存在且在断面 2 及断面 3 中丰度较高，说明此两株菌不易生存在 SWIS 的顶层，较易存活在 SWIS 反应器的厌氧区域。DA111 在除断面 2 外的其他断面均大量存在且断面 1 丰度较高，均在 4% 以上。无论 SWIS 初始阶段还是在启动期结束，厌氧绳菌科 Anaerolineaceae 均在断面 2 和断面 3 大量存在，尤其是在断面 3 相对丰度从 2.88% 增加到 4.67%，表明了厌氧绳菌科 Anaerolineaceae 在 SWIS 启动期结束后成为厌氧土层的优势菌群。

从图 5-8 和表 5-1 还可以看出在启动期前后优势菌群和各个菌群的作用，黄色杆菌科 *Pseudolabrys* 及放线菌门 Gaiellales 在 8 个样品中都存在且为优势菌种。作为优势种的放线菌门 Gaiellales 的主要功能是降解有机物，对应了 SWIS 处理 MBBR 出水时 COD 从 $26.80 \sim 83.04 \mathrm{mg/L}$ 下降到 $13.08 \sim 48.71 \mathrm{mg/L}$ 的现象。酸杆菌科 Acidobacteriaceae 在断面 1、断面 2 和断面 3 的相对丰度均在 2.7% 以上，说明酸杆菌科 Acidobacteriaceae 适应 SWIS，而酸杆菌科 Acidobacteriaceae 生长于土壤中的有机物含量呈负相关，表明 SWIS 的有机负荷较小，可以在接下来的运行期内提高有机负荷。SWIS 启动期间，进水中 NH_4^+-N 含量为 $3.22 \sim 16.44 \mathrm{mg/L}$、$NO_3^-$ 含量为 $4.02 \sim 17.91 \mathrm{mg/L}$，出水中 NH_4^+-N 含量为 $0.76 \sim 3.80 \mathrm{mg/L}$、$NO_3^-$

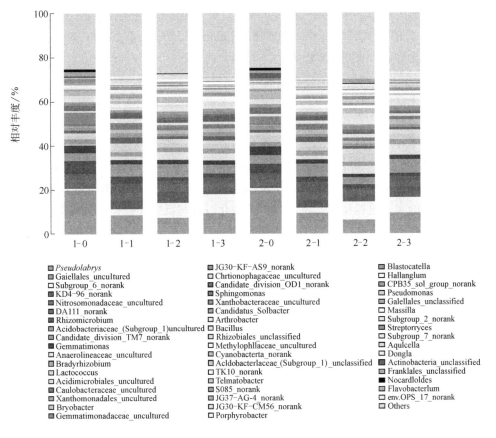

图 5-8　SWIS 不同样品微生物群落结构分析

- Pseudolabrys
- Gaiellales_uncultured
- Subgroup_6_norank
- KD4-96_norank
- Nitrosomonadaceae_uncultured
- DA111_norank
- Rhizomicrobium
- Acidobacteriaceae_(Subgroup_1)uncultured
- Candidate_division_TM7_norank
- Gemmatimonas
- Anaerolineaceae_uncultured
- Bradyrhizobium
- Lactococcus
- Acidimicrobiales_uncultured
- Caulobacteraceae_uncultured
- Xanthomonadales_uncultured
- Bryobacter
- Gemmatimonadaceae_uncultured

- JG30-KF-AS9_norank
- Chrtionophagaceae_uncultured
- Candidate_division_OD1_norank
- Sphingomonas
- Xanthobacteraceae_uncultured
- Candidatus_Solbacter
- Arthrobacter
- Bacillus
- Rhizobiales_unclassified
- Methylophllaceae_uncultured
- Cyanobacterta_norank
- Acldobacterlaceae_(Subgroup_1)_unclassified
- TK10_norank
- Telmatobacter
- S085_norank
- JG37-AG-4_norank
- JG30-KF-CM56_norank
- Porphyrobacter

- Blastocatella
- Hallanglum
- CPB35_sol_group_norank
- Pseudomonas
- Galellales_unclassified
- Massilla
- Subgroup_2_norank
- Streptorryces
- Subgroup_7_norank
- Aqulcella
- Dongla
- Actinobacteria_unclassified
- Franklales_unclassified
- Nocardloldes
- Flavobacterlum
- env.OPS_17_norank
- Others

含量为 12.79～28.32mg/L，出水中的 NO_3^- 含量多于进水、NH_4^+-N 含量少于进水，而黄色杆菌科 *Pseudolabrys* 为兼性厌氧、化能异养型细菌，主要功能为硝酸盐还原，说明在污水经过 SWIS 时，作为优势种的黄色杆菌科 *Pseudolabrys* 将 NH_4^+-N 氧化成 NO_3^-。而亚硝化单胞菌科 Nitrosomonadaceae 除在样品 2-2 中相对丰度低于 2% 外，余下均高于 2.5%，主要功能为利用氨氮加氧酶将 NH_4^+-N 氧化为羟胺，而后羟胺在羟胺氧化还原酶的作用下被氧化为亚硝酸盐，与黄色杆菌科 *Pseudolabrys* 协同作用处理流经 SWIS 污水中的 NH_4^+-N，使 NH_4^+-N 在 SWIS 中降解 3～14mg/L。芽单胞菌属 Gemmatimonas 在 SWIS 最初阶段存在于断面 1 和断面 2，经过启动期，在断面 1 和断面 2 上不再大量存在，而是在断面 3 上相对丰度较高，断面 3 表明 SWIS 在启动期结束后芽单胞菌属 Gemmatimonas 成为厌氧土层的优势菌种；芽单胞菌属 Gemmatimonas 能降解土壤中的甲氧基（CH_3O^-），说明在 SWIS 启动期对 COD 降解的过程中，COD 被降解后的产物有一部分为小分子的有机化合物 CH_3O^-。启动期结束，4 个断面的 Candidate_division_OD1 的相对丰度均下降，尤其是断面 3 相对丰度从 2.77％ 下降到 0.59％，表明 Candidate_division_OD1 不适应 SWIS，在反应器中较难存活；Candidate_division_TMT 在 4 个断面上相对丰度均上升，表明了 Candidate_division_TMT 对流经 SWIS 的污水有耐受性，并促进 SWIS 对各个污染物的去除。

（5）SWIS 中 NH_4^+-N 的迁移转化

土壤地下渗滤系统中 TN 的去除是以氨态氮转换为亚硝态氮和硝态氮，亚硝态氮和硝态氮通过反硝化矿化去除。污水地下渗滤系统处理污水的过程中，因为系统埋设在地下，所以氨态氮的蒸发、挥发可以忽略。描述污水地下渗滤系统 NH_4^+-N、NO_2^--N 和 NO_3^--N 的联合迁移与矿化过程的模型众多，但均有其长处与不足，二阶偏微分方程组模型最被认可，见式（5-1）和式（5-2）。此模型的特点是将硝化与反硝化的实际过程结合，不单独讨论硝化过程与反硝化过程，更接近实际。

$$\begin{cases} \dfrac{\partial c_1}{\partial t} = D\dfrac{\partial^2 c_1}{\partial y^2} - v\dfrac{\partial c_1}{\partial y} + K_n c_2 - K_{den} c_1 \\ \text{初始条件：} c_1 = c_{10}(y) \ (0 \leqslant y \leqslant H, t=0) \\ \text{边界条件：} D\dfrac{\partial c_{01}}{\partial y} - c_{01} = 0 \ (y=0, t \geqslant 0) \\ \qquad\qquad c_1 = c_{11}(t) \ (y \to H, t \geqslant 0) \end{cases} \qquad (5\text{-}1)$$

$$\begin{cases} \left(1 + \dfrac{\rho}{\theta}R\right)\dfrac{\partial c_2}{\partial t} = D\dfrac{\partial^2 c_2}{\partial y^2} - v\dfrac{\partial c_2}{\partial y} + K_{min} - K_n c_2 \\ \text{初始条件：} c_2 = c_{20}(y) \ (0 \leqslant y \leqslant H, t=0) \\ \text{边界条件：} D\dfrac{\partial c_{02}}{\partial y} = 0 \ (y=0, t \geqslant 0) \\ \qquad\qquad c_2 = c_{12}(t) \ (y \to H, t \geqslant 0) \end{cases} \qquad (5\text{-}2)$$

式中　c_1——土壤中硝态氮与亚硝态氮的浓度和，mg/L；

$\quad\quad c_{01}$——边界处土壤中硝态氮和亚硝态氮的浓度和，mg/L；

$\quad\quad D$——生活污水在处理层渗流过程中氮素沿重力方向扩散-弥散系数，m^2/d；

$\quad\quad y$——污水地下渗滤系统处理层高度方向，由上到下为正方向；

$\quad\quad H$——污水地下渗滤系统处理层的有效高度，m；

$\quad\quad v$——多孔介质中的实际渗流速度，与土壤地下渗滤系统的水力负荷直接相关，m/d；

$\quad\quad K_n$——硝化反应一级动力学常数，通常为 $0.62 \sim 4.84d^{-1}$；

$\quad\quad K_{den}$——反硝化反应一级动力学常数，通常为 $2.4 \sim 7.2d^{-1}$；

$\quad\quad c_2$——土壤溶液中 NH_4^+-N 浓度，与处理的生活污水水质相关，此实验中为 $20 \sim 35mg/L$；

$\quad\quad c_{02}$——边界处土壤溶液中 NH_4^+-N 浓度，mg/L；

ρ——为土壤容重，通常为 $1 \sim 2g/cm^3$；

θ——为土壤有效孔隙率，$0.3 \sim 0.6cm^3/cm^3$；

R——NH_4^+-N 在土壤中固相的分配系数，$0.1 \sim 0.4cm^3/g$；

K_{min}——矿化作用的零级动力学常数，$\mu g/（cm^3 \cdot d）$，适用于污水地下渗滤系统处理污水的动力学模拟。

污水经过生物移动床处理后，进入污水地下渗滤系统的污水中氮的形态主要为 NH_4^+-N。污水地下渗滤系统中生物垫层形成后，具有稳定的脱氮功能。铁尾矿、沸石和炉渣的一部分作用是使污水地下渗滤系统处理层的复氧能力提高，在脱氮过程中 K_n 值会相应增大，经过计算高于 $3.7d^{-1}$，硝化过程不会制约脱氮效果。根据污水地下渗滤系统 100d 运行数据，计算出反硝化动力学常数约为 $2.3d^{-1}$，c_1 约 1mg/L，c_2 约 14mg/L，ρ 为 1.24 g/cm^3，θ 为 0.44cm^3/cm^3，R 为 0.36 cm^3/g，K_{min} 约为 5.1$\mu g/（cm^3 \cdot d）$。利用 Matlab 程序对上述二阶偏微分方程进行求解。通过运行程序，输出图形分别为硝化过程的解析解与反硝化过程的解析解，如图 5-9 所示。

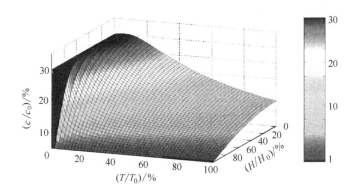

图 5-9　NH_4^+-N 在污水地下渗滤系统变化的过程

图 5-9 表明，污水地下渗滤系统中 NH_4^+-N 的硝化过程主要发生在上层土壤中 $0 \sim 30cm$ 处。污水地下渗滤系统处理层上层土壤距离大气较近，复氧能力较强，反硝化能力相对较弱。污水地下渗滤系统 $25 \sim 75cm$ 处，硝态氮的去除过程受土壤孔隙率的影响较大，较小的孔隙率不利于土壤复氧，有利于提高反硝化过程。

5.2.2.3　SWIS 防堵塞策略及脱氮除磷效果评价

（1）基质改良

改良 SWIS 的土壤基质，预防 SWIS 的堵塞或将堵塞时间延后，可使 SWIS 能够持续稳定并高效的处理污水。选改性基质有铸铁屑、赤尾矿、铁屑、新型 Si-Al 系多孔材料（W，以下简称 W）、铁尾矿，分析改性土壤对污水中 TN 的去除作用，如图 5-10。

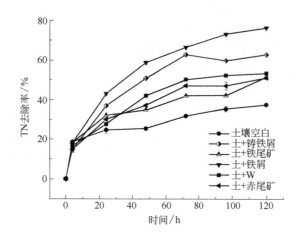

图 5-10　改性土壤对 TN 的去除率

通过分析改性土壤对模拟污水中氨氮、总氮和总磷的处理效果，可以看出添加改性基质后均能提高土壤对污水中污染物的处理效率。特别是添加铁屑、铸铁屑以及 W 的改性土壤相较于其他改性基质对污染物的处理效果较好，综合水质指标的分析，由于铸铁屑对氨氮的去除率较低，且同铁屑的结构成分和处理情况相似，因此选取铁屑和实验室自主合成的矿物质 W 作为较好的改性基质。

将 W 和铁屑按不同比例组合形成组合基质，分别为铁屑、W、W/铁屑（1/9）、W/铁屑（3/7）、W/铁屑（5/5）、W/铁屑（7/3）、W/铁屑（9/1），以 TN 去除率为指标，分析基质混合是否比单一基质对污水的去除效果好，如图 5-11。

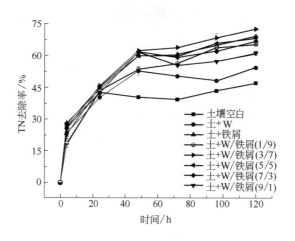

图 5-11　组合比例对 TN 去除率的影响

从图 5-11 中可以看出，去除率大小依次为：组合比例 3/7＞5/5、单一铁屑＞7/3＞1/9＞9/1＞单一 W＞土壤空白。其中组合比例 3/7 对总氮处理效果最好，不仅好于其他比例，更比单一基质好，去除率最高为 72.60%。而单一基质 W 去除率最低仅为 54.30%。另外组合比例 5/5、7/3、1/9 和单一铁屑之间对总氮的去除率相差较小，平均为 66.79%。

根据响应面 Box-Behnken 设计原理，在单因素方差分析的基础上，选取污水 pH 值（X_1）、改性物质添加比例（X_2）和温度（X_3）3 个因素为影响因子，分别以总氮为响应值。由各影响因子及响应值构成的立体响应面如图 5-12。

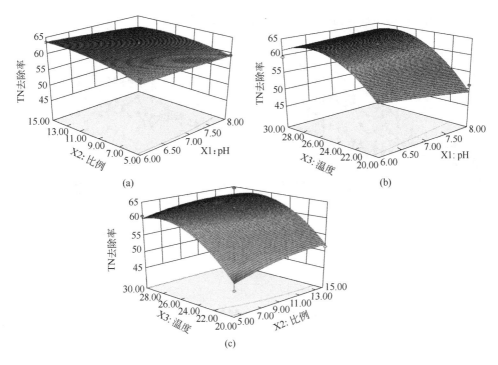

图 5-12　污水 pH 值、改性物质添加比例和温度对总氮去除率交互影响的响应面

通过软件 Design-Expert 8.5 分析可知，改性土壤处理污水的最佳影响因素为：污水 pH 值为 6、改性物质添加比例为 13.82%、温度为 26.77℃，在此条件下，改性土壤对总氮的去除率达 64.49%。考虑到实验操作方便，选取污水 pH 值为 6、改性物质添加比例为 14%、温度为 27℃进行 3 次平行实验，污水总氮去除率平均为 64.04%，相差 0.45%，与预测值相近，说明该回归模型有效，可用于改性土壤处理污水影响因素的优化，并以此条件为基准对土壤渗滤系统进行填充和运行。

（2）投加高效脱氮微生物菌剂

通过在 SWIS 土壤基质中添加筛选分离的高效脱氮微生物菌剂 PM3 和 PM7，提高 SWIS 对各污染物的去除率及延长系统稳定运行时间。在 SWIS 小试装置中添加不同种类和不同比例的菌剂：灭菌土壤（1♯）、空白土壤（2♯）、10% PM3＋

90%土壤（3#）、10% PM7＋90%土壤（4#）、5% PM3＋5% PM7＋90%土壤（5#）。对进、出水的 COD、TN 及 TP 进行测定，研究不同处理条件对污水中污染物的去除差异。最终确定了 5% PM3＋5% PM7＋90%土壤（5#）为最佳的投加组合，说明 PM3 和 PM7 产生协同作用。此条件下，系统对 COD、TN 及 TP 的最大去除率分别为 75%、90% 和 98%，与不加菌剂的空白土壤（2#）相比，COD、TN 的去除率明显提高，对 TP 的提高作用不显著，进一步阐明污水中的有机物和氮素主要靠微生物的分解与转化作用而去除，而污水中的磷素主要是通过土壤的吸附作用去除的，实验结果如图 5-13 所示。

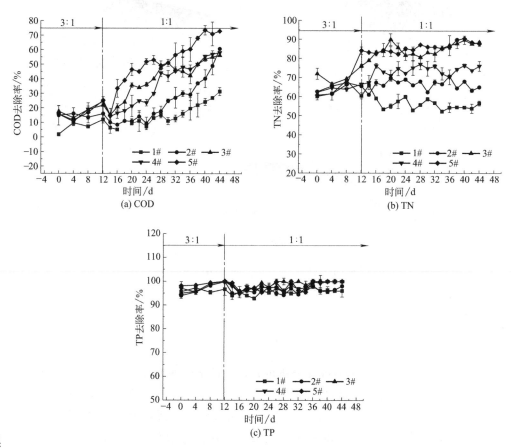

图 5-13　投加不同比例和不同种类菌剂对污染物去除效果比较

（3）SWIS 系统脱氮除磷效果评价

对反应器中土壤酶的活性与污染物去除率进行相关性分析，探讨利用特征酶的活性作为评价 SWIS 脱氮除磷效果的可行性。通过 Pearson 相关性分析结果（见表 5-2）显示，土壤中磷酸酶活性与 TP（顶部：相关系数 $r=0.960$，显著性 $P<0.05$；底部：$r=-0.963$，$P<0.05$）的去除率呈显著的相关性，且底部呈显著的

负相关性，这与底部磷浓度有关，说明磷酸酶的活性可以作为评价改性 SWIS 去除 TP 效果的重要指标。土壤中脲酶活性与 TN（顶部：$r=0.954$，$P<0.05$；底部：$r=0.951$，$P<0.05$）去除率呈显著的相关性，说明在 SWIS 中，TN 的去除主要以土壤中相关微生物和酶的作用为主，能分泌脲酶类的微生物在土壤中分布较均匀，脲酶可以作为判断 SWIS 净化 TN 的一个重要指标。因为脲酶能够酶促有机氮化合物生成氨态氮，所以脲酶活性与 NH_4^+-N 的去除率之间的相关性不显著，不能作为系统去除 NH_4^+-N 的指标。蛋白酶活性与 NH_4^+-N、NO_3^--N、TN、TP 去除率相关性并不明显，因此土壤中蛋白酶活性不能作为评价 SWIS 净化污水效果的指标。土壤顶部脱氢酶活性与 NH_4^+-N（$r=0.996$，$P<0.01$）和 TN（$r=0.994$，$P<0.01$）去除率呈极显著的相关性。土壤底部过氧化氢酶活性与 NH_4^+-N（$r=0.991$，$P<0.01$）和 TN（$r=0.991$，$P<0.01$）去除率也呈极显著的相关性。土壤硝酸酶 NAR 活性与 NH_4^+-N 和 TN 去除率之间的相关性均不显著，底部土壤中 NAR 活性与硝态氮（$r=0.956$，$P<0.05$）去除率呈显著的相关性，但因为硝态氮的还原并非反硝化过程的限速步骤，因此，不能将土壤中 NAR 活性作为评价 SWIS 脱氮效果的指标。

表 5-2　酶活性与污染物去除率的 Pearson 相关系数

位置	酶类型	NH_4^+-N 去除率相关性	NO_3^--N 去除率相关性	TN 去除率相关性	TP 去除率相关性
顶部	磷酸酶	0.879	0.929	0.896	0.960
	脲酶	0.946	0.890	0.954	0.939
	蛋白酶	−0.468	−0.773	−0.503	−0.704
	脱氢酶	0.996	0.826	0.994	0.864
	过氧化氢酶	0.900	0.543	0.878	0.621
	NAR	0.296	0.317	0.302	0.257
底部	磷酸酶	−0.904	−0.930	−0.919	−0.963
	脲酶	0.949	0.834	0.951	0.889
	蛋白酶	0.275	0.353	0.286	0.285
	脱氢酶	0.904	0.967	0.922	0.988
	过氧化氢酶	0.991	0.858	0.991	0.887
	NAR	0.857	0.956	0.878	0.940

5.2.3　低碳氮比污水的微生物强化 SWIS 脱氮除磷中试研究

本实验采用室内地下渗滤系统中试模拟装置，探讨在改良土壤基质基础上投加高效微生物脱氮菌剂，提高污水地下渗滤系统的脱氮除磷作用、预防系统堵塞和延长处理时间的可行性，反应器共设 3 组，依次记为 1 号～3 号反应器，具体装填体积与组合比例见表 5-3。

表 5-3　不同反应器的装填体积与组合比例

反应器编号	土样投加比例 （体积比）	Si-Al 系多孔材料基质 （1.5～3cm）投加比例（体积比）	铁屑（2～5cm） 投加比例 （体积比）	高效脱氮菌 PM3＋PM7 投加 比例（体积比）
1 号灭菌土样	86	4	10	—
2 号未灭菌原土样	86	4	10	—
3 号未灭菌原土样	76	4	10	10

反应柱顶部种植香根草，如图 5-14 和图 5-15。反应器是直径为 ϕ30cm，高180cm，有效容积为 132L 的有机玻璃柱，在土柱侧面距顶部 30cm、50cm、70cm、100cm、150cm 处分别设置 5 个内径为 50mm 的取样口，在距离土柱底部 8～10cm 处设置出水口。采用布水系统与主体装置分离的方式，十字形散水管距装置顶部60cm 处，周围填充 7～10cm 高的砾石，如图 5-16。柱体底端设置 11cm 的集水区，集水区以上为基质填充区，生活污水经蠕动泵进入到地下渗滤系统的布水管，经散水管上的小孔均匀地渗入到反应柱中，而后在土壤毛细力的作用下上升至距离散水管垂直高度 20～30cm 处，随后通过重力作用下渗，由系统出水口收集出水。进水时间和落干时间通过预先设置好时间的时控开关进行控制，工艺流程如图 5-17。

<table>
<tr><td align="center">图 5-14　SWIS 中试装置实物图</td><td align="center">图 5-15　反应柱顶部种植的香根草</td></tr>
</table>

进水各污染物的浓度范围如表 5-4 所示，SWIS 以流速为 7.2mL/min 运行132d。为了观察系统对各污染物的去除效果，在水力负荷为 $0.0035m^3/(m^2 \cdot d)$、干湿比为 3:1，温度为 20～25℃条件下从运行初期开始定期取样分析，直至系统出水稳定后改变系统的干湿比为 2:2 及 1:1。

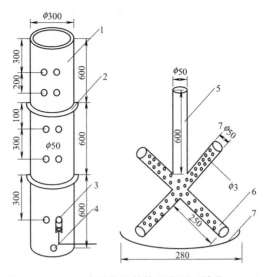

图 5-16　SWIS 中试装置结构示意图（单位：mm）

1—有机玻璃柱；2—法兰；3—取样孔；4—出水孔；5—布水管；6—散水管；7—不透水皿

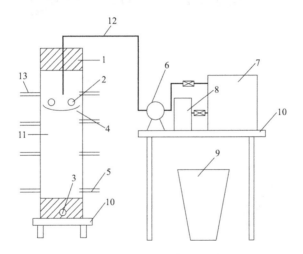

图 5-17　SWIS 工艺流程图

1—植物；2—布水管；3—集水孔；4—不透水皿；5—取样孔；6—蠕动泵；7—控制箱；
8—真空泵；9—配水槽；10—铁架；11—有机玻璃反应器；12—进水管；13—出水孔

表 5-4　低 C/N 比生活污水进水各污染物浓度

污染物	COD	NH_4^+-N	TP
浓度/（mg/L）	100～250	15～35	5～15

120d 后 1 号柱出水中 COD、NH₄⁺-N 和 TP 的浓度分别为 50～64mg/L、8～15mg/L 及 2～4mg/L；2 号柱出水中 COD、NH₄⁺-N 和 TP 的浓度分别为 18～43mg/L、3～6mg/L 及 1～3mg/L；3 号柱出水中 COD、NH₄⁺-N 和 TP 的浓度分别为 10～31mg/L、1～3mg/L 及 0～2mg/L。在原始土壤中添加改性基质及高效脱氮菌的 3 号柱为最佳脱氮除磷的 SWIS。实验结果如图 5-18。

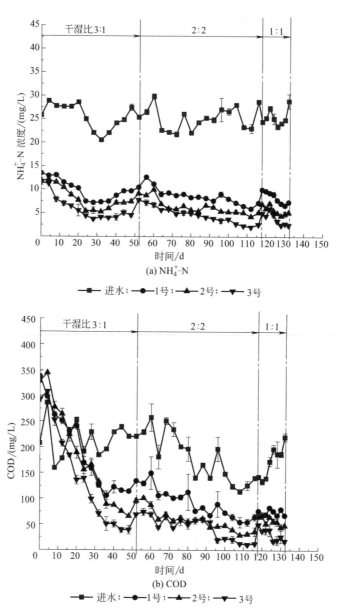

(a) NH₄⁺-N

━■━ 进水；━●━ 1号；━▲━ 2号；━▼━ 3号

(b) COD

━■━ 进水；━●━ 1号；━▲━ 2号；━▼━ 3号

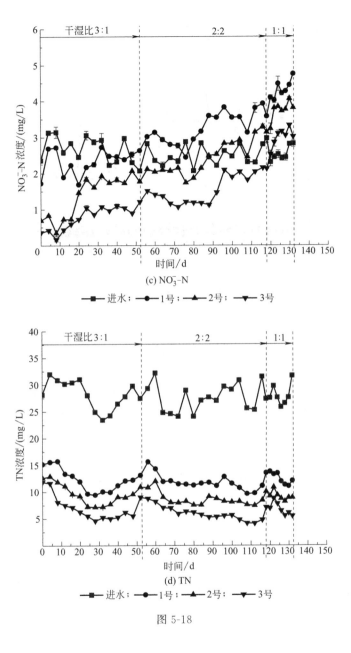

(c) NO₃⁻-N

—■— 进水；—●— 1号；—▲— 2号；—▼— 3号

(d) TN

—■— 进水；—●— 1号；—▲— 2号；—▼— 3号

图 5-18

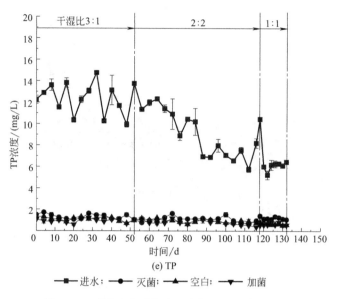

图 5-18　不同反应系统对污染物的去除作用比较

由图 5-18（a）可知，在干湿比为 3∶1（启动期）时，1 号、2 号及 3 号系统稳定后对 NH_4^+-N 的出水浓度范围分别为 9.4～9.7mg/L、5.9～7.4mg/L 及 4.0～5.1mg/L；在干湿比为 2∶2 时，1 号、2 号及 3 号系统稳定后对 NH_4^+-N 的出水浓度范围分别为 5.9～7.1mg/L、4.27～5.25mg/L 及 2.0～2.75mg/L；在干湿比为 1∶1 时，1 号、2 号及 3 号系统稳定后对 NH_4^+-N 的出水浓度范围分别为 5.9～7.2mg/L、4.2～6.9mg/L 及 2.3～2.6mg/L。实验过程中 3 号系统的 NH_4^+-N 出水浓度均低于 1 号及 2 号系统，且达到了《城镇污水处理厂污染物排放标准》一级（A 类）标准，主要是因为在系统土壤中添加了高效脱氮菌株（PM3＋PM7）后提高了硝化细菌的活性，从而提高了系统对 NH_4^+-N 的去除率。

实验过程中 NH_4^+-N 的出水浓度稳中有降。在 0～10 天期间，三个系统的 NH_4^+-N 出水浓度差异不明显，这是因为系统启动初期，SWIS 中生物膜正处于生成阶段，因此 NH_4^+-N 主要靠土壤作用去除，当污水经过土壤时，微生物吸附污水中溶解性和胶体有机物，而后氧化分解有机物质，在第 20 天时生物膜逐渐成熟，NH_4^+-N 出水浓度变低。在第 52 天和第 118 天时，3 个系统的 NH_4^+-N 出水浓度均有增高，但 3 号增高最为明显，这是因为实验过程中改变了干湿比，由于系统的运行条件突然改变，短时间内微生物无法适应干湿比变化的影响使 NH_4^+-N 的出水浓度明显升高，然而随后出水浓度又逐渐下降，说明微生物能够较快地适应干湿比的变化，且不会影响自身的活性。

实验中配制的低 C/N 生活污水中的氮主要是以 NH_4^+-N 的形式存在，污水进入土壤后，由于土壤胶体带负电，故而对 NH_4^+-N 有较强的吸附能力，而后部分

辽河流域面源氨氮污染控制技术

NH_4^+-N 被硝化细菌在好氧条件下转化为 NO_3^--N 及 NO_2^--N。3 号系统中添加脱氮菌（PM3 及 PM7）后出水浓度降低是由于在 SWIS 系统中，硝化细菌的数量会直接影响 NH_4^+-N 的出水浓度。整个实验过程中系统间歇运行，保证了系统的好氧环境，满足了硝化细菌的好氧需求，使硝化反应能够顺利进行。

从图 5-18（b）来看，在干湿比为 3∶1（启动期）时，1 号、2 号及 3 号系统稳定后对 COD 的出水浓度范围分别为 114.3～134.3mg/L、66～96mg/L 及 39.3～69.3mg/L；在干湿比为 2∶2 时，1 号、2 号及 3 号系统稳定后对 COD 的平均出水浓度分别为 54.3～76mg/L、29.3～36mg/L 及 11～21mg/L；在干湿比为 1∶1 时，1 号、2 号及 3 号系统稳定后对 COD 的平均出水浓度分别为 67.6～79mg/L、44.3～56mg/L 及 17.6～26mg/L。整个实验过程中 3 号系统的 COD 出水浓度均低于 1 号及 2 号系统，且达到了《城镇污水处理厂污染物排放标准》一级（A 类）标准。

在系统启动初期（0～12 天），3 个系统的 COD 出水浓度均高于进水浓度，这是由于实验中所用的填充土壤为草炭土（国内认为有机质含量在 30% 以上，国外认为超过 50%），土壤中的有机质随着污水的流动而被冲洗出来，使出水 COD 浓度高于进水。本实验全程采用 3 种干湿比运行，然而稳定后 COD 出水浓度由高到低的顺序为 3∶1 > 1∶1 > 2∶2，这与刘冉[17] 的研究相一致。这是由于随着系统运行时间的增加，整个系统的非生物过程就越完全，能够更好地恢复土壤的渗透能力；其次延长运行时间有助于增加系统的复氧能力，使好氧微生物活性增强，提高降解水中污染物的去除率，但当运行时间过长（即干湿比继续增加）时，则会造成系统内微生物缺少营养物质，减慢其生长速度及代谢活动，最终影响下一周期系统对 COD 的去除作用。

在 3 号系统中添加微生物后，COD 的出水浓度明显下降，并且保证了系统的正常稳定运行。这主要是由于添加了微生物以后，大幅度提高了 3 号系统中微生物的活性，然而 SWIS 工艺中 COD 的去除主要是通过微生物的氧化分解完成的，因此在 3 个系统其他所有运行条件都相同的情况下，添加微生物的 3 号系统在 COD 的处理方面有明显的优势，这与邓凯文[18] 的研究相一致。

由图 5-18（c）可知，3 个系统的 NO_3^--N 出水浓度走势大致相同且均逐渐升高，3 个系统的 NO_3^--N 出水浓度由低到高依次为：3 号 < 2 号 < 1 号，这说明了在其他运行条件相同的情况下，反硝化细菌的数量活性能够影响 NO_3^--N 的出水浓度，由于 3 号系统中添加了高效脱氮菌株（PM3 及 PM7），因此提高了系统中反硝化细菌的活性，使 NO_3^--N 出水浓度降低，然而 1 号系统的土壤经过灭菌，反硝化细菌数量大量减少，使系统内反硝化反应无法正常进行，因此 1 号系统 NO_3^--N 出水浓度最高。

对比 COD 的出水浓度可知，NO_3^--N 出水浓度随着 COD 浓度的增大而减小，且添加微生物的 3 号系统出水浓度减小得更为明显。这是因为系统通过反硝化作用

在厌氧条件下去除 NO_3^--N，在系统启动初期（0～12 天），由于 3 个系统中土壤有机质含量较多，反硝化作用依靠充足的碳源能够顺利进行，因此 NO_3^--N 出水浓度较低；然而由于本实验所配污水为低 C/N 比污水，COD 进水浓度在 125 ～ 250mg/L，且随着系统内土壤所含 COD 量逐渐减少，反硝化作用缺少碳源，反硝化作用进行不完全，导致后期 NO_3^--N 出水浓度逐渐增高。虽然反硝化作用受到了客观条件的限制，但是在实验过程中 3 号与 1 号和 2 号系统相比仍具有优势，可以将更多的 NO_3^--N 转化为 N_2，达到脱氮的目的。

从图 5-18（d）可知，NO_3^--N 出水浓度随 COD 浓度的增加而减小，正与 TN 的出水浓度随着 COD 浓度的增大而降低相吻合。在干湿比为 3：1（启动期）时，1 号、2 号及 3 号系统稳定后对 TN 的出水浓度范围分别为 11.2～13.1mg/L、8.92～10.90mg/L 及 5.23～8.99mg/L；在干湿比为 2：2 时，1 号、2 号及 3 号系统稳定后对 TN 的平均出水浓度分别为 9.63～13.55mg/L、7.41～10.05mg/L 及 4.09～7.09mg/L；在干湿比为 1：1 时，1 号、2 号及 3 号系统稳定后对 TN 的出水浓度分别为 11.08～12.09mg/L、8.18～8.92mg/L 及 5.48～6.47mg/L。整个实验过程中 3 号系统的 TN 出水浓度均低于 1 号及 2 号系统，且达到了《城镇污水处理厂污染物排放标准》一级（A 类）标准。研究发现，即使 C/N 较低的情况下亦能取得较好的去除效果，可能是由于中试装置有足够的深度（即地下渗滤系统埋于地下），易形成厌氧环境，为反硝化作用提供了便利条件。与之前的研究结果相比，添加多孔材料与铁屑的系统对 TN 的去除作用显著提高，而投加脱氮菌剂的系统对 TN 的去除作用更加明显，去除率增加了 50% 左右，说明脱氮菌剂能有效地促进系统脱氮。

如图 5-18（e）所示，整个实验过程中 3 个系统的 TP 出水浓度较为稳定，1 号系统 TP 出水浓度为 1.06～1.34mg/L，2 号系统 TP 出水浓度为 0.53～0.69mg/L，3 号系统 TP 出水浓度为 0.56～0.61mg/L，均达到了《城镇污水处理厂污染物排放标准》一级（A 类）标准，可以看出在其他运行条件相同的情况下，添加微生物的系统与未添加微生物的系统的 TP 出水浓度相差不多，并未体现出添加微生物的明显优势。

这是因为系统对 TP 的去除主要依靠土壤的物理吸附作用、化学沉淀作用完成。研究证明，SWIS 运行初期，TP 主要依靠土壤吸附作用去除，但对于更深层次的去除，则通过化学沉淀反应完成，通过土壤中存在的 Ca^{2+}、Al^{3+}、Fe^{3+} 等金属离子发生化学反应，形成难溶性磷酸盐，从而达到进一步去除 TP 的目的，因此添加微生物菌剂对提高 TP 去除作用不明显。

参考文献

[1] 潘晶，孙铁珩，李海波. 污水地下渗滤系统强化脱氮试验研究 [J]. 中国环境科学，2011，09：1456-1460.

[2] 高拯民，李宪法. 城市污水土地处理利用设计手册 [M]. 北京：中国标准出版社，1991.

[3] 张克强，李军幸，张洪生，等. 农村生活污水处理技术及工程模式探讨 [C] //全国农业面源污染与综合防治学术研讨会论文集，2004：223-225.

[4] 张永锋，罗纨. 地下渗滤系统处理生活污水中浓度去除率与系统去除率对比研究 [J]. 安徽农业科学，2013，08：3555-3557.

[5] 张晓辉，崔建宇，蓝艳，等. 不同草坪覆盖地下渗滤系统处理生活污水研究 [J]. 环境科学，2011，01：165-170.

[6] Baveye P, Vandevivere P, Blythe L H, et al. Environment impact and mechanisms of the biological clogging of saturated soils and aquifer materials [J]. Critical Reviews in Environment Science and Technology，1998，28（2）：123-191.

[7] Moreno B, Gomez M A, Gonzalez-Lopez J, et al. Inoculation of a submerged filter for biological denitrification of nitrate polluted groundwater: a comparative study [J]. Hazard Mater, 2005, 117 (2 /3)：141-147.

[8] 陈绍军，宋万，刘月. 地下渗滤中水回用技术的工艺设计 [J]. 给水排水，1998（12）：32-34，4.

[9] 贾宏宇，孙铁珩，李培军，等. 污水土地处理技术研究的最新进展 [J]. 环境污染治理技术与设备，2001（01）：62-65，47.

[10] 董泽琴. 土壤地下渗滤净化沟污水除磷脱氮工艺及影响因素初探 [J]. 贵州环保科技，2002（03）：18-20，25.

[11] 聂俊英. 改良的地下渗滤系统处理污水及相关机理研究 [D]. 上海：上海交通大学，2011.

[12] 郑鹏. 地下渗滤系统处理污水的效果及工程应用研究 [D]. 北京：中国农业大学，2016.

[13] 黄丽华，张卫民. 地下渗滤系统处理生活污水的研究进展江苏环境科技 [J]. 2008（S1）：105-107.

[14] 李英华，孙铁珩，李海波，等. 地下渗滤系统处理生活污水的技术难点及对策 [J]. 生态学杂志，2009，07：1415-1418.

[15] 李海波，李英华，孙铁珩，等. 污水地下渗滤系统脱氮效果及动力学过程 [J]. 生态学报，2011，24：7351-7356.

[16] 李晓东，刘冉，晁雷，等. 地下渗滤系统净化生活污水的研究进展 [J]. 安徽农业科学，2012，34：16775-16777.

[17] 刘冉. 地下渗透系统净化生活污水的试验研究 [D]. 沈阳：东北大学，2013.

[18] 邓凯文. 木片土壤渗透系统对养猪废水处理效能及功能菌群的分析 [D]. 哈尔滨：哈尔滨工业大学，2015.

第6章 ▶▶

农村生活面源氨氮污染高效藻类塘控制技术

高效藻类塘是传统稳定塘的一种改进形式，它通过强化利用藻类的增殖来产生有利于微生物生长和繁殖的环境，形成更紧密的藻-菌共生系统，同时创造一定的物化条件，达到对有机碳、病原体，尤其是氮和磷等污染物的有效去除[1,2]。高效藻类塘作为好氧塘的一种强化形式，不仅具有投资省、维护管理简单的特点，还具有较好的氮磷去除效果，非常适合在经济相对落后、缺乏环保专业人员的农村地区用于农村生活污水的集中处理及回用[3]。

6.1 高效藻类塘处理技术

6.1.1 高效藻类塘处理技术原理

高效藻类塘的结构及运行方式有利于藻菌共生体系的建立，通过藻菌强大的协同净化效应，高效降解水体中污染物质。其中，藻类利用光合过程释放出大量 O_2，为异养细菌降解有机物、自养细菌氧化氨氮提供所需电子供体。细菌利用藻类释放的 O_2 进行好氧呼吸，将有机物分解为小分子的无机物。同时，细菌在呼吸过程中释放了大量 CO_2，可作为藻类生长中所需的碳源，供藻类繁殖所用。藻类以太阳能为能源，CO_2 为碳源合成新的藻类细胞[4]，使高效藻类塘内快速建立起丰富的藻菌体系，为高效藻类塘降解各类污染物质提供了良好的环境。

6.1.2 高效藻类塘处理农村生活污水技术应用

高效藻类塘是美国加州大学伯克利分校的 Oswald 和 Gotaas 等在 20 世纪 50 年代末提出并发展的[5,6]。在德国、法国、新西兰、以色列、南非、新加坡、印度、玻利维亚、墨西哥和巴西等国家先后有了高效藻类塘的应用，并取得了良好的运行效果[7-13]。目前在美国最大的高效藻类塘面积达 $6hm^2$，采用螺旋泵作为搅拌装置；以搅拌桨搅拌的高效藻类塘最大面积为 $4hm^2$。以色列建立的利用浮萍塘和藻类塘联合除氮工艺，藻类塘不仅可以去除氮素，还能有效去除病原菌；而浮萍塘可以去除藻类塘出水中含有的藻类。在这个联合系统中，氨氮的去除由植物的吸收（18%）、硝化反应（3%）、沉降（6%）以及氨氮的挥发和反硝化（73%）这几种方式构成。美国加州大学伯克利分校将初沉池、高效藻类塘、二沉池等组成了一体化污水塘系统，可用来对污水进行深度处理和回用。

高效藻类塘处理农村生活污水的研究也在国内展开，同济大学在太湖周边建立多个高效藻类塘。2005 年采用沉淀水箱、高效藻类塘和水生生物塘等组成的试验系统对高效藻类塘系统处理太湖地区农村生活污水进行了试验研究。该高效藻类塘出水 COD 浓度受藻类生长影响较大，但出水溶解性 COD 比较稳定，平均去除率在 70% 以上，NH_4^+-N 的去除效果好，平均去除率为 93%，冬季水力停留时间的延长对保障系统的整体运行效果是有效的[14]。2006 年采用二级串联高效藻类塘系统处理太湖地区农村生活污水，该系统对 COD_{Cr}、TN、TP 的平均去除率分别为 69.4%、41.7%、45.6%，该工艺对 NH_4^+-N 的处理效果很好，平均去除率达到了 90.8%[15]。2008 年通过降低水生生物塘内水深、采用废弃石膏作为填料构建了新型复合水生物塘来强化脱氮除磷效果，从而采用高效藻类塘和水生生物塘联合处理太湖地区农村污水，出水 TN 和 TP 可分别保持在 5mg/L 左右和 < 1mg/L，可达《城镇污水处理厂污染物排放标准》一级 B 排放标准[16]。

6.1.3 高效藻类塘处理技术存在的问题

（1）受季节和气候影响大

高效藻类塘受季节的温度及光照的影响很大，因为藻类及微生物对于温度都有一个耐受限度，光照对于藻类的生长也是必不可少的。但是在北方地区，冬季温度低，日照时间短，持续时间长，藻类含量大大减少，微生物活性降低，藻类塘的运行效果很不理想。因此对于高效藻类塘如何在北方农村地区运行还是一个亟待解决的问题[17]。

（2）出水含有藻类

高效藻类塘出水中会含有藻类等悬浮物，严重影响出水水质的 COD 等指标的检测。若是对于排出水要求较高的排水区，更应该严格控制出水藻类的含量，避免后期藻类大量繁殖。因此高效藻类塘出水藻类的收集与去除也是一个非常重要的问题。通过藻类自然沉降可以去除 30%～70% 的藻类[18]。藻类含有大量的蛋白质（50% 左右），可以回收藻类制成饲料来喂养鱼、牲口[19]，还可以提取燃料等[20]。还可采用气浮或者沙滤的方法去除藻类，其中溶气气浮法相对经济有效，向水体中投加 20～30mg/L 的明矾，5min 可以去除 99% 的藻类[21]。

6.2 北方农村地区高效藻类塘氨氮去除技术

在利用"十五""十一五"国家水体污染控制与治理科技重大专项项目的科技成果，研究开发适合北方寒冷地区的高效藻类塘处理设施以及相应的小试装置时，要重点研究耐低温高效除氮藻种的筛选、保温基质材料与冬季保温措施的选择、高效藻类塘等对农村生活污水中氮磷的去除效率、去除机理及其影响因素，其次要研究高效藻类塘后续处理设施，探索高效藻类塘系统进行了强化氮磷的去除工艺，通过高效藻类塘小试装置探讨其对氮磷高效去除和转化途径的影响，最终确定适宜北方农村生活污水处理的运行参数。

高效藻类塘出水中藻类的资源化利用及提高其氮磷去除效率的途径，研究高效藻类塘出水藻类的后续处理控制的技术线路如图 6-1 所示。

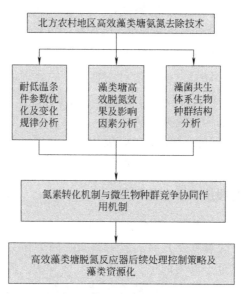

图 6-1　北方农村地区高效藻类塘氨氮去除技术研究路线

6.2.1　藻菌生长最佳培养基的筛选

选取水生四号、克诺普、水生四号、水生五号培养基 4 种培养基[22]，以蒸馏水作为空白对照，筛选适合藻类生长的最佳培养基。

常温下，置于自制藻类培养箱，给予一定光照、一定曝气，曝气量（标准状态）为 0.2 m^3/h，确保 4 组培养基的培养条件相同。培养 96h，分别在 5min、4h、8h、12h、24h、36h、48h、72h、84h、96h 时取样，在波长为 680 nm 条件下测其吸光度。根据所测得的吸光度值，对应藻类细胞数和吸光度的相关性曲线，确定藻类的生长情况（图 6-2）。

常温条件下，随着培养时间的延长，藻类生长速度逐渐加快，与空白对照组相比，藻类在克诺普培养基中生长最好（72h 生长达到最大值），其次是水生五号培养基（72h 生长达到最大值），最后是水生四号培养基（80h 生长达到最大值），因此本试验选择克诺普培养基作为绿藻最佳培养基。

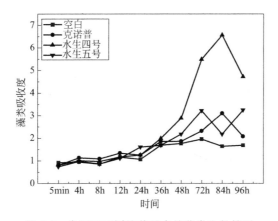

图 6-2　常温下不同培养基中的藻类生长情况

6.2.2　藻类塘处理模拟污水最佳条件优化

（1）最佳曝气方式的确定

采用 5 种曝气方式来探究藻类塘去除模拟污水中氮磷的最佳曝气方式，即全曝气；不曝气；间歇曝气设置为：12h 曝气，12h 不曝气（12∶12）；10h 曝气，14h 不曝气（10∶14）；14h 曝气，10h 不曝气（14∶10），曝气量（标准状态）为 0.2 m^3/h。采用克诺普培养基，以藻菌微生物种子液为藻种（图 6-3 和图 6-4）。

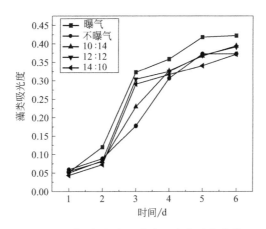

图 6-3　不同曝气方式下藻类吸光度的变化情况

试验从藻类吸光度、$NH_4^+\text{-}N$ 去除情况、TP 去除情况以及 COD 去除情况 4 个方面探究了藻类去除模拟污水中氮磷的最佳曝气方式。各项指标都明显指出曝气的方式有利于藻类提前达到最佳生长时期即提前达到最大生物量并为菌类提供充足的氧气及附着体，因此 $NH_4^+\text{-}N$、TP、COD 的去除率在曝气时较高。而全曝气

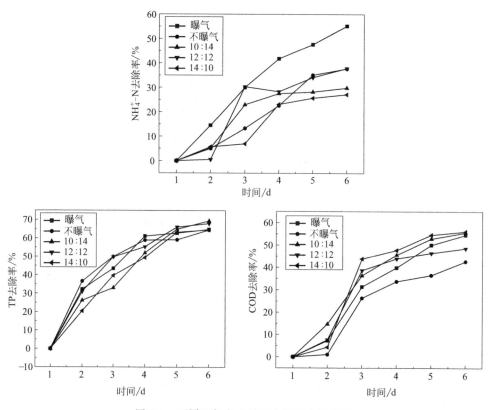

图 6-4　不同曝气方式对污染物的去除作用

与间歇曝气相较而言，针对 NH_4^+-N 的去除率时全曝气具有明显的优势，TP 和 COD 的去除率二者很接近。确定藻类去除模拟污水中氮磷的最佳曝气方式为全曝气的方式。

（2）最佳温度的确定

试验采用 6~8℃（A）、15~18℃（B）、24~26℃（C）、28~30℃（D）、32~35℃（E）、40~45℃（F）6 个温度区间来研究藻类去除模拟污水中氮磷的最佳温度。采用接种于克诺普培养基培养的绿藻作为藻种。从藻类吸光度、NH_4^+-N 去除情况、TP 去除情况以及 COD 去除情况 4 个方面研究藻类去除模拟污水中氮磷的最佳温度。当温度在一定范围内升高，藻类生理活性和营养物质的利用率都会升高（图 6-5 和图 6-6）。

在 15~35℃ 的温度范围内，藻类对污水中的氮磷均具有去除作用，但是藻类对污水中的氮磷去除作用的最佳温度范围为 24~35℃，此时，藻类的生长、NH_4^+-N 去除率、TP 去除率、COD 去除率都相对较好。而在低温和高温的情况下，藻类生长较差，藻类酶活性也比较低，所以各项指标均不是太好。通过研究发现温度是藻类去除污水中氮磷的一个重要影响因素。

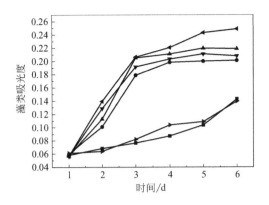

图 6-5　不同温度下藻类生长的情况

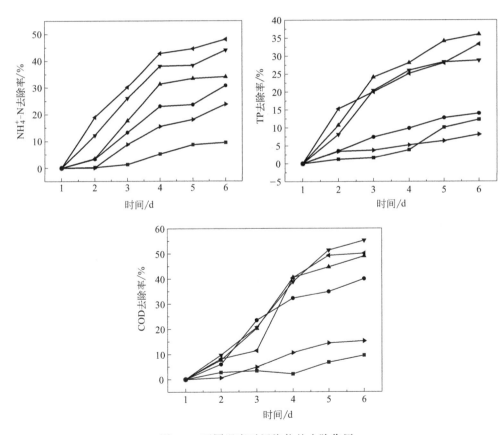

图 6-6　不同温度对污染物的去除作用

（3）最佳光照的确定

此阶段试验采用自制培养箱探究藻类去除模拟污水中氮磷的最佳光照强度。由于自制培养箱最多可以安装4根灯管，通过安装灯管数量来反映光照的强度。依次进行了4根灯管（A）、2根灯管并排（B）、2根灯管相对（C）、不照射（D对照组）的试验研究。1根灯管的光照强度为1000lx，由于以上试验已经选出最佳曝气方式，因此在做最佳光照强度的试验时选择最佳曝气方式即全曝气，试验在常温下进行。不同光照强度下藻类生长情况见图6-7，对污染物的去除作用见图6-8。

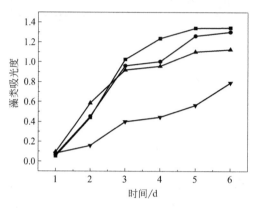

图6-7　不同光照强度下藻类生长情况

■— 1000lx；—●— 2000lx（并排）；—▲— 2000lx（相对）；—▼— 4000lx

综合藻类生长、NH_4^+-N及TP的去除情况来看，与对照组相比，不同光照强度对于藻类去除污水中的氮磷有很大的影响，说明光照也是影响氮磷去除作用的主要因素之一。

（4）最佳pH的确定

本阶段研究了藻类在处理模拟污水的过程中pH对污染物的去除情况的影响，加入最佳光照4000lx（4根灯管照射）、最佳曝气方式（全曝气，曝气流量为0.2 m^3/h）的条件进行试验。本试验采用初始pH分别为5.5、6.5、7.5、8.5、9.5、10.5范围来探究藻类去除模拟污水中氮磷的最佳pH。采用克诺普培养基培养的绿藻作为藻种。培养周期为6d，试验所得结果见图6-9和图6-10。

综合藻类生长、NH_4^+-N、TP以及COD去除情况来看，除了COD去除情况这项指标的试验效果不是很理想外，其他各项指标都较明显地反映出pH为7.5时藻类生长情况较好，同时对NH_4^+-N和TP的去除效果最好，因此确定最佳pH范围是7.5。

（5）最佳藻类投加量的确定

研究藻类投加量对污染物的去除情况，在最佳光照4000lx（4根灯管照射）、最佳曝气方式（全曝气）及最佳pH（7.5）的条件进行试验。采用克诺普培养基培养的绿藻作为藻种，藻类的浓度分别为 $2×10^5$ 个/mL、$4×10^5$ 个/mL、$6×10^5$

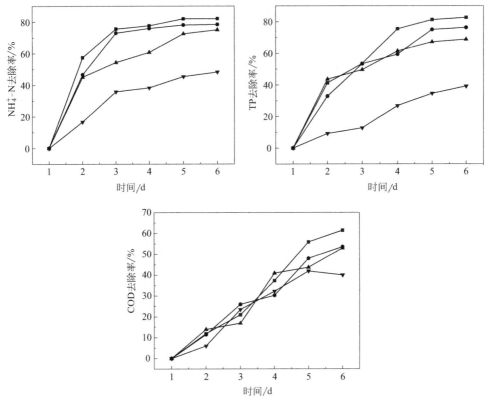

图 6-8 不同光照强度对污染物的去除作用

——■—— 1000lx；——●—— 2000lx（并排）；——▲—— 2000lx（相对）；——▼—— 4000lx

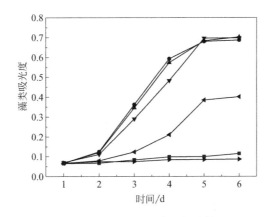

图 6-9 不同 pH 下藻类生长的情况

pH：——■—— 5.5；——●—— 6.5；——▲—— 7.5；——▼—— 8.5；——◄—— 9.5；——►—— 10.5

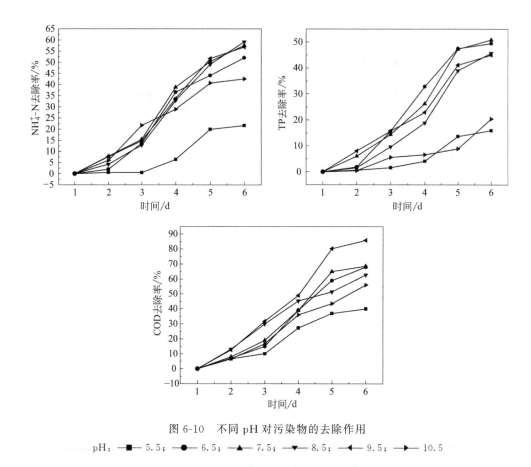

图 6-10　不同 pH 对污染物的去除作用

pH：■ 5.5；● 6.5；▲ 7.5；▼ 8.5；◀ 9.5；▶ 10.5

个/mL、8×10^5 个/mL、1×10^6 个/mL，培养周期为 6 d，试验所得结果见图 6-11 和图 6-12。

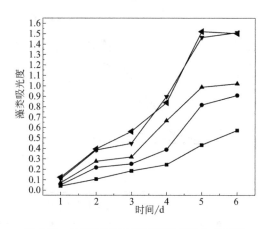

图 6-11　不同藻类投加量下藻类的生长情况

■ 20mL；● 40mL；▲ 60mL；▼ 80mL；◀ 100mL

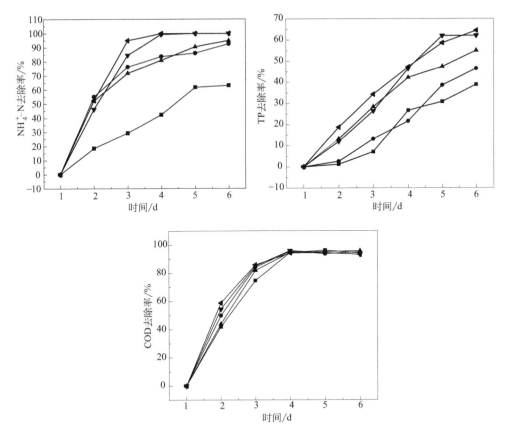

图 6-12　不同藻类投加量对污染物的去除情况

■—— 20mL；●—— 40mL；▲—— 60mL；▼—— 80mL；◀—— 100mL

综合藻类生长、NH_4^+-N、TP 以及 COD 去除情况来看，除了藻类投加量对 COD 去除影响不大外，其他各项指标都较明显地反映出 $8×10^5$ 个/mL 时藻类生长情况较好，同时对 NH_4^+-N 和 TP 的去除效果相对较好，因此确定最佳藻类投加量为 $8×10^5$ 个/mL。

6.2.3　不同氮磷比对藻类塘去除污染物的影响

本阶段试验研究了藻类在处理不同氮磷比模拟污水的过程中，藻类对不同氮磷比模拟污水中污染物的去除情况，在最佳光照（4000lx）、最佳曝气方式（全曝气，曝气量为 $0.2 m^3/h$）、最佳 pH（7.5）及最佳藻类投加量（80mL）的条件进行试验。采用克诺普培养基，培养的绿藻作为藻种。5 组不同浓度的模拟污水的氮磷比分别为 4∶1、10∶1、16∶1、20∶1、40∶1，培养周期为 6 d。试验所得结果见图 6-13 和图 6-14。

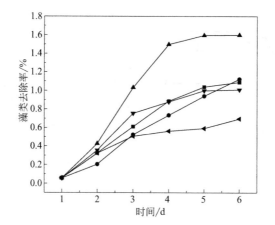

图 6-13　藻类在不同氮磷比模拟污水中的生长情况

■— 4∶1；●— 10∶1；▲— 16∶1；▼— 20∶1；◀— 40∶1

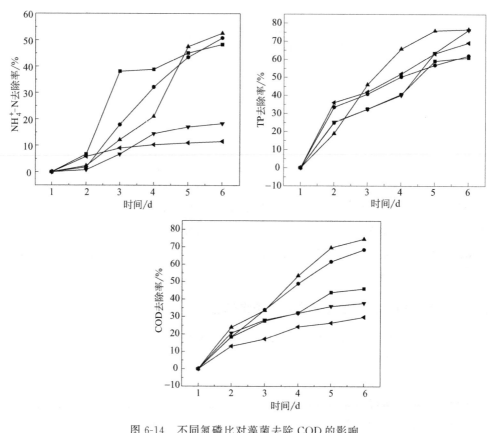

图 6-14　不同氮磷比对藻菌去除 COD 的影响

■— 4∶1；●— 10∶1；▲— 16∶1；▼— 20∶1；◀— 40∶1

根据藻类生长情况，NH_4^+-N、TP 及 COD 的去除情况，研究藻类在不同氮磷比的模拟污水中对氮磷的去除情况，从藻类生长和其对污水的氮磷去除情况来看，16:1 的处理效果最佳。

6.2.4 响应面法优化微量元素对藻类塘去除污染物的影响

Fe^{3+}、Mn^{2+}、Mg^{2+}、Zn^{2+}、Mo^{2+} 等作为藻类生长所必需的微量营养元素，在一定的条件下是水华爆发的控制性因素，这些微量金属元素可以作为生物生化酶的辅助因子，参与藻类生物化学反应，促进藻类的增长和繁殖，其中 Fe^{3+} 为多种酶系的辅助因子，是细胞色素和铁氧化还原蛋白中不可缺少的元素，此外 Fe^{3+}、Fe^{2+} 在藻类的光合作用以及硝酸盐和亚硝酸盐的还原、转移过程中也发挥重要作用。Mn^{2+} 对某些酶如己糖磷酸激酶、烯醇化酶、羧化酶等都有活化作用。同时其他微量金属元素对藻类生长和繁殖起着重要的作用。

通过对 Fe^{3+}、Mn^{2+}、Mg^{2+}、Zn^{2+}、Mo^{2+} 对藻类的生长情况的观察，发现 Fe^{3+}、Mn^{2+}、Mg^{2+} 对藻类生长影响最大，Fe^{3+} 最佳浓度为 1mg/L，Mn^{2+} 最佳浓度为 0.5mg/L，Mg^{2+} 最佳浓度为 0.5mg/L。使用响应面法（response surface methodology，RSM）中 Box-Behnken 模型进行试验设计，对主效应因素进行优化分析得到二阶响应面模型，确定最佳浓度并进行验证，在模拟污水的配制过程中选取了不含 Fe^{3+}、Mn^{2+}、Mg^{2+} 的化合物。

在单因素试验基础上，选用 Box-Behnken 试验设计，选取铁、锰、镁为影响因子，NH_4^+-N、TP、COD 的去除率为响应值，进行 3 因素响应曲面试验。因子试验水平编码分别为 -1、0、1。试验所需 Fe^{3+}、Mn^{2+}、Mg^{2+} 的浓度经过稀释配制后，用精密仪器 ICP 测定，结果为所需浓度。

对 3 个显著因素进行寻优，利用 Design Expert 软件通过回归方程来绘制分析图，考察所拟合的相应曲面的形状，得到响应值 Y（去除率）与各因素的响应面立体图，图 6-15 能够直观地表现出藻类塘中污染物的去除率随 Fe^{3+}、Mn^{2+}、Mg^{2+} 浓度的不同而产生的变化趋势。

图 6-15 可看出，NH_4^+-N 的去除率随任意两个因素水平值的增加呈先升高后降低的趋势，等高线形状可以反映考察因素交互作用的强弱，若为圆形则表示其交互效应不显著，椭圆形则表示显著[23-25]。Fe^{3+} 和 Mn^{2+} 的初始浓度的交互作用较显著，溶液铁对 NH_4^+-N 的去除率的影响最大。通过 Design Expert 软件分析得到微量元素对 NH_4^+-N 的去除率的最佳条件为：Fe^{3+} 浓度 1mg/L、Mn^{2+} 浓度为 0.5mg/L、Mg^{2+} 浓度为 0.5mg/L，在此条件下对 NH_4^+-N 的去除率为 94.73%。

为检验响应曲面试验的可靠性，采用上述最佳条件的条件下安排试验。结果表明，响应面法所预测的理论最佳配方在摇瓶吸附试验中达到预期的效果，实测吸附率达到 93.62%，与预测值 94% 接近。说明回归方程能够比较真实地反映各因

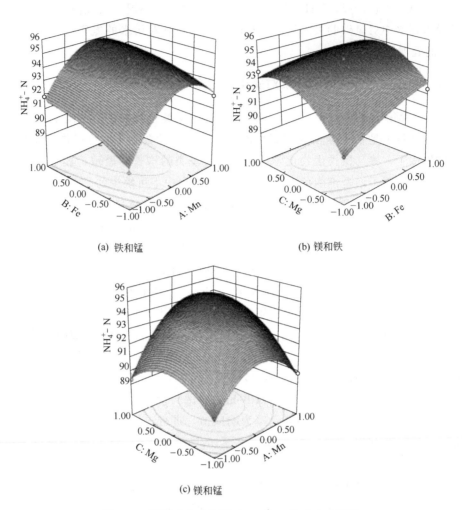

(a) 铁和锰　　　　　　　　　　(b) 镁和铁

(c) 镁和锰

图 6-15　两因素交互作用对 NH_4^+-N 的响应曲面图

素对 NH_4^+-N 去除率的影响。

　　同样，从图 6-16 和图 6-17 可看出，藻类塘对 TP 和 COD 的去除率随任意两个因素水平值的增加呈先升高后降低的趋势，等高线形状可以反映考察因素交互作用的强弱，若为圆形则表示其交互效应不显著，椭圆形则表示显著。Fe^{3+} 和 Mn^{2+} 的初始浓度的交互作用较显著，溶液铁对 TP 去除率的影响最大，但对 COD 的去除率的影响不大。通过 Design Expert 软件分析得到微量元素对 TP 的去除率的最佳条件为：Fe^{3+} 浓度 1mg/L、Mn^{2+} 浓度为 0.5mg/L、Mg^{2+} 浓度为 0.5mg/L，在此条件下对 TP 的去除率为 85.62%，对 COD 的去除率为 96.02% 以上。

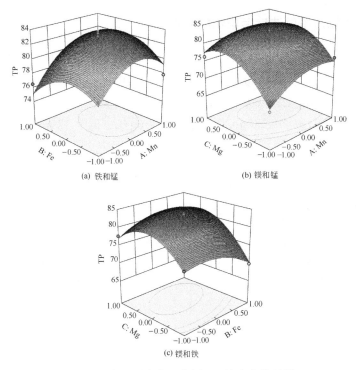

(a) 铁和锰

(b) 镁和锰

(c) 镁和铁

图 6-16　各两因素交互作用 TP 的响应曲面图

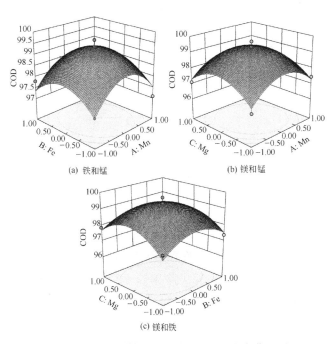

(a) 铁和锰

(b) 镁和锰

(c) 镁和铁

图 6-17　各两因素交互作用 COD 的响应曲面图

6.2.5 藻类塘对不同浓度污染物的去除作用

在 NH_4^+-N、TP、COD 的高中低浓度下，研究藻菌处理不同浓度污染物的去除率，观察藻菌在不同浓度污染物下的生长状况，其中 NH_4^+-N 浓度高为 90mg/L、中为 30mg/L、低为 10mg/L；TP 浓度高为 24mg/L、中为 8mg/L、低为 2.3mg/L；COD 高为 1536mg/L、中为 512mg/L、低为 170mg/L。

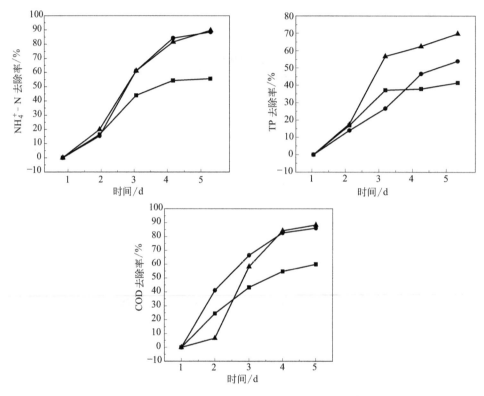

图 6-18　藻类塘在不同浓度下对污染物的去除情况
■─ 高；　●─ 中；　▲─ 低

由图 6-18 可知，在高中低 NH_4^+-N 浓度时，藻菌对 NH_4^+-N 去除率的趋势与藻菌生长曲线相似，最后趋于稳定，较高浓度时，由于 NH_4^+-N 浓度远远大于藻菌的生长需求，较高浓度的 NH_4^+-N 对藻菌生长起抑制作用，由于模拟污水中其他因子对藻菌生长的限制，使对 NH_4^+-N 去除率趋于稳定，对 NH_4^+-N 去除率较低为 55.67%，而在中低浓度时，对 NH_4^+-N 去除率相似，去除率分别为 88.55%、89.72%。

在 TP 高中低浓度时，藻菌对 TP 的去除率的趋势与藻菌的生长曲线相似，最后趋于稳定。

在较低浓度时藻菌对 COD 的去除率的趋势与藻菌的生长曲线相似，最后趋于稳定，对 COD 的去除率为 88.34％，在较高浓度时，由于 COD 的浓度较大，远远大于藻菌的生长需求，对 COD 的去除率缓慢增长最后趋于稳定，对 COD 的去除率为 60.04％。

6.2.6　高效藻类塘处理实际污（废）水试验研究

（1）高效藻类塘处理畜禽养殖废水试验研究

畜禽养殖废水来自沈阳某鸡场，由于养殖废水浓度较高，分别进行稀释，废水 A、B、C、D 分别占实际废水体积分数的 1、1/2、1/3、1/4，研究其在两种藻类接种量（1 和 2）时的 pH 变化，研究结果如图 6-19 所示。

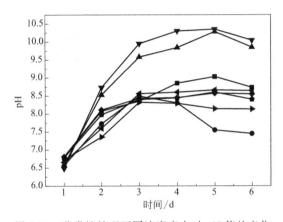

图 6-19　藻类塘处理不同浓度废水时 pH 值的变化
—■— A1；—●— B1；—▲— C1；—▼— D1；—◀— A2；—▶— B2；—◆— C2；—⬠— D2

由图 6-19 可知，pH 随着处理时间的延长逐渐增加。这是因为一方面藻类进行光合作用，吸收 CO_2 放出 O_2，O_2 能促进好氧细菌对污水有机物的降解，同时藻类对 CO_2 的消耗，升高水体 pH 值，可起到杀菌作用。刘春光等认为，pH 为 8.5 是水体碳酸系统稳定性较高的一个数值，而在这一 pH 下藻类生长状况也最好[26]。当 pH 大于 10 时，藻类生长受到抑制，光合作用下降，水中有机物也有所降低，因此 pH 有所下降。藻类对 NH_4^+-N 的去除存在直接作用和间接作用两个过程。直接作用使藻类对 NH_4^+-N 同化吸收和转化；间接作用是指藻类大量繁殖致使塘内 pH 升高，从而促进 NH_4^+-N 以气态氮的形式挥发[27,28]。

藻类塘对不同浓度畜禽养殖废水中污染物的去除作用如图 6-20 所示。

由图 6-20 可知，藻菌接种浓度大的第一组的处理效果好于接种浓度小的第 2 组；同一接种浓度时，随着处理时间的延长，污染物去除率逐渐增加。藻菌体系对 NH_4^+-N 的去除作用受 NH_4^+-N 浓度的影响较大，对低浓度的去除作用远远高于对高浓度的 NH_4^+-N 去除，到第 6 天时 NH_4^+-N 去除率分别为 D1 组 98％、C1 组

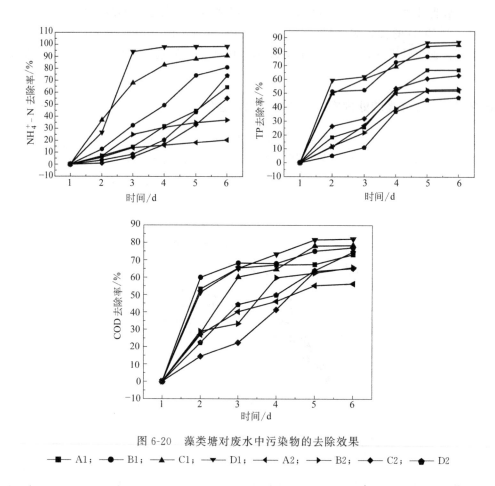

图 6-20 藻类塘对废水中污染物的去除效果

90%、B1 组 81.2%、A1 组 64%；而藻类数量较少时对 NH_4^+-N 的去除率则较低。藻菌对 NH_4^+-N 的去除存在直接作用和间接作用两个过程。直接作用使藻菌对 NH_4^+-N 的同化吸收与转化；间接作用是指藻类大量繁殖致使塘内 pH 升高，从而促进 NH_4^+-N 以气态氨的形式挥发。

　　藻类塘对不同浓度废水 TP 的去除作用趋势大致相同，第 1 天快速增加，第 3 天以后缓慢增加后到第 5 天又趋于稳定。同样，藻菌接种浓度大的第一组的处理效果好于接种浓度小的第 2 组；同一接种浓度时，随着处理时间的延长，去除率逐渐增加。藻类对 TP 的去除也存在直接作用和间接作用两个过程。直接作用是藻菌对 PO_4^{3+}-P 的同化吸收，吸收量主要取决于藻类的浓度，藻类同化吸收的磷可通过后续除藻将其从水中彻底去除。间接作用是指藻类大量繁殖致使装置中 pH 升高，从而使 PO_4^{3+}-P 与 Ca^{2+} 等形成沉淀，该化学沉淀取决于 Ca^{2+} 浓度和 pH 的大小。在第 3 天时，pH 升高，间接除去 TP 作用表现出来。第一组中到第 6 天时对 A1 组的处理效果为 66%，B1 的处理效果为 77%，而 C1 和 D1 的去除率分别为 84% 和

86%。由于畜禽养殖废水中磷的浓度含量相对较低，当 TP 浓度为 13.12mg/L 时，出水中 TP 的浓度就符合国家排放标准。

藻类塘对 COD 的去除作用都比较好，接种量对处理效果影响不大，废水的浓度对藻菌微生物降解有机物的效率影响也不大。COD 的去除规律和细菌的生长规律相似。随着时间的推移，pH 不断升高，使细菌的生长受到抑制，COD 去除率趋于稳定。当废水中 COD 小于 800mg/L，COD 的第 6 天去除率大于 70%；当废水中 COD 大于 1600mg/L 时，其第 6 天去除率为 65%。废水中含有大量的有机物，有机物的去除主要依赖于细菌的降解去除，由于藻类在小试反应装置中大量繁殖，其光合作用为细菌提供了充足的溶解氧，保证了好氧细菌的生长环境；细菌在藻类提供的友好环境中大量繁殖，其呼吸作用也为藻类提供了充足的碳源二氧化碳，使得形成了紧密的藻菌共生系统，从而有效去除废水中的有机物，降低污水中的 COD。

(2) 高效藻类塘处理低碳氮比生活污水小试研究

利用高效藻类塘对白塔堡河河口湿地（实际进水为 C/N 比小于 6.2 的生活污水）进行处理，试验时间为 2014 年 11 月 1 日至 2014 年 12 月 1 日。其间，污水的氨氮浓度变化范围为 $9.77 \sim 30.83$mg/L，COD 变化范围为 $54.71 \sim 72.12$mg/L，TP 变化范围为 $0.96 \sim 5.88$mg/L。反应器共运行五个周期，每个周期为 7 天。同时，进行了 24h 曝气和搅拌的对比，曝气量为 0.2m^3/h，搅拌器的转速为 250r/min。通过研究曝气和搅拌的对比，找出一种处理效果较好的运行方式。

由图 6-21 可知，尽管进水 NH_4^+-N 在 $9.77 \sim 30.83$mg/L 之间波动，但高效藻类塘对 NH_4^+-N 去除效果一直很稳定，且去降解效果很好，去除率均在 90% 左右，五个周期的出水 NH_4^+-N 浓度均在 3mg/L 以下，达到了《城镇污水处理厂污染物排放标准》（GB 18918—2002）一级 A 标准。每个周期中，污水中 NH_4^+-N 基本都呈直线下降趋势，在第 4 天时污水中 NH_4^+-N 浓度就基本降到 5mg/L 左右，各个周期中，就 NH_4^+-N 降解效果而言，搅拌和曝气的差别不大。

出水中 TP 浓度会受进水 TP 浓度的影响，进水 TP 浓度较高时出水 TP 浓度也随之偏高。在本次试验研究中，高效藻类塘对白塔堡河实际生活污水中 TP 的去除率在 45%～65%，当进水 TP 浓度在 5mg/L 以上时，出水 TP 浓度则在 2mg/L 以上；当进水 TP 浓度在 1.5mg/L 左右时，出水浓度则在 0.6mg/L 左右。由折线图可知，当进水 TP 浓度较高时，其降解速率也较快；当进水浓度较低时，降解速率则较为平缓。每个周期中，前两天的降解速率相对较快，这可能是由于藻类大量吸附磷到细胞表面，随后，藻细胞通过主动运输作用将磷转至细胞内，进而合成自身的细胞物质。通过曝气和搅拌的对比研究发现，曝气和搅拌两种处理方式对污水中 TP 的去除效果影响不大，曝气条件略有微小的优势。

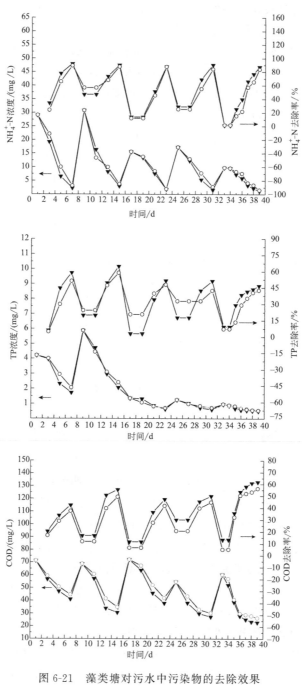

图 6-21 藻类塘对污水中污染物的去除效果

——▼—— 曝气；——○—— 搅拌

反应器运行期间，藻类塘在前四天对污水中 COD 降解较快，且在第 4 天时基本能将 COD 降至 50mg/L 以下，即达到《城镇污水处理厂污染物排放标准》（GB

18918—2002）一级 A 标准。第 4 天至第 7 天降解速率相对较低，各周期出水 COD 基本均在 40mg/L 以下，曝气条件下的总降解率在 42%～62%，搅拌条件下的总降解率在 37%～56%。因此，曝气条件更有利于藻菌体系作用使 COD 降低。生活污水中的有机物主要靠细菌来降解，细菌在生长繁殖时以水中有机物作为碳源，自身得到大量繁殖的同时也降解了水中的 COD。细菌繁殖过程中由呼吸作用产生的 CO_2 又可作为藻类光合作用的碳源，两者互惠互利，形成了紧密的藻菌共生体系，从而有效地去除废水中的有机物，降低污水中的 COD。从曝气和搅拌两种条件对 COD 降解效果的影响来看，曝气条件的降解效果略好。

通过实验室条件下的实验研究发现，对于高效藻类塘而言，其他条件相同时，曝气和搅拌对 NH_4^+-N、TP 和 COD 的去除效果影响不大，考虑到搅拌条件在中试试验中基建费用相对较低，且便于后续控制，因此选择搅拌条件作为后续中试试验的运行条件。

（3）高效藻类塘处理低碳氮比生活污水中试研究

辽中区生态污水处理厂主要采用 A^2/O 法处理辽中区居民的生活污水，经过处理后的二沉池出水 NH_4^+-N 浓度平均值为 33.20mg/L；NO_3^--N 浓度平均值为 1.39mg/L；NO_2^--N 浓度为 0.08mg/L；COD 平均值为 23.55mg/L；TP 浓度平均值为 0.87mg/L。利用藻类塘中试反应池自 2015 年 9 月中旬开始运行，至 11 月底停止运行，共运行 2 个多月。对期间的 A^2/O 出水即高效藻类塘进水的各项指标进行监测，得到如表 6-1 所示的结果。

表 6-1　进水水质特点

数据类型	水温/℃	pH	DO/(mg/L)	NH_4^+-N 浓度/(mg/L)	NO_3^--N 浓度/(mg/L)	NO_2^--N 浓度/(mg/L)	COD/(mg/L)	C/N 比	TP 浓度/(mg/L)
范围	4.8～18.6	7.8～9.0	4.8～10.7	25.03～36.92	0.07～4.19	0～0.16	6.11～46.11	0.2～1.8	0.01～5.95
均值	11.79	8.66	9.09	33.20	1.39	0.08	23.55	0.8	0.87

① 藻类塘中试反应池设计。藻类塘中试反应池由混凝土修砌而成，底部设有排水管道，池壁粘有瓷砖，池中设有导流墙，在搅拌桨的作用下，池内污水呈迂回流动状态。反应池两端是半圆形，半圆半径 1100mm，反应池总长 12000mm，净宽 2640mm，池壁宽 240mm，池深为 500mm，反应池总容积约为 15.8m³。

反应池进水后，在搅拌桨的搅拌作用下污水呈流动混匀状态，搅拌桨功率 0.55kW，转速为 1390r/min。反应池建在塑料大棚内，既保证了采光良好，又能保持相对较高的室内温度，同时又避免了雨、雪等天气因素对反应池的运行产生不良影响。反应池运行时，由于搅拌桨的搅动作用，进水深度在 30cm 以上时，污水就有可能溢出池外，因此反应池运行时，进水深度尽量不大于 30cm，反应池每个周期的处理水量约为 8.0m³。整个高效藻类塘中试反应池如图 6-22 所示。

② 藻类塘中的物理指标与藻类生长随着时间变化特性。高效藻类塘中的物理

图 6-22　高效藻类塘反应池

指标（pH 值、光照、溶解氧、水温等）随着时间的变化，塘内藻类生长情况的变化情况如图 6-23 所示（一天内分别在 6：00、9：00、18：00、21：00 四个时间点测试数据）。

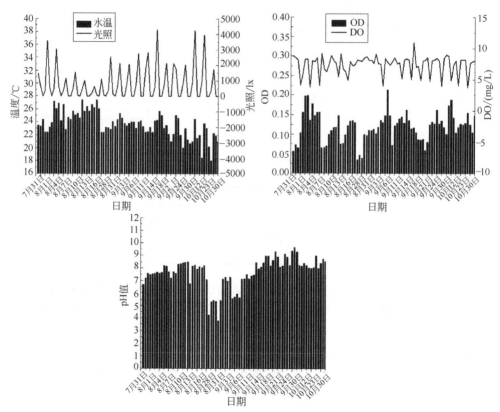

图 6-23　藻类塘内藻类生长情况、pH 值、光照、溶解氧和水温随时间变化情况

OD 代表在 680nm 波长下藻类生长的光密度值，用 OD_{680nm} 表示

③ 搅拌条件对 NH_4^+-N 降解效果的影响。在反应池内进行了搅拌与不搅拌的 NH_4^+-N 降解效果对比研究，NH_4^+-N 进水浓度均在 25mg/L 左右，实验结果如图

6-24 所示。

由监测结果可知，搅拌条件下对氨氮的降解率明显高于不搅拌条件下的降解率，搅拌条件下 NH_4^+-N 出水浓度为 1.51mg/L，总降解率为 94.17%；不搅拌条件下 NH_4^+-N 出水浓度为 7.73mg/L，总降解率为 68.61%。由图 6-24 可以看出，在一个周期的 6 天内，搅拌条件下污水中 NH_4^+-N 浓度基本呈直线下降的趋势，而不搅拌时，只有前 2 天 NH_4^+-N 浓度降解较快，后 4 天浓度降低很少。实验时可以看到，不搅拌时，在运行周期的第 2 天就有一部分微藻上浮于池内污水表面，一部分微藻沉降到池底，只有少部分微藻仍悬浮于水中。微藻与污水没能充分接触，自然对水中污染物无法完全利用，且由于一部分微藻浮在水面，影响了水中悬浮微藻和沉降在池底的微藻的采光，降低其光合作用，导致其生长缓慢，自然对污染物的利用效率也大大降低。在搅拌条件下，NH_4^+-N 除了被水中悬浮的藻类和细菌利用外，还会有一部分因搅拌作用而挥发。由此可知，要想保证高效藻类塘对氨氮的降解效果，搅拌是必不可少的条件。

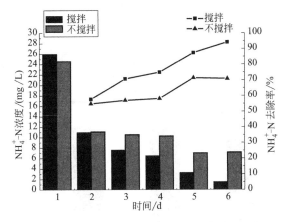

图 6-24　搅拌与否对 NH_4^+-N 降解效果的影响

④ 进水深度对 NH_4^+-N 降解效果的影响。实验研究了不同进水深度即 20cm、25cm 和 30cm 条件下高效藻类塘对 NH_4^+-N 降解效率。

由图 6-25 可知，进水 NH_4^+-N 浓度在 21～28mg/L，经过 6 天的处理后，出水 NH_4^+-N 浓度均为 1.51mg/L，达到了《城镇污水处理厂污染物排放标准》（GB 18918—2002）一级 A 标准，总降解率均在 92% 以上。反应池开始运行的前 2 天，20cm 和 30cm 条件下 NH_4^+-N 降解较快，25cm 条件下降解较慢，但随后 25cm 条件下的 NH_4^+-N 降解率几乎呈直线上升，到第 6 天时，三个条件下的污水中 NH_4^+-N 浓度一致，均为 1.51mg/L。但在本次中试实验研究中，由于搅拌桨的搅动作用会导致当池内水深超过 30cm 时就会有水溢出反应池，因此在后续的实验中，进水深度选择 25cm。

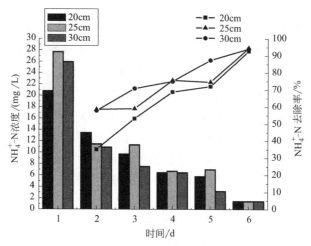

图 6-25　进水深度对 NH_4^+-N 降解效果的影响

⑤ pH 值进水深度对 NH_4^+-N 降解效果的影响。不同初始 pH 值条件下氨氮处理效果如图 6-26 所示。

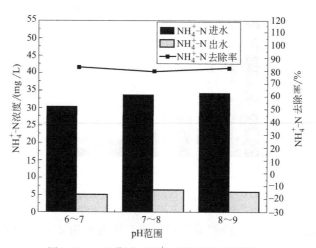

图 6-26　pH 值对 NH_4^+-N 降解效果的影响

初始 pH 值分别在 6～7、7～8、8～9 之间时，氨氮去除率相差不大，均达到 80％以上，氨氮出水浓度均达到《城镇污水处理厂污染物排放标准》（GB 18918—2002）一级 B 标准。

高效藻类塘中的 pH 通常小于 9。塘中菌藻共生体系的 pH 值可以对生物调节及离子运输和新陈代谢速率造成影响。污水中氨氮平衡关系式为：

$$NH_4^+ + OH^- \Longrightarrow NH_3 + H_2O$$

白天藻类会进行强烈的光合作用而消耗二氧化碳，导致藻类塘中的 pH 值上升，有助于氨气的挥发。Konig 在 1987 年报道称，高效藻类塘中，pH 值为 9 时，水中 40 ％的氨氮会以氨气的形式去除，pH 值为 10 时，水中 80 ％的氨氮会以氨气的形式去除。

本实验表明其他条件基本相同的情况下，即使初始 pH 值不同，但随着藻类自身的光合作用以及时间的推移，最终氨氮去除率相差无几。

⑥ 进水温度对 NH_4^+-N 降解效果的影响。北方冬季和夏季温差较大，夏季最高温度可达 30℃以上，而在冬季，即使是塑料大棚内温度也能降到 5℃以下。温度是影响高效藻类塘降解效果的关键因素之一，因此本实验中研究了两个阶段内不同温度下高效藻类塘内 NH_4^+-N 的降解效果。

第一阶段，2015 年 9 月至 11 月，在 20℃、12℃ 和 5℃ 三个不同的温度条件下，高效藻类塘内 NH_4^+-N 的降解效果，研究结果如图 6-27（a）所示。从图中可以看出，不同温度条件下，藻类塘对 NH_4^+-N 的降解效果存在一定的差别，温度为 20℃时降解效果最好，其次是 12℃时，而当温度降到 5℃时，反应池运行 6 天时，NH_4^+-N 浓度为 4mg/L，总降解率为 78％，虽然也达到了《城镇污水处理厂污染物排放标准》（GB 18918—2002）一级 A 标准，但出水 NH_4^+-N 浓度和降解率都远不如 20℃和 12℃两个条件。绝大多数淡水绿藻的最适生长温度均在 20℃左右，只有在适宜藻类生长的温度条件下藻类才能大量繁殖并在繁殖过程中利用水中 NH_4^+-N 等含氮化合物作为氮源来合成自身的细胞物质，当温度较低时，首先藻类生长速率会降低，其次水中 NH_4^+-N 挥发速率降低。在本次实验中，当温度降至 8℃以下时，池内污水颜色也随之发生了改变，由原来的墨绿色逐渐变成了黄褐色，经过显微镜镜检观察发现池内优势藻种已经由原来的淡水绿藻（小球藻、栅藻等）变成了黄褐色的硅藻，其显微镜镜检结果如图 6-28 所示，其中图（a）是温度较高时的淡水绿藻镜检图，图（b）是平均温度降至 5℃时反应池内藻类的镜检图。

第二阶段，2016 年 3 月至 11 月，温度梯度为 10～15℃、15～20℃、20～25℃、25～30℃、30～35℃，高效藻类塘内 NH_4^+-N 的降解效果，研究结果如图 6-27（b）所示。随着温度的增高，氨氮去除率越来越高。在温度范围从 15～20℃ 向 20～25℃变化时，氨氮去除率提高较快，温度范围从 20～25℃开始增长时，去除率提高较缓慢。当温度范围在 10～15℃时，去除率仅为 34.71％。由于微生物不具备调节自身温度的能力，所以温度会影响到微生物的生长和基质利用的速率[29]。当温度过高或过低时，会限制藻类的生长，只有耐高温和耐低温的藻类会存活下来并进行繁殖，导致整体藻类生物量减少，进而使去除率的增长缓慢或降低。温度在一定范围内升高导致去除率增高的原因还有氨气在水中的浓度会随着温度的升高而升高，温度每升高 10℃，水中氨气的数量则会增加一倍，氨氮会以氨气形式挥发，提高氨氮去除率。

⑦ 碳氮比对 NH_4^+-N 降解效果的影响。不同 C/N 比条件下氨氮处理效果如图 6-29 所示。进水 COD 范围为 3.07～42.2mg/L，进水 NH_4^+-N 浓度范围为 14.21～34.49mg/L，C/N 比范围为 0.1～2.0。由图 6-29 中可看出随着 C/N 比的增高，

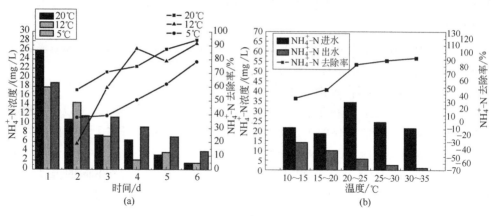

图 6-27　温度对 NH_4^+-N 降解效果的影响

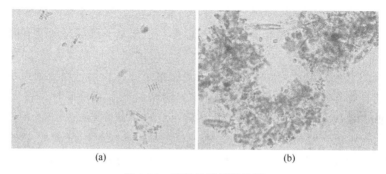

图 6-28　藻类显微镜镜检图

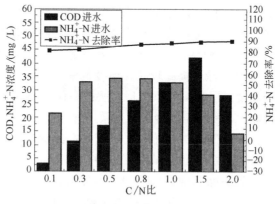

图 6-29　碳氮比对 NH_4^+-N 降解效果的影响

氨氮去除率稳步升高，最低 81.64%，最高达 91.27%。氨氮出水浓度最高为 5.84mg/L，达到了《城镇污水处理厂污染物排放标准》（GB 18918—2002）一级 B 标准。藻类生长需要碳源、氮源、磷源和阳光作为能源，通过细胞中的叶绿素进行光合作用，产生藻类自身需要的物质，并且释放氧气，供细菌氧化有机物使用，从而净化污水。因此一定范围内碳源比例的增加，有利于藻类塘中氨氮的去除。

⑧ 优势藻种对 NH_4^+-N 降解效果的影响。不同优势藻种下氨氮处理效果如图 6-30 所示。

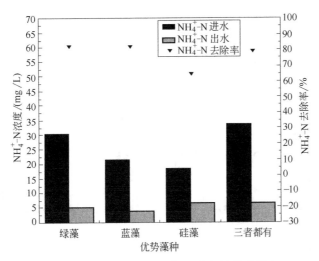

图 6-30　优势藻种对 NH_4^+-N 降解效果的影响

当优势藻种为绿藻属时，氨氮去除率可达 83.47%，优势藻种为蓝藻属时，氨氮去除率为 81.64%，优势藻种为硅藻属时，氨氮去除率最低，为 64.13%。当三者数量相差不多时，氨氮去除率比优势藻种为硅藻时高出很多，达到 80.41%。气候会影响藻类的出现以及分布，一般情况下，春秋季节硅藻和金藻较多，夏季则是绿藻较多。本研究中，大多数时间内，藻类塘中小球藻属和栅藻属等绿藻是优势种群，它们的藻类蛋白生长很快，氨基酸等营养成分也很高。孙晓燕等[30] 研究发现，在相同的培养条件下，绿藻和蓝藻的培养基中氮和磷的浓度变化明显大于硅藻，这说明相对于硅藻，绿藻和蓝藻有较高的营养摄取能，与本研究结果相符。

⑨ 高效藻类塘中试运行结果与分析。在辽中区污水处理厂的高效藻类塘中试反应池进行了两个阶段将近 10 个月的水中 NH_4^+-N、TP 和 COD 的降解效果研究。

第一阶段，2015 年 9 月 30 日至 11 月 30 日。期间 NH_4^+-N 浓度进水为 25.03～36.92mg/L，平均为 33.20mg/L；TP 浓度进水为 0.01～5.95mg/L，平均为 0.87mg/L；COD 进水为 6.11～46.11mg/L，平均为 23.55mg/L，监测结果如图 6-31 (a) 所示。第二阶段，2016 年 3 月 26 日至 11 月 10 日。下面列出数据不包括个别周期因水厂停电、水泵维修或搅拌桨损坏等原因而导致的进水污染物浓度过高或者过低的情况。NH_4^+-N 浓度进水为 2.86～34.49mg/L，平均为 22.60mg/L；TP 浓度进水为 0.29～1.42mg/L，平均为 0.84mg/L；COD 进水为 11.33～42.2mg/L，平均为 26.82mg/L，监测结果如图 6-31 (b) 所示。期间进水由监测结果可知，高效藻类塘对该污水中污染物尤其是 NH_4^+-N 降解效果很好，且尽管进水污染物浓度有一定程度的波动，但藻类塘对水中污染物的处理效果稳定且一直较好，每个周期出水中 NH_4^+-N、TP 的浓度和 COD 基本都达到了《城镇污水处理厂污染物排放标准》（GB 18918—2002）一级 A 标准，对 NH_4^+-N 的平均降解率在 80% 以上。因此，高效藻类塘可作为乡镇生活污水处理厂二沉池出水的后续深度处理步骤。

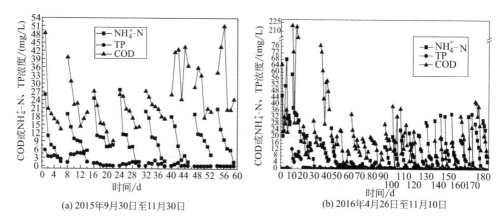

(a) 2015年9月30日至11月30日　　　　　(b) 2016年4月26日至11月10日

图 6-31　高效藻类塘对水中污染物降解作用

6.2.7　藻类塘处理污水的机理研究

（1）藻类塘处理污水过程中氮元素变化规律及脱氮机理

为了探究藻类在处理模拟污水的过程氮元素的变化规律即氮元素去除的机理。本阶段实验配制了三种含氮源的模拟污水：含氨态氮（NH_4^+ 存在）的污水、含硝态氮（NO_3^- 存在）的污水以及氨态氮＋硝态氮污水（NH_4^+ 和 NO_3^- 存在）。通过对其在 5min、4h、8h、12h、24h、36h、48h、72h 时取样，从每根培养试管取 5mL 测定吸光度，再取 10mL 离心后取上清液测其氨氮含量以及硝态氮含量。实验结果如图 6-32 所示。可以看出，三种不同氮源下，藻类的生长情况不同。只含有氨态氮的和氨态氮＋硝态氮的这两组藻类生长情况明显好于只含有硝态氮的这一组，这说明藻类既可以利用氨态氮也可以利用硝态氮，只是氨态氮更有利于藻类吸收合成自身物质，反过来说也就是藻类去除氨态氮的效果较好。

从图 6-33 可知，在含氨态氮和氨态氮＋硝态氮两组中，初始的氨态氮浓度分别为 31.47mg/L 和 37.74mg/L，而藻类生长主要是利用氨态氮进行同化合成有机物，所以氨氮的浓度降低很快，在 24h 就下降了 80% 以上。而含硝态氮的污水中开始仅有少量的氨氮（4.79mg/L），说明有一部分 NO_3^- 在水中也可以还原为 NH_4^+-N。有研究者认为在水中氨氮的去除有氨气挥发这一途径（尤其是在曝气条件下），为了验证这一说法，在本部分实验过程中，将润湿的 pH 试纸分别放在三

辽河流域面源氨氮污染控制技术

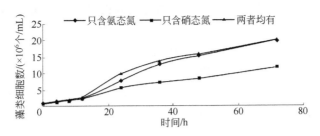

图 6-32 不同氮源下藻类生长的情况

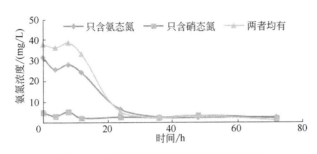

图 6-33 不同氮源下氨态氮的变化情况

种不同氮源的培养试管的出气管口，发现在含氨态氮和氨态氮＋硝态氮两组中的出气管口处 pH 试纸变成蓝色，因此证明此过程中有氨气的生成。而只含有硝态氮的污水的出气管口处 pH 试纸未变成蓝色，因此证明其没有氨气生成。

实验结果显示，硝态氮浓度不稳定，但总体呈现下降的趋势，说明藻类也可以利用硝态氮。但在只含有氨态氮的这一组中没有检测到硝态氮，说明氨态氮不会转变为硝态氮。氮元素在污水中存在的状态及转化过程比较复杂，尤其在含有藻类、细菌等微生物存在及充氧曝气的条件下，其存在的状态更为复杂，因此需要进行深入细致的研究。

将含有硝态氮和氨态氮两种氮源的污水处理后分别接种于普通固体培养基、硝化细菌固体培养基以及亚硝化细菌固体培养基上，置于恒温振荡箱培养，温度设置为 29℃，转速为 100r/min。培养 5 天后观察细菌生长情况。普通培养基、亚硝化细菌培养基、硝化细菌培养基上细菌的生长情况所得实验结果如下：在普通培养基中共长出 4 种细菌，在硝化细菌培养基中发现有 2 种细菌菌落，亚硝化细菌培养基中有 4 种细菌。有研究者研究表明 DO 值在 6～10mg/L 之间，pH 值在 7.4～10.8 之间，较适合硝化细菌生长。而本阶段实验的反应过程中符合该条件的时间段在 12h 之后 36h 之前。因此证明藻类塘处理模拟污水的过程中有细菌参与的硝化反应，这也解释了在以硝态氮为氮源的污水中，能够检测到少量的氨态氮的原因。

综合以上三方面的讨论，氨态氮的去除主要通过两种方式：藻类吸收同化利用氨态氮合成自身物质及氨气的挥发。硝态氮的去除是通过藻类的吸收利用及细菌的硝化作用。

(2) 藻类塘中微藻及细菌生长动力学研究

动力学是生物脱氮技术的理论基础，同时也是生物脱氮工艺设计、运行科学化和合理化的重要依据。近年来，国内外一些科学工作者在微生物增殖理论得到广泛应用的基础上，在生物处理动力学方面做了很多工作，深入地研究了底物降解和微生物增殖的规律，以便合理地进行生物处理构筑物的设计和运行。本课题分别研究了从藻类塘中分离筛选出的优势微藻（小球藻）和菌株 A24（假单胞菌属）的生长动力学及对污染物的降解动力学。

① 微藻、细菌生长动力学模型的建立。微藻、细菌在延迟期和对数期的细胞生长速率可用 Logistic 模型来表示，即

$$\frac{\mathrm{d}x}{\mathrm{d}t} = \mu X (1 - \frac{x_0}{X_m}) \tag{6-1}$$

为了简便起见，对原方程进行简化，两边同时积分，得

$$X = \frac{X_0 \times \mathrm{e}^{\mu t}}{1 - \frac{X_0}{X_m} \times (1 - \mathrm{e}^{\mu t})} \tag{6-2}$$

式中　X——藻、菌浓度，mg/L；

　　　X_0——初始藻、菌浓度，mg/L；

　　　X_m——最大藻、菌浓度，mg/L；

　　　t——时间，h；

　　　μ——藻、菌比生长速率，mg/(mg·h)。

将式(6-2)变形并两边同时取对数得：

$$\ln X = \frac{X}{X_m - X} \mu \times t - \ln \frac{X_m - X_0}{X_0} \tag{6-3}$$

由于 X_0、X_m 为已知条件，因此，藻、菌比生长速率 μ 可由 $\ln \frac{X}{X_m - X}$ 对 t 作图进行线性回归得出，斜率即为藻、菌比生长速率 μ，进而即可求出藻、菌生长的动力学模型。

② 小球藻生长动力学。对小球藻生长过程中藻类浓度随时间的变化情况进行监测，得到图 6-34 所示的小球藻生长曲线。

将监测数据按式(6-3)进行处理并由 $\ln \frac{X}{X_m - X}$ 对 t 作图进行线性回归，如图 6-35所示，由图可知斜率即小球藻比生长速率 μ 为0.0396，因此，小球藻生长动力学方程为：$\frac{\mathrm{d}x}{\mathrm{d}t} = \mu X (1 - \frac{X}{X_m}) = 0.0396 X (1 - \frac{X}{0.569})$。

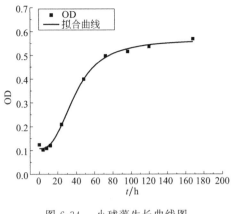

图 6-34　小球藻生长曲线图

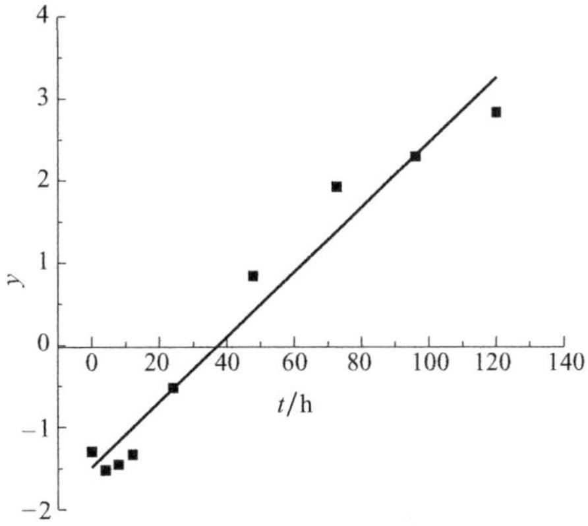

图 6-35　小球藻生长动力学拟合线

③ 细菌生长动力学。对细菌生长过程中细菌浓度随时间的变化情况进行监测，得到图 6-36 所示的细菌生长曲线。

将监测数据按式(6-3)进行处理并作图进行线性回归，如图 6-37 所示，由图可知斜率即细菌比生长速率 μ 为 0.0406，因此，细菌生长动力学方程为：$\dfrac{\mathrm{d}x}{\mathrm{d}t} = \mu X(1 - \dfrac{X}{X_m}) = 0.0406X(1 - \dfrac{X}{0.67})$。

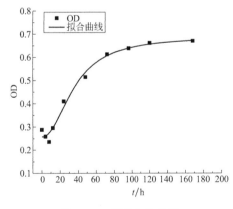

图 6-36　细菌生长曲线

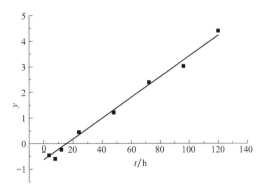

图 6-37　细菌生长动力学拟合线

④ 藻＋菌生长动力学。对藻＋菌生长过程中藻＋菌浓度随时间的变化情况进行监测，得到图 6-38 所示的藻＋菌生长曲线。

将监测数据按式(6-3)进行处理并作图进行线性回归，如图 6-39 所示，由图可知斜率即藻＋菌比生长速率 μ 为 0.0401，因此，藻＋菌生长动力学方程为：$\dfrac{\mathrm{d}x}{\mathrm{d}t} =$

$$\mu X(1-\frac{X}{X_{\mathrm{m}}})=0.0401X(1-\frac{X}{0.533})_{\circ}$$

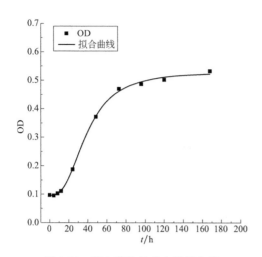

图 6-38　藻＋菌生长动力学拟合线

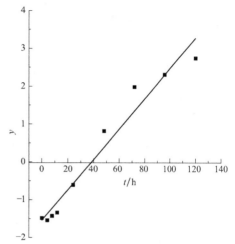

图 6-39　藻＋菌生长曲线图

（3）微藻及细菌对污染物降解动力学研究

本研究中，在藻类塘污染物降解动力学模型建立前做如下假设：

① 在实验期间，反应器即锥形瓶内的污水水量与水质都是均匀的；

② 反应期间，反应器内混合液处于完全混合状态；

③ 模拟污水中可生化基质是可溶性的，不含微生物群体。

藻类塘内藻菌共生体系对污染物是降解过程，实质是微生物的酶促生化过程，因此，藻菌比增殖速率与污染物浓度的关系可用 Monod 方程来描述，并结合藻菌的比增殖速率的物理意义，得

$$\mu_{\mathrm{n}}=\frac{1}{X}\big[\frac{\mathrm{d}x}{\mathrm{d}t}\big]T=\mu_{\mathrm{nmax}}\times\frac{N}{K_{\mathrm{N}}+N} \tag{6-4}$$

式中　μ_{n}——藻菌比增殖速率，mg/(mg・h)；

　　μ_{nmax}——藻菌最大比增殖速率，mg/(mg・h)；

　　　X——藻菌浓度，mg/L；

　　　N——污染物浓度，mg/L；

　　K_{N}——饱和常数，其值为 $\mu_{\mathrm{n}}=\frac{1}{2}\mu_{\mathrm{nmax}}$ 时的底物浓度，mg/L。

污染物比降解速率按物理意义考虑，可用下式表示：

$$v=-\frac{1}{X}\times\frac{\mathrm{d}N}{\mathrm{d}t} \tag{6-5}$$

式中，v 为污染物比氧化速率，mg/(mg・h)；其他符号意义同前。

污染物比利用速率与藻菌的比增殖速率可通过藻菌的产率系数相关联：

$$Y_n = \frac{dX}{dt} \div \frac{dN}{dt} = -\frac{\mu_n}{v} \tag{6-6}$$

式中，Y_n 为藻菌产率系数，mg/mg；其他符号定义同前。

将式(6-6)变形，并与式(6-4)相结合，可得：

$$v = \frac{\mu_n}{Y_n} = \mu_{nmax} \frac{N}{K_N + N} \times \frac{1}{Y_n} = \frac{\mu_{nmax}}{Y_n} \frac{N}{K_N + N} \tag{6-7}$$

令 $v_{max} = \frac{\mu_{max}}{Y_n}$，则式(6-7)可改写成如下形式：

$$v = v_{max} \times \frac{S}{K_s + S} \tag{6-8}$$

式中　v——污染物比氧化速率，mg/(mg·h)；

v_{max}——污染物最大比氧化速率，mg/(g·h)；

K_s——饱和常数，mg/L；

S——污染物浓度，mg/L。

实验中测得的数据是污染物浓度 S 与时间 t 的关系，采用积分-元回归图解法将式(6-8)积分并整理得：

$$\frac{\ln \frac{S_0}{S_t}}{S_0 - S_t} = \frac{v_{max}}{K_s} \frac{Xt}{S_0 - S_t} + \frac{1}{K_s} \tag{6-9}$$

式中　S_0——原污水中污染物浓度，mg/L；

S_t——t 时刻的污染物浓度，mg/L；

X——反应器内混合液平均生物浓度，mg/L；

v_{max}——污染物最大比氧化速率，mg/(mg·h)；

K_s——饱和常数，mg/L；

t——反应时间，h。

上式即为高效藻类塘反应器的动力学模型，其中 v_{max} 和 K_s 为模型的待定参数。

实验中原污水为实验室配制的模拟北方农村生活污水，进水 NH_4^+-N、TP 和 COD 分别为 35.57mg/L、4.69mg/L 和 160.33mg/L。动力学研究采用锥形瓶实验，研究单种藻类、单种细菌和藻、菌混合条件下的藻菌生长动力学模型和污染物降解动力学模型。于光照培养箱内进行 24h 光照、30℃条件下培养，分别在 0h、4h、8h、12h、24h、48h、72h、96h、120h 和 168h 监测水中 NH_4^+-N、NO_3^--N、NO_2^--N、TP 和 COD 浓度，但在监测过程中始终未检测到 NO_3^--N 和 NO_2^--N，说明本实验研究中不存在藻、菌的硝化和反硝化作用。实验中定期摇动锥形瓶以保证其混合均匀。

① 小球藻对 NH_4^+-N 去除动力学。对反应过程中 NH_4^+-N 浓度变化及其他相

关参数的值及计算结果数值如表 6-2 所示。

表 6-2　小球藻对 NH_4^+-N 去除过程中相关参数的值及计算结果数值

t	S_t	S_0-S_t	S_0/S_t	$\ln(S_0/S_t)$	$X \cdot t/(S_0-S_t)$	$\ln(S_0/S_t)/(S_0-S_t)$
4	33.68	1.89	1.06	0.05	0.11	0.0289
8	33.38	2.19	1.07	0.06	0.20	0.0290
12	31.51	4.06	1.13	0.12	0.18	0.0299
24	31.16	4.41	1.14	0.13	0.57	0.0300
48	26.11	9.46	1.36	0.31	1.01	0.0327
72	25.57	10.00	1.39	0.33	1.79	0.0330
96	24.44	11.13	1.46	0.38	2.23	0.0337
120	23.49	12.08	1.51	0.41	2.67	0.0343
168	20.79	14.78	1.71	0.54	3.23	0.0363

以表 6-2 中的数据，采用式（6-9）进行线性拟合，拟合曲线如图 6-40 所示。

将式（6-9）按直线方程考虑，以 $\dfrac{X_t}{S_0-S_t}$ 为横坐标，以 $\dfrac{\ln\dfrac{S_0}{S_t}}{S_0-S_t}$ 为纵坐标，得到小球藻对 NH_4^+-N 去除动力学模型参数为：$K_s=34.36$ mg/L；$v_{\max}=0.076$ mg/（mg·h）。所以，小球藻对 NH_4^+-N 去除的动力学模型为：$v=0.076\times\dfrac{S}{S+34.36}$。

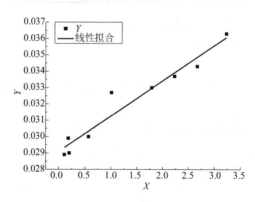

图 6-40　小球藻对 NH_4^+-N 去除拟合曲线

② 细菌对 NH_4^+-N 去除动力学。对反应过程中 NH_4^+-N 浓度变化及其他相关参数的值及计算结果数值如表 6-3 所示。

表 6-3　细菌对 NH_4^+-N 去除过程中相关参数的值及计算结果数值

t	S_t	S_0-S_t	S_0/S_t	$\ln(S_0/S_t)$	$X \cdot t/(S_0-S_t)$	$\ln(S_0/S_t)/(S_0-S_t)$
4	35.39	0.18	1.01	0.005	0.635	0.0282
8	35.01	0.56	1.02	0.016	0.221	0.0283
12	34.68	0.89	1.03	0.025	0.196	0.0285
24	33.32	2.25	1.07	0.065	0.144	0.0290
48	33.14	2.43	1.07	0.071	0.345	0.0291
72	32.05	3.52	1.11	0.104	0.379	0.0296
96	31.51	4.06	1.13	0.121	0.686	0.0299
120	29.86	5.71	1.19	0.175	1.167	0.0306
168	29.02	6.55	1.23	0.204	1.372	0.0311

以表 6-3 中的数据，采用式（6-9）进行线性拟合，拟合曲线如图 6-41 所示。

将式（6-9）按直线方程考虑，以 $\dfrac{X_t}{S_0-S_t}$ 为横坐标，以 $\dfrac{\ln\dfrac{S_0}{S_t}}{S_0-S_t}$ 为纵坐标，得到细菌对 NH_4^+-N 去除动力学模型参数为：$K_s = 35.21$ mg/L；$v_{max} = 0.07$ mg/（mg·h）。所以，菌株 $A24$ 对 NH_4^+-N 去除的动力学模型为：$v = 0.07 \times \dfrac{S}{S+35.21}$。

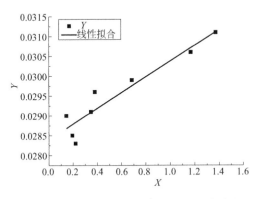

图 6-41　菌株 A24 对 NH_4^+-N 去除拟合曲线

③ 藻＋菌对 NH_4^+-N 去除动力学。对反应过程中 NH_4^+-N 浓度变化及其他相关参数的值及计算结果数值如表 6-4 所示。

表 6-4　藻＋菌对 NH_4^+-N 去除过程中相关参数的值及计算结果数值

t	S_t	S_0-S_t	S_0/S_t	$\ln(S_0/S_t)$	$X \cdot t/(S_0-S_t)$	$\ln(S_0/S_t)/(S_0-S_t)$
4	35.08	0.49	1.01	0.01	0.39	0.0283
8	34.22	1.35	1.04	0.04	0.30	0.0287
12	31.96	3.61	1.11	0.11	0.18	0.0296
24	31.15	4.42	1.14	0.13	0.51	0.0300
48	26.74	8.83	1.33	0.29	1.01	0.0323
72	25.93	9.64	1.37	0.32	1.75	0.0328
96	24.73	10.84	1.44	0.36	2.15	0.0335
120	22.02	13.55	1.62	0.48	2.22	0.0354
168	20.07	15.50	1.77	0.57	2.89	0.0369

以表 6-4 中的数据，采用式 (6-9) 进行线性拟合，拟合曲线如图 6-42 所示。

将式 (6-9) 按直线方程考虑，以 $\dfrac{X_t}{S_0-S_t}$ 为横坐标，以 $\dfrac{\ln\dfrac{S_0}{S_t}}{S_0-S_t}$ 为纵坐标，得到藻＋菌对 NH_4^+-N 去除动力学模型参数为：$K_s=35.33$ mg/L；$v_{max}=0.102$ mg/(mg·h)。所以，小球藻对 NH_4^+-N 去除的动力学模型为：$v=0.102 \times \dfrac{S}{S+35.33}$。

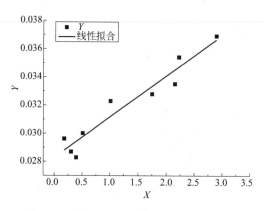

图 6-42　藻＋菌对 NH_4^+-N 去除拟合曲线

④ 小球藻对 TP 去除动力学。对反应过程中 TP 浓度变化及其他相关参数的值及计算结果数值如表 6-5 所示。

表 6-5   小球藻对 TP 去除过程中相关参数的值及计算结果数值

t	S_t	S_0-S_t	S_0/S_t	$\ln(S_0/S_t)$	$X \cdot t/(S_0-S_t)$	$\ln(S_0/S_t)/(S_0-S_t)$
4	4.50	0.19	1.042	0.041	1.084	0.218
8	4.31	0.38	1.088	0.084	1.147	0.222
12	3.99	0.70	1.175	0.162	1.029	0.231
24	3.61	1.08	1.299	0.262	2.333	0.242
48	3.05	1.64	1.538	0.430	5.854	0.262
72	2.86	1.83	1.640	0.495	9.797	0.270
96	2.44	2.25	1.922	0.653	11.008	0.290
120	2.21	2.48	2.122	0.752	12.992	0.303
168	2.16	2.53	2.171	0.775	18.892	0.306

以表 6-5 中的数据，采用式（6-9）进行线性拟合，拟合曲线如图 6-43 所示。

将式（6-9）按直线方程考虑，以 $\dfrac{X_t}{S_0-S_t}$ 为横坐标，以 $\dfrac{\ln\dfrac{S_0}{S_t}}{S_0-S_t}$ 为纵坐标，得到小球藻对 TP 去除动力学模型参数为：$K_s=4.46$ mg/L；$v_{max}=0.023$ mg/(mg·h)。所以，小球藻对 TP 去除的动力学模型为：$v=0.023\times\dfrac{S}{S+4.46}$。

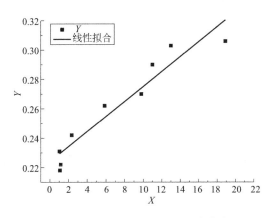

图 6-43   小球藻对 TP 去除拟合曲线

⑤ 细菌对 TP 去除动力学。对反应过程中 TP 浓度变化及其他相关参数的值及计算结果数值如表 6-6 所示。

表 6-6 细菌对 TP 去除过程中相关参数的值及计算结果数值

t	S_t	S_0-S_t	S_0/S_t	$\ln(S_0/S_t)$	$X \cdot t/(S_0-S_t)$	$\ln(S_0/S_t)/(S_0-S_t)$
4	4.50	0.19	1.042	0.041	1.221	0.2177
8	4.27	0.42	1.098	0.094	0.590	0.2234
12	4.13	0.56	1.136	0.127	0.621	0.2271
24	3.86	0.83	1.215	0.195	0.781	0.2347
48	3.59	1.10	1.306	0.267	1.527	0.2430
72	3.00	1.69	1.563	0.447	1.576	0.2644
96	2.84	1.85	1.651	0.502	3.010	0.2712
120	2.50	2.19	1.876	0.629	6.082	0.2873
168	2.31	2.38	2.030	0.708	7.553	0.2976

以表 6-6 中的数据，采用式 (6-9) 进行线性拟合，拟合曲线如图 6-44 所示。

将式 (6-9) 按直线方程考虑，以 $\dfrac{X_t}{S_0-S_t}$ 为横坐标，以 $\dfrac{\ln\dfrac{S_0}{S_t}}{S_0-S_t}$ 为纵坐标，得到单菌对 TP 去除动力学模型参数为：$K_s=4.52$ mg/L；$v_{max}=0.049$ mg/(mg·h)。所以，小球藻对 TP 去除的动力学模型为：$v=0.049 \times \dfrac{S}{S+4.52}$。

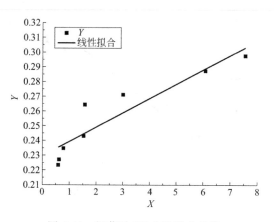

图 6-44 细菌对 TP 去除拟合曲线

⑥ 藻＋菌对 TP 去除动力学。对反应过程中 TP 浓度变化及其他相关参数的值及计算结果数值如表 6-7 所示。

表 6-7　藻＋菌对 TP 去除过程中相关参数的值及计算结果数值

t	S_t	S_0-S_t	S_0/S_t	$\ln(S_0/S_t)$	$X \cdot t/(S_0-S_t)$	$\ln(S_0/S_t)/(S_0-S_t)$
4	4.34	0.35	1.081	0.078	0.543	0.2216
8	4.17	0.52	1.125	0.118	0.792	0.2260
12	3.89	0.80	1.206	0.187	0.833	0.2338
24	3.47	1.22	1.352	0.301	1.859	0.2469
48	2.72	1.97	1.724	0.545	4.532	0.2765
72	2.58	2.11	1.818	0.598	8.002	0.2832
96	2.30	2.39	2.039	0.713	9.741	0.2981
120	2.12	2.57	2.212	0.794	11.696	0.3090
168	2.00	2.69	2.345	0.852	16.644	0.3168

以表 6-7 中的数据，采用式（6-9）进行线性拟合，拟合曲线如图 6-45 所示。

将式（6-9）按直线方程考虑，以 $\dfrac{X_t}{S_0-S_t}$ 为横坐标，以 $\dfrac{\ln\dfrac{S_0}{S_t}}{S_0-S_t}$ 为纵坐标，得到藻＋菌对 TP 去除动力学模型参数为：$K_s=4.32$ mg/L；$v_{max}=0.026$ mg/(mg·h)。所以，藻＋菌对 TP 去除的动力学模型为：$v=0.026\times\dfrac{S}{S+4.32}$。

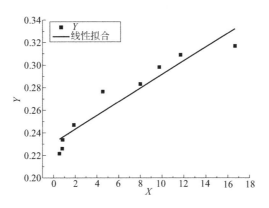

图 6-45　藻＋菌对 TP 去除拟合曲线

⑦ 小球藻对 COD 去除动力学。对反应过程中 COD 变化及其他相关参数的值及计算结果数值如表 6-8 所示。

表 6-8　小球藻对 COD 去除过程中相关参数的值及计算结果数值

t	S_t	S_0-S_t	S_0/S_t	$\ln(S_0/S_t)$	$X\cdot t/(S_0-S_t)$	$\ln(S_0/S_t)/(S_0-S_t)$
4	159.77	0.56	1.004	0.003	0.7357	0.00625
8	140.26	20.07	1.143	0.134	0.0434	0.00666
12	129.74	30.59	1.236	0.212	0.0471	0.00692
24	115.69	44.64	1.386	0.326	0.1129	0.00731
48	93.74	66.59	1.710	0.537	0.2883	0.00806
72	77.86	82.47	2.059	0.722	0.4348	0.00876
96	59.37	100.96	2.701	0.993	0.4906	0.00984
120	40.21	120.12	3.987	1.383	0.5365	0.01151
168	35.34	124.99	4.537	1.512	0.7648	0.01210

以表 6-8 中的数据，采用式（6-9）进行线性拟合，拟合曲线如图 6-46 所示。

将式（6-9）按直线方程考虑，以 $\dfrac{X_t}{S_0-S_t}$ 为横坐标，以 $\dfrac{\ln\dfrac{S_0}{S_t}}{S_0-S_t}$ 为纵坐标，得到小球藻对 COD 去除动力学模型参数为：$K_s = 156.25$ mg/L；$v_{\max} = 1.14$ mg/(mg·h)。所以，小球藻对 COD 去除的动力学模型为：$v = 1.14 \times \dfrac{S}{S+156.25}$。

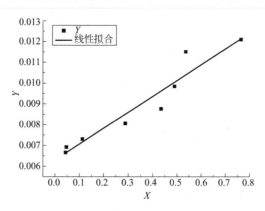

图 6-46　小球藻对 COD 去除拟合曲线

⑧ 细菌对 COD 去除动力学。对反应过程中 COD 变化及其他相关参数的值及计算结果数值如表 6-9 所示。

表 6-9　细菌对 COD 去除过程中相关参数的值及计算结果数值

t	S_t	S_0-S_t	S_0/S_t	$\ln(S_0/S_t)$	$X \cdot t/(S_0-S_t)$	$\ln(S_0/S_t)/(S_0-S_t)$
4	159.32	1.01	1.006	0.01	1.1366	0.00626
8	128.77	31.56	1.245	0.22	0.0596	0.00695
12	120.59	39.74	1.330	0.28	0.0909	0.00717
24	107.33	53	1.494	0.40	0.1857	0.00757
48	80.24	80.09	1.998	0.69	0.3093	0.00864
72	57.34	102.99	2.796	1.03	0.4034	0.00998
96	45.37	114.96	3.534	1.26	0.5127	0.01098
120	31.11	129.22	5.154	1.64	0.5934	0.01269
168	27.67	132.66	5.794	1.76	0.8384	0.01324

以表 6-9 中的数据,采用式 (6-9) 进行线性拟合,拟合曲线如图 6-47 所示。

将式 (6-9) 按直线方程考虑,以 $\dfrac{X_t}{S_0-S_t}$ 为横坐标,以 $\dfrac{\ln\dfrac{S_0}{S_t}}{S_0-S_t}$ 为纵坐标,得到细菌对 COD 去除动力学模型参数为:$K_s = 158.73$ mg/L;$v_{\max} = 1.43$ mg/(mg·h)。所以,细菌对 COD 去除的动力学模型为:$v = 1.43 \times \dfrac{S}{S+158.73}$。

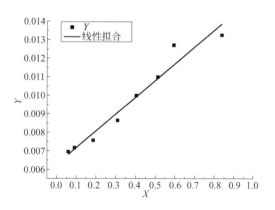

图 6-47　细菌对 COD 去除拟合曲线

⑨ 藻＋菌对 COD 去除动力学。对反应过程中 COD 变化及其他相关参数的值及计算结果数值如表 6-10 所示。

表 6-10　藻＋菌对 COD 去除过程中相关参数的值及计算结果数值

t	S_t	S_0-S_t	S_0/S_t	$\ln(S_0/S_t)$	$X \cdot t/(S_0-S_t)$	$\ln(S_0/S_t)/(S_0-S_t)$
4	158.26	2.07	1.01	0.013	0.1469	0.006278

t	S_t	S_0-S_t	S_0/S_t	$\ln(S_0/S_t)$	$X \cdot t/(S_0-S_t)$	$\ln(S_0/S_t)/(S_0-S_t)$
8	140.77	19.56	1.14	0.130	0.0307	0.006652
12	100.98	59.35	1.59	0.462	0.0150	0.007790
24	74.55	85.78	2.15	0.766	0.0204	0.008927
48	40.33	120.00	3.98	1.380	0.0288	0.011501
72	32.41	127.92	4.95	1.599	0.0377	0.012498
96	22.85	137.48	7.02	1.948	0.0587	0.014171
120	14.37	145.96	11.16	2.412	0.0871	0.016526
168	12.20	148.13	13.14	2.576	0.1089	0.017389

以表 6-10 中的数据，采用式（6-9）进行线性拟合，拟合曲线如图 6-48 所示。

将式（6-9）按直线方程考虑，以 $\dfrac{X_t}{S_0-S_t}$ 为横坐标，以 $\dfrac{\ln\dfrac{S_0}{S_t}}{S_0-S_t}$ 为纵坐标，得到单菌对 COD 去除动力学模型参数为：$K_s = 147.06$ mg/L；$v_{\max} = 15.66$ mg/(mg·h)。

所以，藻＋菌对 COD 去除的动力学模型为：$v = 15.66 \times \dfrac{S}{S+147.06}$。

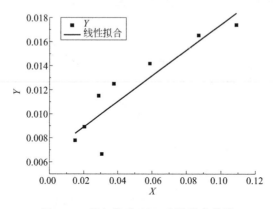

图 6-48　藻＋菌对 COD 去除拟合曲线

6.2.8　藻类资源化

6.2.8.1　微藻泥制备生物柴油

（1）微藻泥来源

实验中所用微藻泥是从高效藻类塘中试反应池中沉淀收集得到，经过滤将杂质筛除后，用管式离心机离心，再于烘箱中 100℃ 放置 24h，烘干后制成藻粉，放

辽河流域面源氨氮污染控制技术

入 4℃冰箱内冷藏，供下一步实验所用。

（2）实验方法

① 破壁实验　由于小球藻的细胞壁较厚，为了较充分地提取小球藻中的油脂，需要对藻粉先进行破壁预处理。将藻粉分别用微波破碎法、反复冻融法、超声破碎法、酸热法、酶解法、溶胀法、研磨法进行细胞破壁实验，得到最佳破壁方法。

a. 微波破碎法：0.1g 藻粉＋10mL 水，微波中高火处理 3min，冷却 1min，反复 1 次、3 次、5 次、7 次、9 次。

b. 反复冻融法：0.1g 藻粉＋10mL 水，在－20℃环境中冷冻 1h，再于室温下融解 5min，反复 1 次、2 次、3 次、4 次。

c. 超声破碎法：0.1g 藻粉＋10mL 水，冰浴，超声破碎 30s，间歇 30s，时间分别为 2min、4min、6min、8 min、10min、12min。

d. 酸热法：0.1g 藻粉＋10mL 盐酸，盐酸浓度分别为 1mol/L、2mol/L、4mol/L、6mol/L、8mol/L。室温下振荡 30min 后，沸水浴 5min。

e. 酶解法：0.1g 藻粉＋0.002g 纤维素酶＋10mL 水，酶解时间为 1h、2h、3h、4h、5h、6h。

f. 溶胀法：0.1g 藻粉＋10mL（10mmol/L $CaCl_2$＋15g/L $NaNO_3$），室温下振荡 1h、2h、4h、6h。

g. 研磨法：0.1g 藻粉 ＋ 0.1g 石英砂，用研钵研磨 1min、2min、5min、10min。

② 提取油脂　利用最佳破壁方法破碎藻细胞，进行提取油脂实验。

有机溶剂提取法是提取油脂较为常用的方法，因为脂类不溶于水，易溶于有机溶剂，所以可以利用相似相溶的原理，将油脂从微藻细胞中提取出来，这种方法本质上是一个固液萃取过程。

称取 0.5g 藻粉于 10mL 离心管中，分别加入 4mL 不同溶剂［乙醇、正己烷、正己烷－乙醇（3∶1）、丙酮－石油醚（1∶1）］，放入水浴箱中进行水浴（时间设置为：1h、2h、3h、4h、5h、6h、7h，温度设置为 20℃、30℃、40℃、50℃、60℃、70℃）。水浴完成后，取出离心管，放入离心机内离心分离藻粉与溶剂，再将溶剂移入事先称好重量的离心管内，放入水浴锅内蒸发溶剂。

（3）检测方法

① 藻细胞破壁率（％）采用计数法（血球计数板）

$$藻细胞破壁率 = \frac{视野中已破壁的藻细胞个数}{同视野中藻细胞的总个数} \times 100\%$$

② 藻泥油脂提取率（％）采用称重法，即

$$油脂得率 = \frac{藻粉粗提油脂的质量}{藻粉的质量} \times 100\%$$

③ 脂肪酸分析　采用日本岛津公司 AOC-5000-GC 气相色谱仪对脂肪酸进行定

性与定量分析。

脂肪酸甲脂化：称取油脂 20mg 左右，加入 10mL 离心管中，加入 2mL 苯/石油醚（体积比 1∶1）混合溶剂，使油脂充分溶解，再加入 3mL 0.4mol/L 氢氧化钾—甲醇溶液，摇匀，室温下静置 30min。接着加蒸馏水 5mL，使石油醚和脂肪酸全部上浮，放入高速离心机内离心，收集上层清液，置于 4℃ 冰箱，以备上机分析之用。

气相色谱分析条件：色谱柱为 VF-WAX（0m×0.25mm×0.25μm），进样温度为 250℃，分流比为 100∶1，载气为氮气，程序升温：150℃ 恒温 5min，以 6℃/min 升温速率升至 220℃，并维持 2min，再以升温速率 6.5℃/min 升至 230℃，并维持 35min，检测器为氢火焰离子检测器（FID），进样口温度 250℃，进样量 1μL。

（4）研究结果

① 破壁实验结果分析

a. 微波破碎法　微波破碎法是微波加热导致细胞内的极性物质吸收微波能，产生大量热量，使细胞内温度迅速升高，液态水汽化产生的压力将细胞壁和细胞膜冲破，形成微小的孔洞；进一步加热，使细胞内部和细胞壁水分减少，进而细胞收缩，表面出现裂纹。孔洞或裂纹的存在使胞外溶剂进入细胞更加容易。由破碎藻类细胞图可知，随着破碎次数的增加，细胞破碎率一直在加大，在第 7 次时，达到 84%，再增加次数，细胞破碎率没有明显增长（图 6-49）。

b. 反复冻融法　反复冻融法的原理是，微藻在低温环境下细胞内的大部分水会形成冰晶粒，产生膨胀压导致细胞产生机械性损伤，同时发生溶胀破碎。由图 6-50 可以看出，随着反复冻融时间的增加，细胞破碎率一直在加大，但破碎效果不甚理想，在 4h 时，细胞破碎率仅为 58.29%。

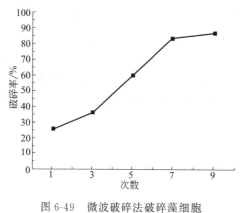

图 6-49　微波破碎法破碎藻细胞

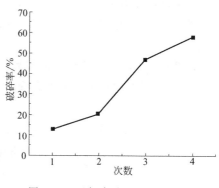

图 6-50　反复冻融法破碎藻细胞

c. 超声破碎法　超声破碎法属于物理破碎的范围，主要是利用超声辐射产生的强烈空化效应、高加速度、击碎和搅拌作用等多种效应，使提取介质中的微小气泡压缩、爆裂，加速溶剂穿透，从而破碎藻细胞壁，释放出内含物。由图 6-51 可知，随着超声时间的增加，细胞破碎率逐渐加大。超声 8min 时，破碎率为 73.46%，但从此以后，虽然破碎率还在增长，但却有所减缓，在 12min 时达到 88.63%。

　　d. 酸热法　　酸热法是一种化学破壁方法，利用盐酸对菌体细胞壁进行处理，使原来相对紧密的细胞壁结构变得疏松，再经过迅速降温处理后，使细胞壁结构遭到破坏，溶出胞内物质。由图 6-52 可以看出，细胞破碎率一直随着处理时间的增加而加大，6h 时，破碎率达到 84.79%，随后增长缓慢，8h 时，仅增加到 86.31%。

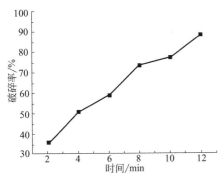

图 6-51　微波破碎法破碎藻细胞

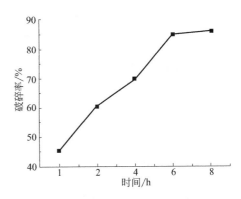

图 6-52　酸热法破碎藻细胞

　　e. 酶解法　　酶解法常用到的酶有溶菌酶、纤维素酶、蜗牛酶、脂酶、半纤维素酶等各种水解酶，这些酶会针对性地分解细胞壁内的物质，破坏细胞壁结构，使细胞内含物释放出来。酶解法适用于多种微生物，其作用条件温和，细胞壁损坏程度可控，并且破壁过程对细胞内含物不易产生破坏。由图 6-53 看出，随着酶解时间的增加，细胞破碎率一直在加大，在 6h 时达到 80.42%。

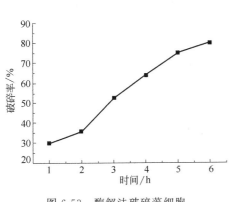

图 6-53　酶解法破碎藻细胞

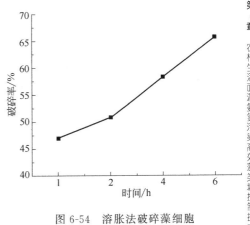

图 6-54　溶胀法破碎藻细胞

f. 溶胀法　溶胀法主要是利用细胞内外渗透压的差异进行细胞破碎。由图 6-54 看出，溶胀处理时间的增加有利于细胞壁的破碎，但增长速率较为缓慢，处理时间从 1h 增加到 6h，细胞破碎率仅从 46.91% 增大到 65.88%。

g. 研磨法　研磨破碎属于物理破碎的范围，是将待破碎细胞与研磨剂放在一起，通过研磨或者搅拌的方法，使细胞破碎。由图 6-55 看出，研磨法能较为有效地破碎细胞壁，仅研磨 2min，细胞破碎率就达到了 75.28%，经过 10min 的研磨后，更是高达 91.02%。

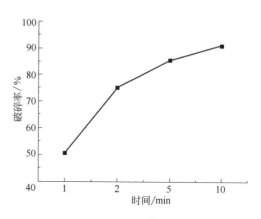

图 6-55　研磨法破碎藻细胞

通过以上七种细胞破碎方法的比较，由于研磨法既有较高的细胞破碎率，又操作简便，且环保经济，因此确定接下来的提取油脂实验采用研磨法对藻细胞进行预处理。

② 提油实验结果分析

a. 提取溶剂对油脂得率的影响　根据相似相溶的原理，非极性油脂需用非极性的溶剂提取，极性的磷脂、糖脂则可以用极性的醇类进行提取。

本实验选取乙醇、正己烷、正己烷-乙醇、丙酮-石油醚四种溶剂进行藻类细胞油脂的提取实验，以探讨不同提取溶剂对油脂得率的影响。结果如图 6-56 所示，可以看出，双溶剂正己烷-乙醇的提取效果最好，油脂得率最大，可以达到 15.36%，其次是单溶剂正己烷，油脂得率为 13.9%，再次是丙酮-石油醚，油脂得率为 10.7%，乙醇的油脂得率最低，仅为 9.2%，因此确定正己烷-乙醇作为本实验中的最佳提取溶剂。

b. 提取温度对油脂得率的影响　提取温度的提高，会使分子运动速率加快，即溶剂扩散的速度加快，能更加快速地进入藻类细胞，缩短提取油脂所需时间。但是，有时候提取温度过高会破坏藻类细胞内的有效成分，并且也要考虑到溶剂沸点的影响。因此，需要比较不同提取温度下油脂得率来确定适宜的提取温度。

本实验选取温度梯度为 20℃、30℃、40℃、50℃、60℃、70℃，实验结果如图 6-57 所示。温度范围为 20～60℃时，随着温度的升高，油脂得率逐渐增大，在 60℃ 得到最大值 19.78%。在 70℃，油脂得率大幅度降低，甚至低于 20℃ 时的值，可能是由于 70℃ 已经超过正己烷沸点（69℃），导致正己烷挥发，进而降低油脂得率。考虑到温度越高，所浪费能源越多，因此本实验选取 50℃ 作为后续实验提取油脂的温度。

c. 提取时间对油脂得率的影响　微藻油脂提取中，提取时间也是影响提取效率的一个不可忽略的因素。若时间过短，溶剂则不用完全穿过藻细胞膜进入细胞中，因而不能充分地提取胞内油脂，降低油脂提取率，若时间过长，则有可能导致提取物中杂质过多等问题，并且，时间长意味着能源的浪费和成本的提高。

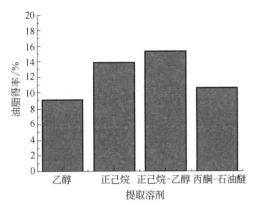

图 6-56　提取溶剂对油脂得率的影响

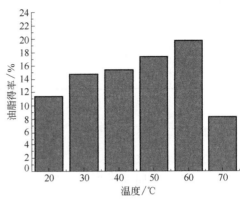

图 6-57　提取温度对油脂得率的影响

本实验中设置时间梯度为 1h、2h、3h、4h、5h、6h、7h，实验结果如图 6-58 所示。前 4h 内，随着时间的增加，油脂得率逐渐增大，提取时间为 4h 时达到最大，为 17.44%，随后，随着时间的继续延长，油脂得率逐渐减小，到 8h 时，油脂得率已经降到 15.18%。因此，提取时间为 4h 时，可以得到最大油脂提取率。

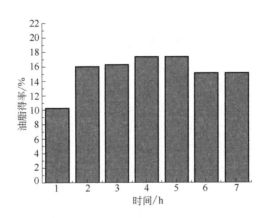

图 6-58　提取溶剂对油脂得率的影响

③ 脂肪酸成分分析　将得到的油脂进行甲酯化，转化为脂肪酸甲酯，进行气相色谱分析。可检测出的脂肪酸及其占总脂肪酸含量百分比如表 6-11 所示（数字单位均为%）。生物柴油是由中长链脂肪酸甲酯（$C_{14} \sim C_{22}$）组成的，且碳链长度在 14~18 时成分最好，由检测结果可知，不同溶剂提取出的油脂甲酯化后 C_{16} 和 C_{18} 占绝大部分，说明本实验中的藻粉可作为制备生物柴油的原料。

表 6-11　脂肪酸成分

提取溶剂	脂肪酸成分/%			
	$C_{16:0}$ (棕榈酸)	$C_{18:0}$ (硬脂酸)	$C_{18:1}$ (油酸)	$C_{18:2}$ (亚油酸)
乙醇	45.4	3	11.9	39.7
正己烷	30.3	5.4	10.4	54
正己烷-乙醇	43.2	2.6	7	47.2
丙酮-石油醚	38.8	1.9	3	56.3

6.2.8.2　微藻泥吸附水中重金属铅离子

（1）微藻泥来源

微藻泥来源同 6.2.8.1 中所述相同。

（2）实验方法

① 单因素影响条件实验

a. 藻粉粒径　配制 Pb^{2+} 浓度为 30mg/L 的溶液，pH 值为 4，投加藻泥量为 2g/L，将藻泥研磨成粉状，利用不同目数的筛子筛出不同粒径的藻粉，得到粒径分别为 0.075～0.08mm，0.096～0.109mm，0.12～0.15mm，0.18～0.25mm 和没有经过研磨的藻泥，放置于转速为 200r/min 的振荡器内于 25℃吸附 1h，之后取出溶液在 5000r/min 下离心分离 10min，取上清液测定。

b. pH 值　配制 Pb^{2+} 浓度为 30mg/L 的溶液，调节溶液 pH 值分别为 3、4、5、6 和 7，投加藻泥（研磨后）量分别为 2g/L，放置于转速为 200r/min 的振荡器内于 25℃吸附 1h，之后取出溶液在 5000r/min 下离心分离 10min，取上清液测定。

c. 藻泥投加量　配制 Pb^{2+} 浓度为 30mg/L 的溶液，调节 pH 值为 4，投加藻泥（研磨后）量分别为 1g/L、2g/L、5g/L、10g/L、15g/L、20g/L、25g/L 和 30g/L，放置于转速为 200r/min 的振荡器内于 25℃吸附 1h，之后取出溶液在 5000r/min 下离心分离 10min，取上清液测定。

d. 温度　配制 Pb^{2+} 浓度为 30mg/L 的溶液，调节 pH 值为 4，投加藻泥（研磨后）量为 2g/L，放置于转速为 200r/min 的振荡器内，分别在温度为 15℃、20℃、25℃、30℃、35℃ 和 40℃ 吸附 1h，之后取出溶液在 5000r/min 下离心分离 10min，取上清液测定。

e. Pb^{2+} 起始浓度　分别配制 Pb^{2+} 浓度为 5mg/L、10mg/L、20mg/L、30mg/L、50mg/L 的溶液，pH 值为 4，投加藻泥（研磨后）量为 2g/L，放置于转速为 200r/min 的振荡器内于 25℃吸附 1h，之后取出溶液在 5000r/min 下离心分离 10min，取上清液测定。

f. 时间　配制 Pb^{2+} 浓度为 30mg/L 的溶液，pH 值为 4，投加藻泥（研磨后）

量为 2g/L，放置于转速为 200r/min 的振荡器内，温度设置为 25℃，吸附时间设置为 5min、10min、30min、60min、120min、180min，之后取出溶液在 5000r/min 下离心分离 10min，取上清液测定。

g. 振荡器转速　配制 Pb^{2+} 浓度为 30mg/L 的溶液，pH 值为 4，投加藻泥（研磨后）量为 2g/L，放置振荡器内于 25℃吸附 1h，转速分别设置为 140r/min、160r/min、180r/min、200r/min、220r/min，之后取出溶液在 5000r/min 下离心分离 10min，取上清液测定。

② 正交法优化藻泥吸附重金属 Pb^{2+} 实验　根据上述七个单因素的预实验结果，选出对吸附率影响较大的四个因素，进行四因素三水平正交试验，以确定吸附试验的最优条件。

③ 解吸实验　用藻泥在最优条件吸附下吸附 Pb^{2+}，吸附完成后，吸附液离心过滤，测定 Pb^{2+} 浓度，离心得到的藻粉分别用 0.1mol/L 的 EDTA、HCl、柠檬酸钠和蒸馏水进行解吸，时间为 2h，解吸完成后，测定 Pb^{2+} 浓度。再重复上述步骤四次，测定第五次解吸后 Pb^{2+} 浓度。

④ 藻泥的重复利用试验　两种使用方法进行比较，第一种，用藻泥在最优条件吸附下吸附 Pb^{2+}，再分别用 0.1mol/L 的 EDTA、HCl、柠檬酸钠和蒸馏水对吸附后的藻泥进行解吸，重复此步骤五次；第二种，用藻泥在最优条件吸附下连续吸附 Pb^{2+} 五次，再分别用 0.1mol/L 的 EDTA、HCl、柠檬酸钠和蒸馏水对吸附后的藻泥进行解吸。

⑤ 吸附动力学　配制 pH 值分别为 4、5、6 的 Pb^{2+} 溶液，在其他最优条件下进行吸附，并分别在吸附时间为 5min、10min、15min、20min、25min、30min、45min、60min、90min、120min、180min 时进行吸附率的测定。

检测方法：

$$M = \frac{C_0 - C_1}{m_s} V \tag{6-10}$$

$$P = \frac{C_0 - C_1}{C_0} \times 100\% \tag{6-11}$$

$$P_J = \frac{C_J V_J \times 100\%}{(C_0 - C_1) V} \tag{6-12}$$

式中　M——吸附量，mg/g；

P——吸附率，%；

P_J——解吸率，%；

C_0——溶液初始浓度，mg/L；

C_1——吸附平衡浓度，mg/L；

V——溶液体积，L；

m_s——藻泥质量，g；

J—— 解吸液中金属离子浓度，mg/L；

V_J—— 解吸液体积，L。

（3）结果分析

① 单因素实验

a. 藻粉粒径对吸附率的影响　藻粉粒径越小，与溶液的接触面积越大，吸附率就会越高。不同粒径的藻粉吸附 Pb^{2+} 效率如图 6-59 所示。可以看出，虽然不进行研磨，吸附率也能达到 86.03%，但是所有研磨过的藻粉的吸附率会更高，都在 96% 以上，最高可达 98.7%。因此，接下来的实验所用藻泥都会稍加研磨成粉状。

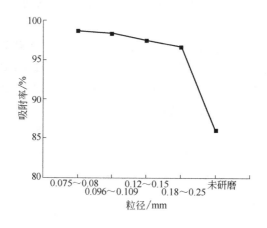

图 6-59　藻粉粒径对吸附率的影响

b. pH 值　pH 值是影响吸附效率的重要因素。若溶液中 pH 值过低，H^+ 就会与目标离子形成竞争吸附关系，藻细胞壁上吸附的位点因此而减少，吸附率降低；若 pH 值过高，金属离子会与 OH^- 结合，形成沉淀，使金属离子数量减少，导致吸附率下降。因此，对于吸附率而言，存在着一个最佳 pH 值。不同 pH 值下藻粉的吸附率如图 6-60。当 pH 值从 3 向 4 过渡时，吸附率是增加的，在 pH 值为 4 时，达到最高效率 85.51%，当 pH 值大于 4 时，吸附率急剧下降，即使在 pH 值为 8 时，有所好转，但是效果不大。因此，本实验中，吸附率的最佳 pH 值为 4。

c. 藻泥投加量　藻泥投加量是影响金属离子吸附的另一个重要因素，若投加量过少，则不能有效地吸附金属离子；若投加量过多，则会造成藻泥的浪费，增加成本。藻泥投加量对吸附率的影响如图 6-61 所示。当投加量为 1g/L 时，吸附率较低，仅为 68.66%。投加量增加到 2g/L 时，吸附率增长幅度很大，达到 92.7%。随后，随着投加量的增加，吸附率缓慢增长。

d. 温度　温度主要是通过影响吸附剂的生理代谢活动、吸附热熔和基团吸附热动力等因素来影响吸附效果。温度对吸附率的影响如图 6-62。可以看出，温度对吸附率的影响不大。温度从 15℃ 增加到 25℃，吸附率仅增加了 7 个百分点，温度大于 25℃ 时，吸附率有所下降，下降幅度也不大。由此说明，温度不是影响吸

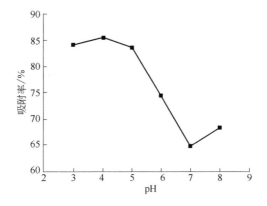

图 6-60 pH 值对吸附率的影响

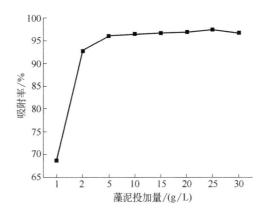

图 6-61 藻泥投加量对吸附率的影响

附率的重要因素。

　　e. Pb^{2+} 起始浓度　离子起始浓度同样是影响吸附效率的重要因素之一，其对吸附率的影响如图 6-63 所示。初始浓度从 5mg/L 升至 30mg/L 时，吸附率整体呈现增加状态，虽然中间也有下降趋势，但幅度很小，不到 1%，在 30mg/L 时达到最大值 82.27%。随后，吸附率降低。

　　f. 时间　吸附时间对吸附率的影响如图 6-64 所示，前 30min 内，吸附率快速增长，到达 30min 时，吸附率达到 90.84%，随后吸附率趋于平缓，由此可推断，在 30min 左右达到吸附平衡。

　　g. 振荡器转速　振荡器转速与吸附率的关系如图 6-65 所示。开始时，转速加快，藻粉溶液的接触面积变大，因此吸附率增加，在转速为 180r/min 时，吸附率达到 80.98%，随后由于转速加快，振荡加剧，导致脱附现象的出现，吸附率降低。

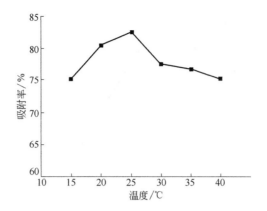

图 6-62　温度对吸附率的影响

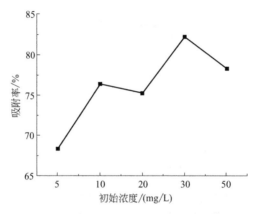

图 6-63　Pb^{2+} 起始浓度对吸附率的影响

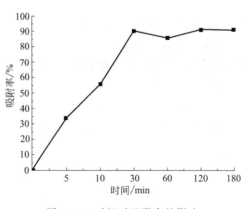

图 6-64　时间对吸附率的影响

② 正交法优化藻泥吸附重金属 Pb^{2+} 结果分析　根据单因素实验结果，选取

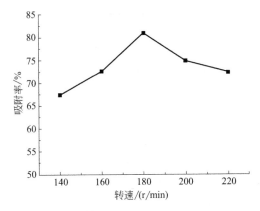

图 6-65　Pb^{2+} 振荡器转速对吸附率的影响

Pb^{2+} 初始浓度、pH 值、时间、藻泥投加量这四个主要影响因素（表 6-12），设计了四因素三水平 L$_9$（3^4）的正交实验，实验设计表如表 6-13 所示。

表 6-12　四个因素各水平列举

水平编号	因素			
	Pb^{2+}初始浓度(A)/ (mg/L)	pH(B)	时间(C)/ min	藻泥投加量(D)/ (g/L)
1	20	3	25	1.5
2	30	4	30	2
3	40	5	35	2.5

表 6-13　正交实验结果

实验号	因素				去除率/%
	Pb^{2+}初始浓度(A)/ (mg/L)	pH(B)	时间(C)/ min	藻泥投加量(D)/ (g/L)	
1	20	3	25	1.5	93.07
2	20	4	30	2	91.58
3	20	5	35	2.5	85.67
4	30	3	30	2.5	95.72
5	30	4	35	1.5	89.11
6	30	5	25	2	91.34
7	40	3	35	2	97.58
8	40	4	25	2.5	88.82
9	40	5	30	1.5	85.74
K$_1$	90.107	95.457	91.077	89.307	

实验号	因素				去除率/%
	Pb^{2+}初始浓度(A)/ (mg/L)	pH(B)	时间(C)/ min	藻泥投加量(D)/ (g/L)	
K_2	92.057	89.837	91.013	93.500	
K_3	89.837	87.583	90.787	90.070	
R	1.95	7.847	0.290	4.193	

在设计实验条件下，藻泥对Pb^{2+}有较好的吸附作用。由表 6-13 可知，$K_2A>$ $K_1A>K_3A$，$K_1B>K_2B>K_3B$，$K_1C>K_2C>K_3C$，$K_2D>K_3D>K_1D$，因此，最优水平组合为 $A_2B_1C_1D_2$，即 Pb^{2+}初始浓度为 30mg/L，pH 值为 3，吸附时间为 25min，藻泥投加量为 2g/L 时，吸附率最大。

为验证该正交结果是否正确，以最优水平组合进行 3 次实验，得到藻泥对 Pb^{2+}平均吸附率为 97.51%，高于正交实验中 4 号实验的水平组合的去除率 95.72%。所以 A_2、B_1、C_1、D_2 是最佳的因素水平组合。

③ 解吸实验结果分析

一种性能较好的吸附剂不仅要具有较高的吸附能力，还应具有较易解吸、再生能力强、可重复多次利用等特点。解吸剂的选择标准是能方便、高效、快速地将吸附在吸附剂表面的重金属离子回收到吸附液里。本实验选取四种解吸剂对已吸附 Pb^{2+}的藻泥进行解吸，分别是 0.1mol/L 的 HCl、EDTA、柠檬酸钠和蒸馏水，并且分两种方法解吸，一种是藻泥吸附一次 Pb^{2+}后利用解吸剂解吸，计算解吸率，另一种是藻泥连续吸附五次 Pb^{2+}后再用解吸剂解吸，计算解吸率。实验结果如图 6-66 所示。HCl 解吸效果最好，两种解吸率分别为 62.22% 和 80.85%，EDTA 与 HCl 相差无几，两种解吸率分别为 59.6% 和 79.64%。其次是柠檬酸钠，解吸率分别为 11.9% 和 38.6%，蒸馏水对藻泥的解吸几乎没有效果，仅为 0.42% 和 0.77%。实验结果表明，无机强酸和有较强金属螯合能力的 EDTA 均对藻泥上被吸附的 Pb^{2+}有较好的解吸效果。

④ 藻泥重复利用结果分析

藻泥多次吸附 Pb^{2+}后的吸附率如图 6-67 所示。在不解吸、重复吸附 5 次后，吸附率以较快的速率降低，依次为 94.59%、72.15%、41.04%、26.67%、17.48%。每次吸附后用蒸馏水解吸的效果与不解吸的效果相差无几。用 EDTA 解吸藻泥后，藻泥对 Pb^{2+}的重复使用性最好，第 2 次使用时藻泥吸附能力达到第 1 次使用时的 92.64%，第 3 次使用时其吸附能力为第 1 次使用时的 76.32%，第 4 次、第 5 次分别为 51.99% 和 43.01%。用 HCl 解吸后，藻泥对 Pb^{2+}的重复使用性较用 EDTA 解吸的效果差，第 2 次使用时藻泥吸附能力达到第 1 次使用时的 89.63%，第 3 次、第 4 次、第 5 次分别为 71.67%、46.12%、35.44%。这可能

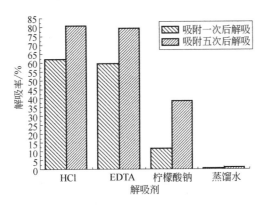

图 6-66 不同溶解的解吸效果

是由于浓度较高的 H^+ 占据了藻细胞的吸附位点,对藻细胞官能团的吸附性造成了破坏。用柠檬酸钠解吸后,藻泥对 Pb^{2+} 的重复使用性较差,第 2 次使用时藻泥吸附能力达到第 1 次使用时的 83.87%,第 3 次、第 4 次分别为 54.68%,33.56%,第 5 次仅为 20.81%。

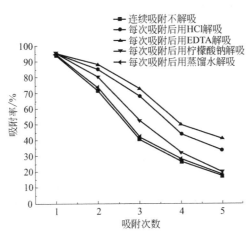

图 6-67 藻泥重复使用吸附效果

⑤ 吸附动力学结果分析

藻泥对不同 pH 值时 Pb^{2+} 的吸附动力学如图 6-68 所示。吸附率在前 30min 内增长迅速,30min 后,增长缓慢,甚至有所降低。因此,吸附在 30min 达到吸附平衡。本实验中采用的动力模型为准二级动力模型。准二级动力模型是假设吸附速率受化学吸附机理的控制。以 t/Q_t 对 t 作图,Q_t 为 t 时间的吸附量,如图 6-69所示。

二级动力学线性方程分别为:

pH=4,$y=0.12046+0.03047x$,$R^2=0.99751$

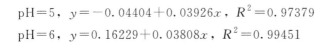

$$pH=5，y=-0.04404+0.03926x，R^2=0.97379$$
$$pH=6，y=0.16229+0.03808x，R^2=0.99451$$

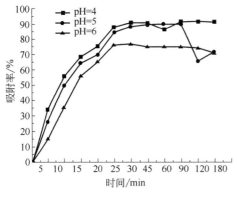

图 6-68　藻泥吸附 Pb^{2+} 动力学曲线　　　　图 6-69　藻泥吸附 Pb^{2+} 拟合曲线

由 R^2 可知，本实验中，吸附动力学符合准二级动力模型。pH 值为 5 和 6 时的动力学线性方程相近，与 pH 值为 4 时的不同，说明 pH 值对吸附效果有影响，藻泥吸附 Pb^{2+} 主要是化学吸附。

6.2.9　小结

① 藻、菌在去除水中污染物时，均是在底物浓度较高时达到最大反应速率，藻＋菌对 TP 的最大去除速率较单菌低，对 NH_4^+-N 和 COD 均高于单藻和单菌的去除条件，且在相同时间内，与单藻、单菌条件相比，藻菌混合共生体系对污染物的去除量也相对较大，即藻菌混合共生体系更有利于对污水中污染物的去除。

② 通过对 COD 的降解情况发现本实验研究中的小球藻是以异养代谢为主的淡水绿藻，研究表明，异养小球藻对碳氮比的需求低于活性污泥对碳氮比的需求，这意味着去除等量的碳源物质，小球藻要比活性污泥去除更多的 N，因此，小球藻适宜用来处理低 C/N 比生活污水。

③ 根据单藻和单菌对污染物的去除情况可推断出在藻菌混合共生时，对于 NH_4^+-N 的去除，小球藻作用所占的比例为 69.29%，单菌所占的比例为 30.71%；对于 TP 的去除，小球藻作用所占的比例为 51.53%，单菌所占的比例为 48.47%；对于 COD 的去除，小球藻作用所占的比例为 48.51%，单菌所占的比例为 51.49%。

④ 利用藻类塘处理污水产生的微藻泥制备生物柴油时，将研磨破碎的细胞以正己烷-乙醇在 50℃ 提取时间为 4h 时，可以得到最大油脂得率 17.44%。所提取出的油脂甲酯化后 C_{16} 和 C_{18} 占绝大部分，说明本实验中的藻粉可作为制备生物柴油的原料。

⑤ 微藻泥吸附水中 Pb^{2+} 的最佳条件为：Pb^{2+} 初始浓度为 30mg/L，pH 值为 3，投加量 2g/L 微藻泥吸附 25min 时，吸附率最大为 97.51％。在溶液 pH 值为 5 和 6 时，微藻泥对 Pb^{2+} 的吸附动力学符合准二级动力模型。因此，微藻泥吸附 Pb^{2+} 主要是化学吸附。

参考文献

[1] Oswald W J，Golueke C G. The high-rate pond in waste disposal [J]. Developments in Industrial Microbiology，1963，4：112-119.

[2] Picot B. Nutrient removal by high rate pond system in a Mediterranean climate (France) [J]. Water Sci Technol，1991，23 (8)：1535-1541.

[3] Posadas E，García-Encina P A，Soltau A，et al. Carbon and nutri-ent removal from centrates and domestic wastewater using algal-bac-teria biofilm bioreactors [J]. Bioresource Technology，2013，139 (1)：50-58.

[4] Godos I，Blanco S，García-Encina P A，et al. Long-term operation of high rate algal ponds for the bioremediation of piggery wastewa-ters at high loading rates [J]. Bioresource Technology，2009，100 (19)：4332-4339.

[5] Gimez E，Casellas C，Picot B. Algae processes in stabilization and high-rate algae pond systems [J]. Water Sci Technol，1995，31 (7)：303-312.

[6] Whalen P J，Toth L A. Kissimmee river restoration：a case study [J]. Water Sci Technol，2002，45 (11)：55-62.

[7] Craggs R J，Davies-Colley R J，Tanner C C，et al. Advanced pond system：performance with high rate ponds of different depths and areas [J]. Water Sci Technol，2003，48 (2)：259-267.

[8] Hamour B E，Jellal J，Outabihtt H，et al. The performance of a high-rate algal pond in the Moroccan climate [J]. Water Sci Technol，1995，31 (12)：67-74.

[9] Steen P，Brehner A，Shabtai Y，et al. Improved fecal coliform decay in intergrated duckweed and algal ponds [J]. Water Sci Technol，2000，42 (10-11)：357-362.

[10] Canovas S，Picot B，Casellas C，et al. Seasonal development of phytoplankton and zooplankton in a high-rate algal pond [J]. Water Sci Technol，1996，33 (7)：199-206.

[11] Nurdogan Y，Oswald W J. Tube settling of higll-rate pond algae [J]. Water Sci Technol，1996，33 (7)：229-241.

[12] Steen P，Brenner A，Oron G. An integrated duckweed and algae pond system for nitrogen removal and renovation [J]. Water Sci Technol，1998，38 (1)：335-343.

[13] Weber W J，Stumn W. Buffer systems of natural fresh waters [J]. J. Chem. Engng. Data. Water Wks Ass，1963，55：1553-1578.

[14] 陈广，黄翔峰，安丽，等. 高效藻类塘系统处理太湖地区农村生活污水的中试研究 [J]. 给水排水，2006，32 (2)：37-40.

[15] 李旭东，何小娟，周琪，等. 高效藻类塘处理太湖地区农村生活污水研究 [J]. 同济大学学报（自然科学版），2006，34 (11)：1505-1509.

[16] 黄翔峰，何少林，陈广，等. 高效藻类塘系统处理农村污水脱氮除磷及其强化研究 [J]. 环境工程，2008，26 (1)：7-10.

[17] Nurdogna Y. Micoralgal separation from high raet ponds [D]. Berkeley，USA：University of Caliofmia，1998.

[18] 叶海明，王静. 高效藻类塘工艺及其应用 [J]. 化学工程师，2005，19（1）：53-54.

[19] 许春华，周琪. 高效藻类塘的研究与应用 [J]. 环境保护，2001（8）：41-43.

[20] Moutin T，Gal J Y，Halouani H E，et al. Decrease of phosphate concentration in a high rate pond by precipitation of calcium phosphate：Theoretical and exper imental results [J]. Water Res.，1992，26（11）：1445-1450.

[21] Fiballey，Bailey，Green，et al. Advanced Integrated wastewater Pond systems for Nitrogen Removal [J]. Water Sci. Tech，1993，28（10）：169-1751.

[22] 方文秀. 浅谈地埋式污水处理系统及其应用 [J]. 安徽建筑，2009，4：128.

[23] 曹大伟. 地埋式一体化溅水充氧生物滤池处理农村生活污水的应用研究 [D]. 南京：东南大学，2008.

[24] 钱进，宋乐平，张大鹏，等. 周庄古镇地埋式污水处理厂工程实例 [J]. 合肥工业大学学报，2005，28：940-943.

[25] 沈东升，贺永华，冯华军. 农村生活污水地埋式无动力厌氧处理技术研究 [J]. 农业工程学报，2005，21：111-113.

[26] 刘春光，金相灿，孙凌，等. pH值对淡水藻类生长和种类变化的影响 [J]. 农业环境科学学报，2005，24（2）：294-298.

[27] 王伟. 地埋式一体化生物接触氧化工艺污水处理中的应用 [J]. 资源节约与环保，2013（11）：80-81.

[28] 黄翔峰，池金萍，何少林，等. 高效藻类塘处理农村生活污水研究 [J]. 中国给水排水，2006（05）：35-39.

[29] 胡正峰，张磊，邱勤，等. 温度条件对澎溪河藻类生长的影响 [J]. 江苏农业科学，2010（02）：384-386.

[30] 孙晓燕. 不同培养条件下三峡库区几种常见硅藻、绿藻和蓝藻的氮磷营养研究 [D]. 重庆：西南大学，2012.

第**7**章 ▶▶

农村生活面源氨氮污染一体化设备处理技术

　　地埋式污水处理系统是以生化工艺为主，集生物降解污水沉降、氧化消毒等工艺于一体的一种完全或基本上埋设于地面以下的成套的污水处理系统[1]。具有占地面积小、噪声低、无异味、处理效果明显、施工管理方便、受气候条件影响小等特点，符合小城镇的建设条件及实际情况，比较适用于小城镇的生活污水处理。

7.1 地埋式一体化处理技术基本理论

　　地埋式生活污水处理设备分为地埋式无动力生活污水处理设备、地埋式有动力生活污水处理设备和地埋式一体化小型生活污水处理设备三类。

7.1.1 地埋式无动力生活污水处理设备

　　地埋式无动力生活污水处理设备如图 7-1 所示，其主体工艺大都运用厌氧消化-好氧降解、两段生物膜法等传统理论使污水、粪便得以净化，污水按水力位能原理自行运行而无需外加动力。凭借投资省、无需运行费用、便于维护与管理等特点在国内部分省市得到广泛应用。其基本流程为：生活污水→厌氧消化→厌氧生物过滤→接触氧化→排放。

图 7-1　地埋式无动力生活污水处理设备

7.1.2 地埋式有动力生活污水处理设备

地埋式无动力生活污水处理设备如图 7-2 所示，该污水处理系统主要采用生物接触氧化法。在好氧条件下利用好氧菌将污水中的有机物分解，悬浮物、漂浮物进入调节池。采用 AS 型污水泵把纤维状物质撕裂、切断、输送至生物接触氧化池进行生物处理，通过接触氧化池填料上生物膜的作用，使污水净化：污水与接触氧化池中脱落的生物膜一起流入二次沉淀池进行污水分离，经沉淀池澄清后的污水流入砂滤池进行深度处理后进入消毒池进行处理。经消毒后，污水已完成各项处理即回用或排放。

图 7-2　地埋式有动力生活污水处理设备

7.1.3 地埋式一体化小型生活污水处理设备

地埋式一体化小型生活污水处理设备如图 7-3 所示，其处理规模较小，集污水处理工艺各部分功能，包括预处理、生物处理、沉淀、消毒等于一体的生活污水处理装置。目前，地埋式一体化处理技术按工艺划分有生物接触氧化法、SBR 等。处理装置可做成钢制定型设备整体敷设或混结构现场浇注。

图 7-3　地埋式一体化小型生活污水处理设备

7.2 一体化设备处理技术原理

地埋式一体化处理技术主要采用的是生化工艺的原理，如地埋式一体化SBR工艺、地埋式一体化生物滤池工艺、地埋式一体化生物接触氧化工艺。以地埋式一体化生物滤池为例，该工艺技术原理为可溶性有机物通过扩散进入附着在滤料表面的生物膜，作为异养菌的碳源和能源被利用。胶体和颗粒状有机物首先通过吸附和网捕到达生物膜表面，经胞外水解酶分解成溶解状有机物，由生物膜内的异养细菌进行代谢。氨氮通过扩散进入生物膜，部分被异养菌合成为生物质，余下的被硝化菌氧化成硝酸盐氮。有机物去除和氨氮硝化导致附加的生物质，使生物膜的厚度得以增加。当生物膜过厚时发生脱落，脱落的生物膜随出水排出[2]。

7.3 地埋式一体化处理农村生活污水技术应用

我国在20世纪80年代末期开始对地埋式一体化处理技术处理农村生活污水进行研究，21世纪初在我国大范围的应用。2003年江苏省昆山市周庄镇建立处理能力为700m³/d的一期污水处理厂，采用地埋式A/O法＋化学除磷法工艺对当地生活污水进行处理。生活污水经调节池均匀水质、水量后，进入A/O生化池，出水满足《污水综合排放标准》（GB 8978—1996）中的城镇二级污水处理厂一级排放标准[3]。2005年浙江大学环境工程系研究出了农村生活污水地埋式无动力厌氧处理技术，该技术通过填料表面和悬浮的专性厌氧或兼氧微生物的吸附降解作用，对污染物质逐一进行分解去除。经过中试及实际应用，该技术对农村生活污水各项污染指标的平均去除率较高，出水水质稳定，能达到国家二级排放标准[4]。2007年兰州大学在莫高窟景区建立地埋式SBR工艺处理莫高窟景区生活污水，该系统运行稳定、出水水质达标，并运行成本较低[5]。2008年东南大学开发了一套地埋式一体化生物滤池工艺，该工艺主体由缺氧池、生物滤池和沉淀池组成。出水水质达到《城镇污水处理厂污染物排放标准》（GB 18918—2002）一级标准[2]。2013年大同煤矿集团公司在厂区运用地埋式一体化生物接触氧化工艺处理厂区生活污水，污水处理效果好，出水COD监测结果为23.5～39.9mg/L，运行费用低、操作简单、日常管理方便，抗水质、水量的冲击负荷能力强[6]。2017年江苏某工厂建立地埋式一体化AO＋接触氧化工艺的生活污水处理装置，出水COD和氨氮浓度分别低于100mg/L和25.3mg/L，稳定达到污水厂接管要求，且底泥翻浑现象得到大大改善[7]。

7.4 地埋式一体化处理技术存在的问题

（1）维修不方便

地埋式一体化处理系统埋于地下，设备出现故障后，不方便检修与更换。

（2）环境适应性差

冬天需防冻、夏天需防洪。北方需要埋入较深，并做保温处理。地埋式污水处理设备适合条件：水量较小、污染物浓度小、成分不复杂、场地有限、需考虑周围环境美化因素等。

（3）鼓风机问题

鼓风机房设于地下，由于通风效果较差，易使鼓风机进口温度过高而导致鼓风机故障停机；鼓风机房设于地上会产生一定的噪声污染。

7.5 地埋式一体化 SBBR 工艺处理技术

对于处理污水的各工艺而言，众多条件因素都会对该工艺的处理效果产生重要的影响，同时也会直接影响工艺的运行成本。影响 SBBR 工艺污水处理效果的因素很多，例如工艺的曝气方式、曝气时间、溶解氧浓度、温度等。工艺中，曝气为主要的耗能环节，曝气环节的能耗约占工艺运行总能耗的 70% 左右。因此需要进行试验，研究工艺参数对工艺运行效果的影响，并调整 SBBR 反应器的运行参数，使工艺的去除效果达到排放标准，同时又能够最大限度地降低能耗，进而降低工艺运行成本至关重要。

7.5.1 挂膜与启动试验

由调研数据可得辽宁省农村地区生活污水各指标污染物浓度。但由于辽宁省农村污水在常规处理之前都经过化粪池预处理，化粪池出水中 COD、NH_4^+-N 等浓度均有大幅度的降低，因此在设计试验时，试验用水中 COD、NH_4^+-N 的浓度应适当降低，本试验每个周期内的进水 COD 保持浓度为 220～350mg/L，NH_4^+-N 浓度为 15～30mg/L。

本试验挂膜启动采用接种活性污泥后连续培养的方法，接种的污泥来自沈阳市夹河污水处理厂的二沉池污泥。污泥驯化期间首先进行闷曝，保证溶解氧浓度＞3mg/L，闷曝气 5d，整个系统水温保持在 10～15℃ 之间，pH 保持在 6.8～7.9 之间，曝气 24h 为一个周期，每个周期更换新鲜生活污水，换水比约为 1∶3。直至运行 5d 后，在装置内的悬浮填料上出现褐色絮状的物质后，开始大流量进水，直至设计流量。随后调节反应器瞬时进水，曝气 5h，沉淀 1h，出水 1h，闲置 5h，反应器每天运行两个周期，每天进行一次水质指标监测。

图 7-4　悬浮填料挂膜前后对比图

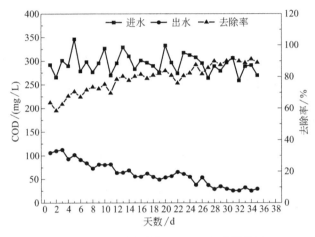

图 7-5　反应器启动期间 COD 去除效果图

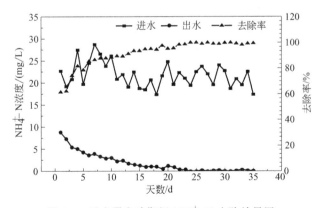

图 7-6　反应器启动期间 NH_4^+-N 去除效果图

在反应器运行 25d 后，肉眼可以看到在改性聚氨酯悬浮填料表面包裹了一层黄褐色生物膜，悬浮填料挂膜前后的对比如图 7-4 所示。由于反应器内微生物迅速繁殖生长，污染物的去除率逐渐升高，出水 COD、NH_4^+-N、指标变化不大，去除率也趋于稳定。反应器启动期间COD、NH_4^+-N去除效果分别如图7-5和图7-6所示，出水COD约为30mg/L左右，去除率基本在85%以上。出水NH_4^+-N低于5mg/L，去除率稳定在95%以上。此时认为挂膜启动。经过本次试验分析出影响悬浮填料挂膜的主要影响因素如下：

① 填料自身性能。本试验装置采用的悬浮填料为PPC改性聚氨酯海绵填料，其具有孔隙率高、比表面积大、耐负荷冲击、亲水性好等特点，可为微生物的生长繁殖提供稳定的生存环境。

② 污泥生物量。本试验采用接种活性污泥后连续培养的方法使悬浮填料挂膜，因此活性污泥中的生物种类、微生物的数量以及活性都会影响悬浮填料的挂膜速度和效果。

③ 进水水质。进水的碳氮比、有机物的浓度等会影响填料挂膜的速度。

④ 溶解氧和温度。好氧微生物的代谢活动受水中溶解氧的影响，溶解氧过高会导致水中有机物分解过快，使微生物缺乏营养物质，生物膜容易老化、结构松散且易脱落；溶解氧过低则会导致生物膜发黑发臭，容易滋生丝状菌。而污水温度主要会影响活性污泥的活性和繁殖速率，进而影响悬浮填料的挂膜时间。

7.5.2　曝气方式对SBBR反应器污染物去除效果的影响

SBBR反应器作为活性污泥法的一种，曝气是活性污泥法系统污染物处理的重要环节，好的曝气方式可以有效提高污染物的去除率，不同的曝气方式决定着污染物的去除效果，同时也决定着能耗的多少。已有研究表明，间歇曝气内好氧时间与厌氧时间的分配对污染物的去除有重要影响，适当增加曝气时间有利于COD去除和硝化反应进行，而缺氧阶段的适当延长则有利于亚硝酸氧化菌（NOB）活性抑制并实现短程硝化反硝化[8]。在参考郑照明[9]、张雯[10]等的研究基础上，本试验在连续曝气条件下，保持SBBR反应器瞬时进水，曝气5h，沉淀1h，排水1h，停机5h，维持SBBR反应器内的溶解氧浓度＞4mg/L；在间歇曝气时调整SBBR反应器瞬时进水，曝气40min，停止20min，循环5次后，沉淀1h，排水1h，停机5h，保持SBBR反应器内溶解氧浓度＞4mg/L。

（1）不同曝气方式对COD的去除效果分析

如图7-7所示，在连续曝气条件下，连续进行8组试验，进水COD浓度在240.88～340.31mg/L之间浮动，平均值为289.04mg/L。而SBBR出水浓度基本稳定，出水COD浓度远远小于50mg/L，反应器内COD的去除率均在85%以上，出水COD浓度平均值为29.71mg/L，出水满足《城镇污水处理厂污染物排放》（GB 18918—2002）一级A标准（＜50mg/L）。在间歇曝气条件下，连续8组试验，进水COD在240.69～310.67mg/L之间浮动，平均为194.20mg/L，反应器出水中COD平均值为37.23mg/L，出水达到《城镇污水处理厂污染物排放》（GB 18918—2002）一级A标准，SBBR反应器对于系统COD去除率维持在80%以上。

由图 7-7 可知，连续曝气条件下反应器对 COD 的去除效果要优于间歇曝气条件，在 SBBR 反应器中曝气可以有效去除水中的有机污染物质，研究表明好氧微生物在充足的溶解氧环境中会大量增殖，形成的菌胶团会吸附、降解水中的大量有机污染物质，从而达到污染物的降解[11]。在连续曝气环境中反应器溶解氧更充足，反应器在进水后开始曝气到曝气结束，好氧微生物经历了适应期、对数增长期、减速长期、内源呼吸期 4 个阶段，微生物大量繁殖，污水中大量的有机物质被吸附降解；在间歇曝气条件下曝气时间比连续曝气时间少 40min，因此有机物降解能力较连续曝气稍差一点，但也可达到一级 A 排放标准，同时反应器每个周期内能耗低于连续曝气。

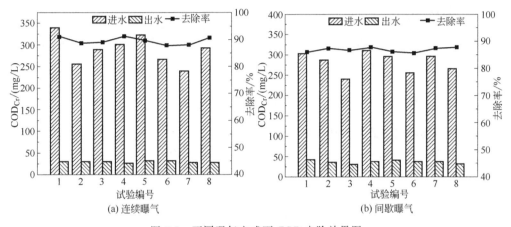

图 7-7　不同曝气方式下 COD 去除效果图

（2）不同曝气方式对 NH$_4^+$-N 的去除效果影响

如图 7-8 所示，在间歇曝气条件下，进行 8 组试验，进水 NH$_4^+$-N 浓度在 17.92～28.53mg/L 中间浮动，平均进水 NH$_4^+$-N 浓度 22.58mg/L，SBBR 出水 NH$_4^+$-N 浓度平均为 2.14mg/L，去除率平均值为 90.5%，出水达到《城镇污水处理厂污水处理排放标准》（GB 18918—2002）一级 A 标准。在连续曝气的条件下，进行 8 组试验，进水 NH$_4^+$-N 浓度在 19.45～26.33mg/L 中间浮动，平均进水 NH$_4^+$-N 浓度为 22.32mg/L，系统出水 NH$_4^+$-N 浓度平均为 0.80mg/L，去除率平均值为 96.36%，出水达到《城镇污水处理厂污水处理排放标准》（GB 18918—2002）一级 A 标准。

图 7-8 可得，连续曝气条件下 SBBR 反应器的 NH$_4^+$-N 去除效果优于间歇曝气条件下 NH$_4^+$-N 的去除效果。NH$_4^+$-N 的去除途径主要为在曝气的环境下，亚硝化细菌以及硝化细菌在以水中有机物作为能源的条件下，经过一系列酶的作用将 NH$_4^+$-N 转化为亚硝态氮和硝态氮，良好的曝气条件可以有效促进亚硝化细菌以及硝化细菌的生物活性，结合图 7-7 在充足的底物浓度条件下细菌大量繁殖，有效降

解污水中的 NH_4^+-N 浓度。间歇曝气相应缩短了曝气时间，影响硝化细菌作用，因此去除率低于连续曝气。但是在间歇曝气条件下 SBBR 反应器对 NH_4^+-N 也有很高的去除率，且出水达到一级 A 排放标准，同时也降低了系统的能源消耗。

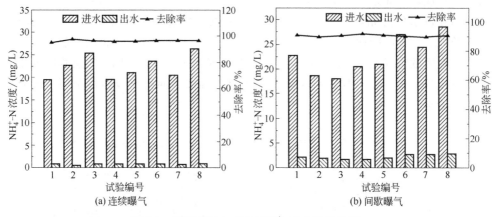

图 7-8　不同曝气方式下 NH_4^+-N 去除效果图

（3）不同曝气方式对 TP 的去除效果影响

如图 7-9 所示，在连续曝气条件下，进行 8 组试验，进水 TP 浓度在 2.79~4.53mg/L 之间浮动，平均进水 TP 浓度 3.63mg/L，SBBR 出水 TP 浓度平均为1.32mg/L，去除率平均值为 62.78%，处理效果较差。在间歇曝气的条件下，进行 8 组试验，进水 TP 浓度在 2.86~4.36mg/L 之间浮动，平均进水 TP 浓度3.49mg/L，系统出水 TP 浓度平均为 0.77mg/L，去除率平均值为 77.76%，最高可达 80.76%。可见 SBBR 在连续曝气条件下对 TP 的去除效果较好，出水 TP 浓度均小于1mg/L，出水达到《城镇污水处理厂污水处理排放标准》（GB 18918—2002）一级 B 标准。

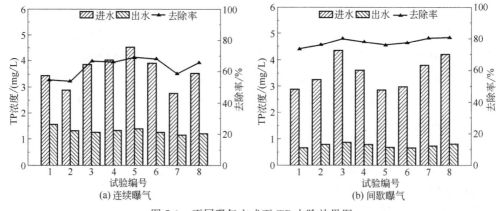

图 7-9　不同曝气方式下 TP 去除效果图

表 7-1　反应器不同曝气方式下出水各类污染物浓度　　　　单位：mg/L

曝气方式	出水 COD	出水 NH_4^+-N 浓度	出水 TP 浓度
间歇曝气	29.71	2.14	1.32
连续曝气	37.23	0.80	0.77

由表 7-1 可得间歇式曝气条件下反应器 COD、NH_4^+-N 出水浓度略高于连续曝气条件，但出水 TP 浓度低于连续曝气 0.55mg/L，连续曝气有利于 COD、NH_4^+-N 的去除，间歇曝气有利于 TP 的去除。综合对比连续曝气和间歇曝气运行方式下各类污染物的去除效果，确定 SBBR 工艺采用间歇曝气运行方式。

7.5.3　曝气时间对 SBBR 反应器污染物去除效果的影响分析

SBBR 工艺能耗主要是由反应器曝气产生，曝气作为该工艺中主要的耗能环节，据粗略估计，曝气能耗可占总能耗的 70% 左右[12,13]。曝气时间作为 SBBR 工艺能耗控制的重要参数，也是影响处理效果的最关键的因素之一[14]。Mello 等[15] 和 Hu 等[16] 研究认为曝气时间、底物浓度等因素对反应器的处理效果极为重要。一般而言，曝气时间越长，底物浓度越高，污染物处理效果越好。本试验在间歇曝气的条件下，保持 SBBR 反应器瞬时进水，曝气 2h、3h、4h、5h（其中每小时内曝气 40min，停止 20min），沉淀 1h，排水 1h。曝气时间总共运行 20d，每天采集数据一次，每次检测数据包括 COD、NH_4^+-N、TP、温度、溶解氧等，SBBR 反应器排泥间隔为 25d。

（1）不同曝气时长对 COD 的去除效果分析

如图 7-10 所示，在 2h、3h、4h 以及 5h 曝气时间下，每个曝气时间内连续进行 5 组试验，可见在不同曝气时间下，COD 进水平均浓度分别为 285.84mg/L、291.64mg/L、291.88mg/L 及 282.922mg/L，SBBR 出水平均浓度分别为 59.43mg/L、35.74mg/L、33.25mg/L 和 31.06mg/L，不同曝气时间下 SBBR 反应器对 COD 的平均去除率分别为 78.79%、87.70%、88.57% 以及 88.98%，可见在 SBBR 反应器曝气时间在 3h 以上时对污水中 COD 具有较好的去除效果。

SBBR 反应器内 COD 的去除效果随着曝气时间的增加呈现逐渐增加的趋势，由图可见 2h 曝气时去除率达到 78.79%，出水 COD 浓度 59.43mg/L，未达到《城镇污水处理厂污染物排放标准》（GB 18918—2002）一级 A 标准。当曝气时间达到 3h 以后，反应器 COD 去除率增加至 87.70% 以上，出水浓度低于 35.74mg/L，说明曝气时间对反应器 COD 去除效果具有较大影响，因此适当地增加曝气时间有效地提高了有机污染物的去除效果，分析原因为污水进入反应器后，反应器内大量的活性污泥菌胶团（以好氧微生物为主）吸附有机物，有机物质通过细胞壁进入细胞内被细胞分解利用，曝气时间的增加，提升了反应器内的好氧条件，促进了好养微生物的新陈代谢，从而促进了有机物的降解。分析发现在曝

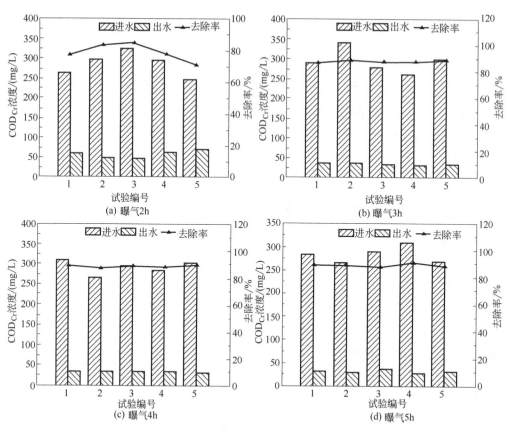

图 7-10　不同曝气时长下 COD 去除效果图

气时间达到 3h 以上时，反应器 COD 浓度均低于 50mg/L，可达到排放的要求。

（2）不同曝气时长对 NH_4^+-N 的去除效果分析

如图 7-11 所示，在 2h、3h、4h 以及 5h 曝气时间下，每个曝气时间内连续进行 5 组试验，可见曝气时间对 SBBR 反应器 NH_4^+-N 去除效果具有较大影响，在不同曝气时间下 NH_4^+-N 进水平均浓度分别为 22.66mg/L、21.49mg/L、24.53mg/L 及 23.68mg/L，SBBR 出水平均浓度分别为 7.13mg/L、4.13mg/L、2.70mg/L 和 0.14mg/L，不同曝气时间下 SBBR 反应器对 NH_4^+-N 的平均去除率分别为 68.20%、80.69%、88.95% 以及 99.44%。可见由于曝气作用，在 SBBR 反应器内具有较好的 NH_4^+-N 去除率。SBBR 反应器内 NH_4^+-N 的去除效果随着曝气时间的增加呈现逐渐增加的趋势，由图可见 2h 曝气时去除率达到 68.20%，出水 NH_4^+-N 浓度 7.13mg/L，未达到《城镇污水处理厂污染物排放标准》（GB 18918—2002）一级 A 标准。当曝气时间超过 2h，达到 3h 以后，反应器 NH_4^+-N 去除率增加至 88.6% 以上，出水浓度均低于 5mg/L，在曝气时间从 2h 增加至 3h，NH_4^+-N 去除率增加 20.4%，曝气时间增加至 4h、5h 后，去除率增加分别为 8.26% 和

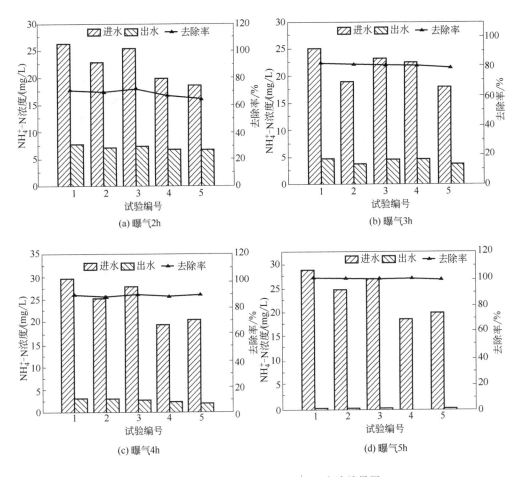

图 7-11 不同曝气时长下 NH_4^+-N 去除效果图

10.49％。可见 SBBR 反应器曝气加至 3h 后对 NH_4^+-N 具有较好的去除效果，再增加曝气时间，去除效果增加不大。因此适当地增加曝气时间有效地提高了 NH_4^+-N 的去除效果，分析原因为污水进入反应器后，在大量硝化细菌的作用下 NH_4^+-N 转化为亚硝态氮、硝态氮，因此曝气时间越久，好氧条件越好，好氧自养型硝化细菌繁殖越快，大量的 NH_4^+-N 被降解效果越好，但当 NH_4^+-N 底物浓度一定时，再增加曝气时间，NH_4^+-N 的去除效果增加变小。在 3h、4h、5h 曝气下，SBBR 反应器出水均达到《城镇污水处理厂污染物排放标准》（GB 18918—2002）一级 A 标准。

（3）不同曝气时长对 TP 的去除效果分析

如图 7-12 所示，在 2h、3h、4h 以及 5h 曝气时间下，每个曝气时间内连续进行 5 组试验，随着曝气时间的改变，SBBR 工艺对 TP 的去除效果也改变。图中可得，在不同曝气时间下，TP 进水平均浓度分别为 3.38mg/L、3.40mg/L、

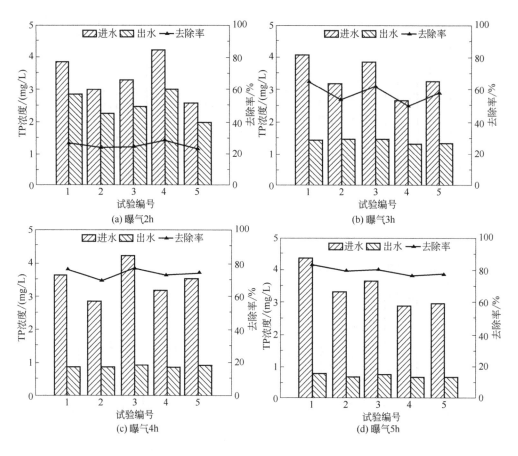

图 7-12　不同曝气时长下 TP 去除效果图

3.48mg/L 及 3.42mg/L，SBBR 出水平均浓度分别为 2.51mg/L、1.41mg/L、0.89mg/L 和 0.70mg/L，不同曝气时间下 SBBR 反应器对 TP 的平均去除率分别为 25.48%、65.17%、74.10% 以及 79.18%，可见由于曝气时间的增加，在 SBBR 反应器内 TP 的去除效率在逐步提高。由图可见 2h、3h、4h 及 5h 曝气时 SBBR 出水 TP 去除率由 25.48% 逐渐增加至 79.18%，随着曝气时间的增加，TP 去除效果逐渐变好，研究表明在活性污泥系统内 TP 的去除主要是通过聚磷菌在厌氧释磷后充分吸磷，然后将一部分含有大量聚磷菌的污泥排出系统外，另一部分留在反应器内如此循环的过程。由图中可得当曝气时间达到 5h，除磷效果最好，分析原因为：①由于曝气时间的增加，曝气效果好，因此聚磷菌利用好氧环境中的碳源大量繁殖后大量吸磷；②由于 SBBR 反应器排水后池内仍含有泥水混合液，且泥少于水，因此当污水再次进入池内后低浓度的余水对原污水有稀释作用，因此出水 TP 含量减小。

表 7-2　反应器不同曝气时间出水各类污染物浓度　　　单位：mg/L

曝气时间	COD	NH_4^+-N	TP
2h	59.43	7.13	2.51
3h	35.74	4.13	1.41
4h	33.25	2.70	0.89
5h	31.06	0.14	0.70

由表 7-2 可得，随着反应器曝气时间的增加，出水中各类污染物浓度呈现下降趋势，当曝气时间＞4h 时 COD、NH_4^+-N 均达到《城镇污水处理厂污染物排放标准》（GB 18918—2002）一级 A 标准，同时 TP 也具有较好的去除效果。

综合考虑曝气时间对各类污染物的去除效果以及系统能源消耗，确定 SBBR 工艺的优化工况为：瞬时进水—曝气 4h（其中每小时内曝气 40min，停曝 20min）—沉淀 1h—排水 1h—闲置 6h。

7.5.4　系统最佳工况下的运行效果

通过对系统运行工况的研究，确定了优化后的曝气方式、曝气时间。使系统稳定运行 15d，每天运行 2 个周期，每周期 12h。每天取一个周期的进水和出水测定各类污染物指标的浓度，考察系统对 COD、NH_4^+-N 和 TP 的去除效果。

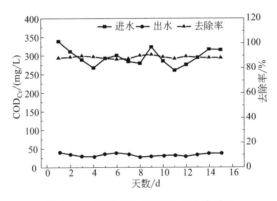

图 7-13　SBBR 对 COD 的去除效果图

（1）系统对 COD 的去除效果

由图 7-13 可知，进水 COD 在 260.31～338.67mg/L 之间变化，平均为 295.52mg/L。出水 COD 为 29.33～40.37mg/L，平均 33.60mg/L。COD 的平均去除率为 88.63%。系统出水 COD 均小于 50mg/L，满足国家污水综合排放一级 A 标准要求。

（2）系统对 NH_4^+-N 的去除效果

试验原水为人工配制的模拟生活污水，进水中氮的主要存在形式为 NH_4^+-N，

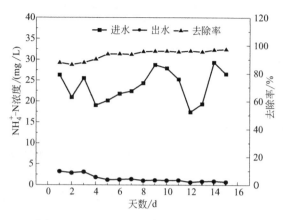

图 7-14　SBBR 对 NH_4^+-N 的去除效果图

硝态氮的含量很低，即使在上一周期中有残留在水体中的硝态氮、亚硝态氮，但是浓度很低，在厌氧反应开始的很短时间内即可被反硝化作用去除。好氧阶段的硝化反应将大部分的 NH_4^+-N 去除，效果比较理想，出水水质中的 NH_4^+-N 浓度较低。系统稳定运行时 NH_4^+-N 的进水、出水浓度变化及其去除率的曲线如图 7-14 所示。进水 NH_4^+-N 浓度在 $17.45 \sim 29.34 mg/L$ 之间变化，NH_4^+-N 的去除效果很好，出水平均 NH_4^+-N 浓度为 $1.51 mg/L$，平均去除率高达 93.51%。最高出水浓度为 $3.24 mg/L$，小于 $5 mg/L$，最低出水浓度低至 $0.67 mg/L$。可见，系统对 NH_4^+-N 的去除效果很好，说明硝化反应明显，硝化菌生长情况良好，大部分 NH_4^+-N 被转化为了硝态氮、亚硝态氮和其他形态的氮素。NH_4^+-N 的出水浓度远优于国家排放标准一级 A 的要求。

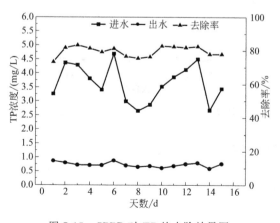

图 7-15　SBBR 对 TP 的去除效果图

（3）系统对 TP 的去除效果

系统稳定运行时 TP 的进水、出水浓度变化及其去除率的曲线如图 7-15 所示。进水 TP 浓度在 2.65～4.69mg/L 之间变化，TP 的去除效果良好，出水平均 TP 浓度为 0.73mg/L，平均去除率高达 79.56%。最高出水浓度为 0.88mg/L，小于 5mg/L，最低出水浓度低至 0.59mg/L。在工艺稳定运行期间，出水 TP 浓度达到《城镇污水处理厂污染物排放标准》（GB 18918—2002）一级 B 标准（<1mg/L）。

因此，通过以上试验得到系统在不同曝气方式、不同曝气时间下 COD、NH_4^+-N、TP 的去除效果，以及系统在最佳工况下的处理效果。得到结论如下：

① 通过接种活性污泥后连续培养的方法进行了悬浮填料的挂膜启动试验。反应器运行 25 天后，COD 的去除率稳定达到了 85% 以上，NH_4^+-N 的去除率也稳定在 95% 左右，出水 COD 低于 50mg/L，出水 NH_4^+-N 浓度低于 5mg/L，试验启动成功。

② 连续曝气有利于 SBBR 反应器 COD、NH_4^+-N 的去除，但间歇曝气则提高了反应器内 TP 的去除效果，去除率可提高 11.8% 左右，同时出水 COD、NH_4^+-N 浓度也达到《城镇污水处理厂污染物排放标准》（GB 18918—2002）一级 A 标准，因此 SBBR 反应器采用间歇式曝气法。

③ 曝气时间的增加有利于反应器内各类污染物的去除，适当的曝气时间不仅可以节省能耗，同时也可达到污水排放标准。当曝气时间为 2h、3h，各类污染物并未同时达到排放标准，当曝气时间为 4h，出水 COD 和 NH_4^+-N、TP 浓度分别为 33.25mg/L、2.70mg/L 和 0.89mg/L，COD、NH_4^+-N 浓度均达到《城镇污水处理厂污染物排放标准》（GB 18918—2002）一级 A 标准，同时 TP 也有较好的去除效果，出水 TP 可达到一级 B 标准，曝气时间为 5h 时各项污染物去除效果优于 4h。综合考虑污染物处理效果和能耗，确定曝气时间采用 4h。

④ 此外，还研究了在确定的最佳工况下，系统稳定运行 15 天，出水中各类污染物质的达标情况：

工艺在稳定运行期间，COD、NH_4^+-N、TP 的平均去除率分别为 88.63%、93.51%、79.56%，出水的平均 COD 和 NH_4^+-N、TP 平均浓度分别为 33.60mg/L、1.51mg/L、0.73mg/L，其中出水的 COD、NH_4^+-N 浓度均达到《城镇污水处理厂污染物排放》（GB 18918—2002）一级 A 标准，TP 达到《城镇污水处理厂污染物排放》（GB 18918—2002）一级 B 标准。在最佳工况下组合工艺各污染物去除效果较好，可以实现达标排放。

7.5.5　间歇式 SBBR 工艺处理农村生活污水的中试试验

利用 SBBR 一体化污水处理设备，利用 PPC 改性聚氨酯海绵填料作为生物载体处理农村生活污水，对间歇式 SBBR 工艺处理农村生活污水的效果进行了验证。

（1）试验装置及仪器

本试验采用 SBBR 工艺一体化污水处理设备进行试验。设备平面尺寸为 1.0m×0.5m×1.0m，根据不同的试验要求，可组成不同的处理工艺，其平面布置图及现场照片如图 7-16 和图 7-17 所示。验证装置所使用的仪器、构件等如表 7-3 所示。

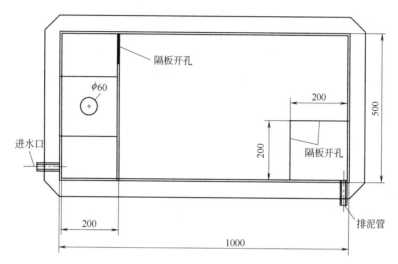

图 7-16　试验装置平面布置图

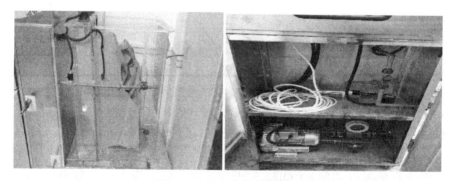

图 7-17　试验设备现场图片

表 7-3　主要试验仪器构件表

序号	名称	规格型号	数量
1	提升泵	V180	1台
2	搅拌器	0.18kW	1个
3	鼓风机	HG370	1台
4	污泥泵	MP-10R	1台
5	曝气系统	92mm	6套
6	填料		0.15m^3

序号	名称	规格型号	数量
7	流量计	DN25,25～250L/h	2个
8	气体流量计	4～40L/min	1个
9	液位计		2个
10	控制系统		1套
11	管路系统		1套

整个反应器容积为 $0.5m^3$，处理水量确定为 $Q=1m^3/d$，反应器内填料填充率为 30%。试验用悬浮填料为改性聚氨酯海绵填料，其具有高磨耗性和好通水性等特点，其性能参数如表 7-4 所示。

表 7-4　改性聚氨酯填料性能参数表

型号	空孔率/ %	气孔数/ （个/25mm）	气孔径/ mm	比表面积/ （m^2/kg）	真密度/ （g/cm^3）
AQ—30	95	20	1.5	91000	1.1

（2）试验内容与出水标准

按照上述试验确定的最佳运行条件，在恒温条件下对中试装置进行长期运行，同时考察系统对农村生活污水的处理效果，监测时间为 60 天。试验原水为人工模拟农村生活污水，试验主要监测 COD、NH_4^+-N、TP、pH 等。试验用水水质状况及分析方法同上述试验。

试验设备出水排放执行《城镇污水处理厂污染物排放标准》（GB 18918—2002)[16]，具体限制如表 7-5 所示。

表 7-5　城镇污水处理厂污染物排放标准限值

项目	COD_{Cr}/ (mg/L)	SS/ (mg/L)	BOD_5/ (mg/L)	NH_4^+-N/ (mg/L)	TN/ (mg/L)	TP/ (mg/L)	大肠杆菌	色度
一级 A	50	10	10	5(8)	15	0.5	10^3 个/L	30 倍
一级 B	60	20	20	8(15)	20	1.0	10^4 个/L	30 倍

注：括号外数值为水温>12℃时的控制指标，括号内数值为水温<12℃时的控制指标。

（3）间歇 SBBR 中试系统出水水质

① 系统对 COD 的去除。间歇式 SBBR 一体化装置对 COD 的去除效果见图 7-18。

由图 7-18 可以看出，进水 COD 浓度在 250～330mg/L 之间波动，系统的出水 COD 在 20～50mg/L 之间，平均出水 COD 约为 30mg/L，平均去除率为 89.71%，出水水质满足《城镇污水处理厂污染物排放标准》中的一级 A 标准。

系统对于 COD 的去除，起主要作用的为活性污泥。尽管试验进水的 COD 浓度波动较大，但工艺运行稳定，出水的 COD 浓度波动较小。因此，SBBR 在去除有机污染物方面，表现出了良好的运行稳定性。这一特性明显优于传统的生物处理系统。

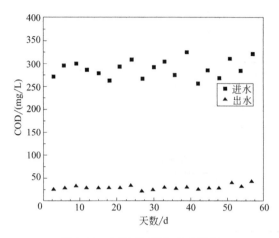

图 7-18　系统对 COD 的去除图

② 系统对 NH_4^+-N 的去除。系统对 NH_4^+-N 的去除结果如图 7-19 所示。

由图 7-19 可知，系统进水 NH_4^+-N 值在 15～30mg/L 之间，平均为 21.75mg/L；系统出水 NH_4^+-N 值在 0.5～3.5mg/L 之间，平均为 1.69mg/L；NH_4^+-N 的去除率在 88.7%～96.6%之间，平均去除率为 92.5%，表明系统对 NH_4^+-N 有很好的去除效果。

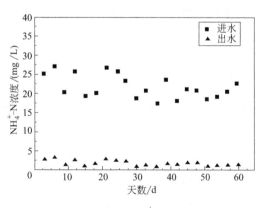

图 7-19　系统对 NH_4^+-N 的去除图

③ 系统对 TP 的去除。SBBR 系统对 TP 的去除结果如图 7-20 所示。

由图 7-20 可知，系统对 TP 的去除效果不是很好。进水的 TP 浓度在 2～5mg/L

之间波动，平均进水浓度为 3.62mg/L，系统出水的 TP 浓度在 0.67~1.79mg/L 之间，平均出水浓度为 1.13mg/L，TP 平均去除率为 69.17%。由于受进水水质影响，出水中 TP 浓度存在一定幅度的波动，反应器出水虽未能完全达到一级 B 标准，但全部维持在 2mg/L 以下，在不进行化学除磷的情况下，有一半时间反应器出水 TP 能够达到一级 B 标准。且反应器的出水水质波动与进水水质波动大致相同，说明出水 TP 受进水水质影响较大。

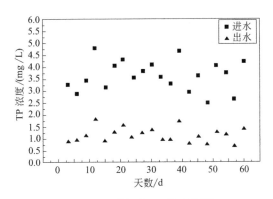

图 7-20　系统对 TP 的去除图

参考文献

[1] 方文秀. 浅谈地埋式污水处理系统及其应用 [J]. 安徽建筑, 2009, 4: 128.

[2] 曹大伟. 地埋式一体化溅水充氧生物滤池处理农村生活污水的应用研究 [D]. 南京: 东南大学, 2008.

[3] 钱进, 宋乐平, 张大鹏. 周庄古镇地埋式污水处理厂工程实例 [J]. 合肥工业大学学报, 2005, 28: 940-943.

[4] 沈东升, 贺永华, 冯华军. 农村生活污水地埋式无动力厌氧处理技术研究 [J]. 农业工程学报, 2005, 21: 111-113.

[5] 王亚芹. 敦煌莫高窟生活污水的地埋式 SBR 处理研究 [D]. 兰州: 兰州大学, 2009.

[6] 王伟. 地埋式一体化生物接触氧化工艺污水处理中的应用 [J]. 资源节约与环保, 2013 (11): 80-81.

[7] 朱阳光, 杨洁, 乔萌萌. 地埋式一体化 AO 接触氧化工艺处理生活污水工程实例 [J]. 水处理技术, 2017, 43 (08): 134-138.

[8] 巩有奎, 李永波, 彭永臻. 不同曝气方式下亚硝化反应器的启动及 N_2O 释放 [J]. 工业水处理, 2019, 39 (04): 21-24, 57.

[9] 郑照明, 李军, 杨京月, 杜佳. SNAD 工艺在不同间歇曝气工况下的脱氮性能 [J]. 中国环境科学, 2017, 37 (02): 511-519.

[10] 张雯, 邓风, 徐华. 间歇曝气和连续曝气对完全混合式反应器系统脱氮性能的影响 [J]. 环境化学, 2013, 32 (11): 2176-2185.

[11] Antonio R M B, Silvio Luiz de S R, Clara de A de C, et al. Effect of calcium addition on the formation and maintenance of aerobic granular sludge (AGS) in simultaneous fill/draw mode sequencing batch reactors (SBRS) [J]. Journal of Environmental Management, 2020: 255-257.

[12] Moura H H, Firmino P I M, Andre B Santos A B D. Effect of calcium addition on the formation and ma-

intenance of aerobic granular sludge (AGS) in simultaneous fill/draw mode sequencing batch reactors (SBRS) [J]. Journal of Environmental Management，2020，255.

[13] Kundu P，Debsarkar A，Mukherjee S. Anoxic-oxic treatment of abattoir wastewater for simultaneous removal of carbon，nitrogen and phosphorous in a sequential batchreactor (SBR) [J]. Materials Today Proceedings，2016，3 (10)：3296-309.

[14] 李亚峰，李慧，王允妹. 曝气方式对 SBR 法去除效果和能耗影响的研究 [J]. 工业水处理，2017，37 (01)：30-33.

[15] Mello W Z D，Ribeiro R P，Brotto A C，et al. Nitrous oxide emissions from an intermittent aeration activated sludge system of an urban wastewater treatment plant [J]. Quimica Nova，2013，36 (1)：16-20.

[16] Hu L，Wang J，Wen X，et al. Study on performance characteristics of SB R under limited dissolved oxygen [J]. Process Biochemistry，2005，40 (1)：293-296.

[17] 国家环境保护总局环境工程评估中心. 环境影响评价技术导则与评价汇编. 北京：中国环境科学出版社，2005：3.

第 *8* 章 ▶▶

农村生活面源氨氮污染厌氧沼气处理技术

8.1 厌氧沼气池处理技术

8.1.1 厌氧沼气池处理技术概述

厌氧沼气池是农村家用水压式沼气池和城市化粪池的改良综合体,吸取当前污水处理工程中的先进技术,而成为一种新型的农村生活污水处理技术。我国农村生活污水处理实践中最通用、节俭、能够体现环境效益与社会效益结合的生活污水处理方式是厌氧沼气池。它将污水处理与其合理利用有机结合,实现了污水的资源化。产生的沼气可作为浴室和家庭用能源;厌氧发酵处理后的污水可用作浇灌用水和观赏用水。沼气池工艺简单,成本低(一户约费用1000元),运行费用基本为零,适合于农民家庭采用[1]。

8.1.2 厌氧沼气池处理技术原理

厌氧沼气池一般分为3段,污水经沉砂、沉淀后进入厌氧消化池,初步降解有机污染物,然后消化液经过滤池过滤排出,或再经氧化塘好氧净化后排放[2]。厌氧沼气池处理技术原理主要是厌氧发酵,有机物质(如人畜家禽粪便、秸秆、杂草等)在一定的水分、温度和厌氧条件下,通过厌氧微生物的分解代谢,最终形成甲烷和二氧化碳等可燃性混合气体。生活污水和粪水在厌氧沼气池中通过多级自流、分级处理、逐段降解处理后,基本可以达到国家规定的污水排放标准和卫生标准。

8.1.3 厌氧沼气池处理农村生活污水技术应用

我国在浙江、四川、安徽、宁夏等多地农村广泛推广厌氧沼气池,"八五"和"九五"期间平均每年新增沼气池用户36万户和75万户,其中有55%的沼气池完成了沼气的综合利用,如推广北方的"四位一体"能源生态模式和南方"猪—沼—果"能源生态模式,与此同时也建设了大中型畜禽粪便处理的沼气工程[3]。2005年的"十五"期间,总共建设沼气池357.60万户,新建农村户用沼气2300

万户[4]。浙江全省有近 1 万个村实施了生活污水净化沼气工程，累计建成净化沼气池 129 万立方米，年处理生活污水达 16000 万吨，年减排 COD_{Cr} 4.8 万吨[5,6]。四川省结合新农村建设，开展"乡村清洁工程"，以户或联户为单元，建设沼气池和生活污水净化沼气池，有效地解决人畜粪便、生活污水、垃圾污染等农村环境难题，出现家园清洁和村容整洁的新面貌[7]。以四川泸州市为例，建立主体反应池总有效容积为 $50m^3$ 的厌氧沼气池，COD_{Cr} 去除率在 72%～84% 之间，BOD_5 去除率为 68%～73%，NH_4^+-N 的去除率大于 50%，各项基本指标都能满足国家污水综合排放标准的一级标准，而且感观上看出水基本无异味、无色[8]。

8.1.4　厌氧沼气池处理技术存在的问题

（1）技术水平的缺陷

厌氧沼气池处理技术的技术水平缺陷体现在两个方面。一方面，粪便和废弃物作为原料非常适合厌氧发酵，但是与之对应的厌氧设备数量却非常少，这导致生产过程会因为设备的不足影响整体的生产效率。另一方面，很多工作人员对于这项技术并不是非常了解，即便是很多新技术能够试运行，但是缺乏后续的研究和跟进，大大降低了沼气工程的效率[9]。

（2）综合效益没有完全体现

目前多数厌氧沼气池主要产品为沼气、沼液及沼渣。其中沼气作为燃料可以发电，也可以作为燃料进行使用，但是沼渣和沼液除了部分做饲料和肥料外，并没有更好的利用。有效利用沼液、沼渣才能更好地休现厌氧沼气池的意义，而沼液的利用要与后续的农业生产相结合，沼渣的后续开发受到企业自身技术能力的限制。

8.2　UST-ABR 化粪池处理农村生活污水的影响因素试验研究

在采用人工配水 C∶N 比为 20∶1、水力停留时间为 30h、水温在 23℃下启动成功后，在本章的运行阶段考察温度、水力停留时间、填料类型对污染物去除效果的影响。

8.2.1　温度对化粪池处理效果影响

A、B、C 三个化粪池分别为传统化粪池、厌氧生物膜（UST-ABR）化粪池、UST-ABR 填料化粪池，水力停留时间均为 24h，试验用水采用建筑大学宿舍楼的生活污水。根据第 3 章不同季节对污水处理效果的影响发现，冬季室外温度最低，相应的化粪池水温在 13℃左右；夏季室外温度最高，相应的化粪池水温在 26℃左右。本节考察环境温度对化粪池处理效果影响，调节化粪池的水温即可满足试验的环境温度条件，前 30 天控制化粪池水温在 26℃左右，后 30 天控制水温在 13℃

左右。考察水温在 26℃ 及 13℃ 左右情况下三种类型化粪池对污染物的去除效果。

（1）温度变化对 COD 的去除效果影响

A、B、C 三个化粪池反应器在不同水温下的进出水 COD_{tot} 的变化情况见图 8-1、进出水 COD_{tot} 去除率见图 8-2。

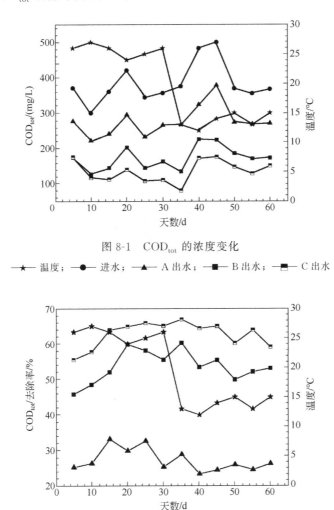

图 8-1 COD_{tot} 的浓度变化

—★— 温度；—●— 进水；—▲— A 出水；—■— B 出水；—□— C 出水

图 8-2 COD_{tot} 的去除率

—★— 温度；—▲— A 出水；—■— B 出水；—□— C 出水

在图 8-1 和图 8-2 中可以明显地看到 B 和 C 化粪池 COD 去除效果明显优于 A，B 与 C 的平均去除率为 53.6% 和 62.7%，而传统化粪池的平均去除率只有 27.9%，如果在农村地区只采用传统化粪池作为单独的污水处理装置，显然出水很难达到排放标准。在运行的初期，三种类型的化粪池的去除率都相对较低，这可能是由于在正常运行阶段水力停留时间从启动阶段的 36h 改为现运行阶段的

24h，增加了水力负荷导致对有机物较低的去除率，之后去除率逐渐升高并趋于稳定。在 30 天之后，由于温度降低，三种化粪池的去除率有所降低，明显看出传统化粪池受温度影响较大，而 B、C 两种化粪池的去除率也有所降低，但影响不大。

（2）温度变化对氨氮和总氮的去除效果影响

A、B、C 三个化粪池反应器在不同水温下的进出水 NH_4^+-N 及 TN 的浓度的变化情况分别见图 8-3、图 8-5，NH_4^+-N 和 TN 的去除率见图 8-4、图 8-6。

从图 8-3、图 8-4 中看出，B、C 化粪池对 NH_4^+-N 的去除率要高于 A 传统化粪池，分别高出 16.51% 和 23.4%，对 NH_4^+-N 的去除有一定的提高但效果不明显。C 化粪池对 NH_4^+-N 的去除率要比 B 化粪池高 7%，这可能是由于在 C 化粪池中弹性填料，加强了对 NH_4^+-N 的拦截作用。在整个反应过程中，B、C 化粪池的去除率波动不大，环境温度几乎没有对这两种化粪池造成影响。

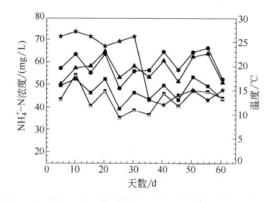

图 8-3 NH_4^+-N 的浓度变化

—●— 进水；—▲— A 出水；—■— B 出水；—□— C 出水；—★— 温度

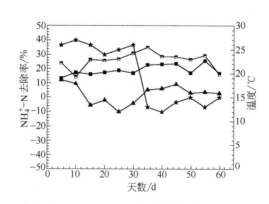

图 8-4 NH_4^+-N 的去除率

—▲— A 出水；—■— B 出水；—□— C 出水；—★— 温度

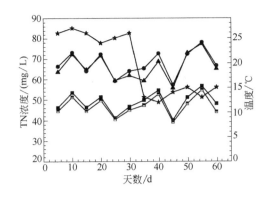

图 8-5　TN 的浓度变化

──●──进水；──▲──A 出水；──■──B 出水；──□──C 出水；──★──温度

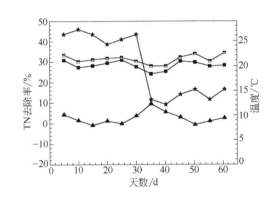

图 8-6　TN 的去除率

──▲──A 出水；──■──B 出水；──□──C 出水；──★──温度

从图 8-5、图 8-6 中看出，B、C 化粪池对 TN 的去除率都在 30％左右，A 化粪池的平均去除率为 2.3％，相比传统化粪池有较大的提高，这可能是由于 B、C 化粪池增设折流板，使污水停留时间延长，且上升流的截留作用提高了对氮的去除。总的来看，B、C 化粪池显示出去除 NH_4^+-N 和 TN 的优势，但在 A 化粪池对 NH_4^+-N 的去除中出现负值可以看出，在除氮过程中，氨化作用起到主要作用。这将有利于污水处理厂中 NH_4^+-N 的去除。对于分散式污水处理，在化粪池后可接上好氧处理工艺，因化粪池的氨化作用，则有利于后续工艺对氮的去除。

（3）温度变化对 TN 的去除效果影响

三个化粪池反应器在不同的温度下的进出水的总磷值及去除率的变化情况分别见图 8-7、图 8-8。

从图 8-7 和图 8-8 中看出，A、B、C 三种化粪池对总磷的平均去除率分别为 3.43％、6.75％、9.17％，其去除率都相对较低，没有明显的优劣。污水中的磷

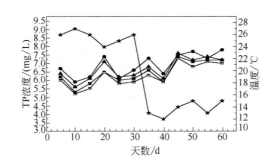

图 8-7　TP 的浓度变化

—●— 进水；—▲— A 出水；—■— B 出水；—□— C 出水；—★— 温度

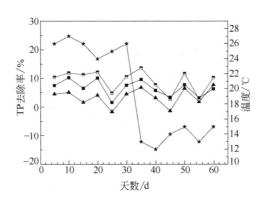

图 8-8　TP 的去除率

—▲— A 出水；—■— B 出水；—□— C 出水；—★— 温度

一般具有三种存在形式：正磷酸盐、聚合磷酸盐和有机磷，后两种形式磷通过水解或者生物降解，最后将转化成正磷酸盐。厌氧/好氧交替运行是目前生物除磷主导方法，其原理是：在厌氧条件下，聚磷微生物分解体内储存的聚磷并以正磷酸盐的形式释放出来；在好氧的条件下，以高于释放的量吸收磷，并产生富磷污泥，最后以剩余污泥的形式排放，从而达到除磷的目的。范建伟等[10] 研究加强型化粪池/潜流人工湿地系统处理农村生活污水，测得加强化粪池出水中磷的去除率为8.9%；而加强型化粪池/人工湿地组合工艺处理后磷的去除率为79.1%。由此可知在厌氧的条件下无法对磷的去除，主要是通过拦截和沉淀的作用。

（4）温度变化下 pH 值、VFA 和碳酸氢盐碱度的变化

VFAs 是厌氧生物处理产酸阶段重要的液相中间产物，是产酸阶段微生物代谢作用的结果，同时也是产甲烷菌利用的主要中间产物，因为只有少部分的甲烷来自于 CO_2 和 H_2，而且 CO_2 和 H_2 的生成也同样经过高分子有机物产生 VFA 的中间过程。由此看来，甲烷的形成离不开 VFA。但是由于 VFA 为有机酸成分，因此

较高的 VFA 浓度可以降低环境的 pH，而对产甲烷菌具有抑制作用。因此，在反应器运行过程中，对 VFA 的考察十分有必要，VFA 在厌氧反应器中的积累能够反映产甲烷菌的不活跃状态或反应器操作条件的恶化，对处理过程具有指示作用。

厌氧反应时产生大量的 CO_2，在 pH 值为 $6.0 \sim 8.0$ 之间（厌氧处理正常运行条件）CO_2 主要以 HCO_3^- 形式存在，这是厌氧反应中较重要的抗酸化缓冲物，主要由 HCO_3^- 引起的碱度称为碳酸氢盐碱度。HCO_3^- 产生最大缓冲能力为 pH 值 $6.0 \sim 7.0$ 之间。但是在测定 HCO_3^- 过程中，受到其他部分阴离子的影响，其中消化液中常含有的挥发酸的阴离子是影响碳酸氢盐碱度的重要因素。通过对 VFA 和碳酸氢盐碱度的测定，可以判断厌氧条件下的水样缓冲能力。

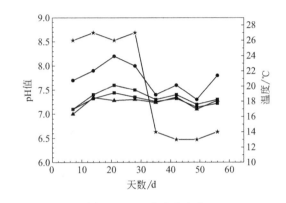

图 8-9　pH 的浓度变化
●— 进水；▲— A 出水；■— B 出水；□— C 出水；★— 温度

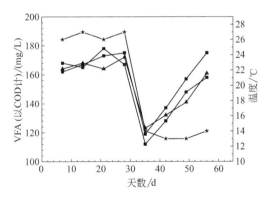

图 8-10　VFA 的浓度变化
▲— A 出水；■— B 出水；□— C 出水；★— 温度

三个化粪池反应器在不同温度下的进出水的 pH 值、VFA 和碱度的变化情况分别见图 8-9～图 8-11。由图 8-9 可见，进水的 pH 值在 $7.4 \sim 8.2$ 之间，出水的

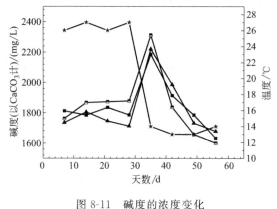

图 8-11　碱度的浓度变化
——▲—— A 出水；——■—— B 出水；——■—— C 出水；——★—— 温度

pH 值在 7.1～7.6，出水的 pH 值有所下降，这是因为化粪池的酸化作用，而且 pH 值受到温度的影响不明显。从图 8-10 可见，三个反应器出水的 VFA 差不多，水温为 26℃左右时，VFA 为 162～178mg/L。当出水 VFA 浓度为 200mg/L 左右时为反应器运行状态最好，当 VFA 浓度超过 800mg/L 时，反应器面临酸化危险，此时应立即降低负荷或暂停反应器进水，在正常运行的情况下，应保持出水 VFA 浓度在 400mg/L 以下。但是随着温度的骤降，VFA 也下降，达到 112mg/L，可能是因为反应器中的产酸细菌受到抑制。经过一段时间，产酸细菌适应 13℃左右的温度，出水的 VFA 回到 158～175mg/L 水平，可见，即使在 13℃左右的温度下，三种类型化粪池仍然有较好的酸化作用，而且经过一段时间稳定，与 26℃时的酸化作用相近。从图 8-9 和图 8-10 可以看出，pH 值与 VFA 无绝对的相关性，所以不能单凭 pH 值判定反应器的酸化程度。

从图 8-11 可见，在运行的初期，三个反应器出水的碱度为 1735～2073mg/L。一旦碱度低于 1000mg/L 临界值，出水 VFA 浓度就会急剧升高，在该试验中没有出现此现象，可见三个反应器有较好的 VFA 缓冲能力。碱度与 VFA 是负相关的关系，当温度下降，VFA 下降，碳酸氢盐碱度相应上升，三个反应器出水的碱度上升，达到 2200mg/L 左右，可见碱度与 VFA 值呈负相关。

8.2.2　不同 HRT 对化粪池处理效果影响

依据《建筑给水排水设计规范》（GB 50015—2003）4.8.6 条可知化粪池停留时间宜采用 12～24h；4.8.13 条规定化粪池作为医院污水消毒前的预处理，化粪池宜选用 24～36h 的水力停留时间。所以本次试验中三个工况条件分别为 HRT36h（23℃）、24h（23℃）、12h（23℃），每个工况运行 30 天。

（1）HRT 对 COD 的去除效果影响

三个化粪池在运行阶段不同工况下进出水的 COD_{tot} 的浓度变化情况及去除率

分别见图 8-12 和图 8-13。

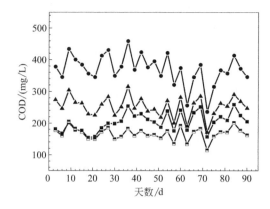

图 8-12 COD 的浓度变化

━●━ 进水；━▲━ A 出水；━■━ B 出水；━□━ C 出水

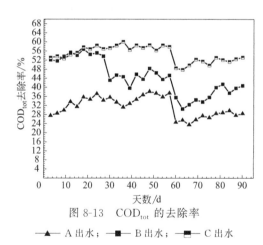

图 8-13 COD_{tot} 的去除率

━▲━ A 出水；━■━ B 出水；━□━ C 出水

从图 8-12 和图 8-13 可知，在停留时间为 36h 的运行条件下，C 和 B 化粪池的去除率都保持在 53% 左右，比传统化粪池高 20% 左右。停留时间在 24h 的条件下，C 化粪池仍然保持与停留时间 36h 相同的去除率，没有下降的趋势。此时 B 化粪池的去除率下降至 44% 左右，随后保持稳定。这种现象可能是由于水力停留时间的缩短，增加了水流的上升流速，对有机物的沉淀和拦截作用降低，导致 COD 的去除率降低。从这一现象也可以看出，由于 C 化粪池中添加了弹性填料，水力停留时间的缩短没有对 C 化粪池产生影响。水力停留时间在 12h 条件下，三种化粪池的去除率都有所降低，A、B、C 分别降至 25%、30%、48%，随后 B、C 化粪池的去除率有上升的趋势，而传统化粪池仍保持较低的去除率，值为 25% 左右。

（2）HRT 对氨氮和总氮的去除效果影响

三个化粪池反应器在运行阶段不同条件下的进出水的氨氮和总氮去除率变化

情况分别见图 8-14 和图 8-15。

　　由图 8-14 和图 8-15 可知，氨氮和总氮的去除率大部分为负值，这可能是由于氨化作用和初沉池污泥的投加。在水力停留时间 36h，B、C 的总氮去除率为正值，但很低，几乎为零，对于总氮，没有缺氧和好氧交替运行的条件，只通过厌氧条件，总氮主要是通过拦截作用去除，水力停留时间在 24h 和 12h 的条件下总氮的去除率为负值，这可能是由于水力停留时间的缩短，导致水力负荷增加，因此对总氮的去除降低。B、C 化粪池的 NH_4^+-N/TN 比值比 A 化粪池高出 $10\%\sim20\%$，可知 UST-ABR 化粪池的氨化作用较强。

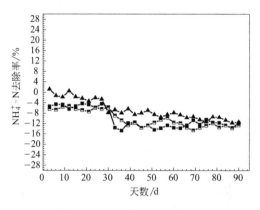

图 8-14　NH_4^+-N 的去除率

▲ A 出水；■ B 出水；□ C 出水

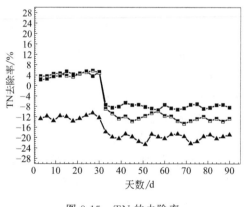

图 8-15　TN 的去除率

▲ A 出水；■ B 出水；□ C 出水

（3）HRT 对总磷的去除效果影响

　　三个化粪池反应器在运行阶段不同工况条件下的进出水的总磷的变化情况分别见图 8-16 和图 8-17。

由图 8-16 和图 8-17 可知，在三个反应器中，总磷没有明显的去除，而且去除率有负值的情况。在各个工况下，B、C 化粪池对磷的去除率低于 A 化粪池，表明这两种化粪池内的微生物密度大，聚磷菌的活性较强，释放大量的磷酸盐至化粪池中，导致出水磷的含量相比 A 化粪池要多。Wafa 和 Nidal 等使用 UASB 化粪池处理生活污水，也出现相似的情况。磷的去除只是通过沉淀和拦截作用，大量的磷积累在反应器中，若只采用单一的厌氧处理，只能通过排泥或者化学除磷的方法。

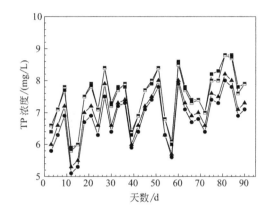

图 8-16　TP 的浓度变化

●—— 进水； ▲—— A 出水； ■—— B 出水； □—— C 出水

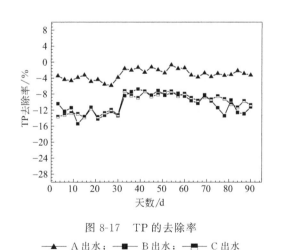

图 8-17　TP 的去除率

▲—— A 出水； ■—— B 出水； □—— C 出水

（4）HRT 变化下 pH 值、VFA 和碳酸氢盐碱度的变化

三个化粪池反应器在运行阶段不同条件下的进出水的 pH 值、VFA 和碳酸氢盐碱度的变化情况分别见图 8-18 和图 8-19。

由图 8-18 可见，进水 pH 值在 7.2～8.4 之间，出水 pH 值在 6.7～7.5 之间，

出水的 pH 值比进水低，而且在各个工况下 UST-ABR 化粪池的 pH 值比传统化粪池低，出水的 pH 值没有因为工况条件的变化呈现明显的规律性。由图 8-19 可知，因停留时间的变化，VFA 出现上升，可能因有机负荷变化，导致化粪池水解酸化作用减弱，经过一段时间的运行，化粪池的 VFA 出现下降。在各个工况下 UST-ABR 化粪池的 VFA 值比传统化粪池低 10%～20%，表明 ABR 化粪池因酸化而导致反应器概率较小。通过图 8-18 和图 8-19 看出，VFA 和 pH 值的变化没有必然的联系。

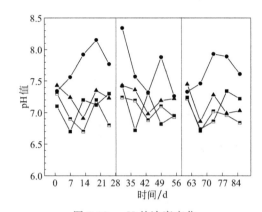

图 8-18　pH 的浓度变化

●—— 进水；　▲—— A 出水；　■—— B 出水；　□—— C 出水

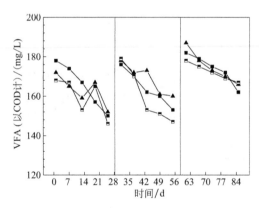

图 8-19　VFA 的浓度变化

▲—— A 出水；　■—— B 出水；　□—— C 出水

由图 8-20 可知，停留时间的变化，碱度出现下降；VFA 和碳酸氢盐碱度呈现反比。三个化粪池反应器的出水碱度在 1457～1936mg/L 之间，有一定的缓冲作用。在各个工况下，UST-ABR 化粪池的平均碱度比传统化粪池高 100～300mg/L，表明 UST-ABR 化粪池有较强抗酸化的缓冲能力。

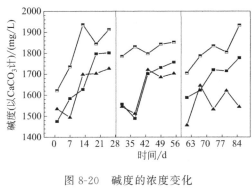

图 8-20　碱度的浓度变化

——▲—— A 出水；——■—— B 出水；——■—— C 出水

8.2.3　不同类型填料对化粪池处理效果影响

如图 8-21 所示，试验采用的对比填料为直径 25mm 的多面空心球填料和直径 100mm 的弹性立体填料。多面空心球填料采用聚丙烯塑料制成球状，在球中部沿整个周长有一道加固环，环的上下各有十二片球瓣，沿中心轴呈放射形布置。弹性立体填料的选材和工艺配方比较精良，柔韧性适度，丝条立体均匀排列，呈辐射状态。

在试验中，将经完成挂膜的多面空心球填料移入 B 反应器中，与 C 反应器弹性立体填料的放置位置相同。为了达到既不过多增加填料又能有效去除污染物质，减少污泥流失量的目的，使填料占整个反应区有效容积的 33％左右。填料用打孔的有机玻璃板固定在反应器的上部。

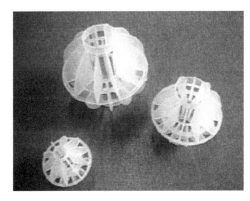

(a) 多面空心球填料

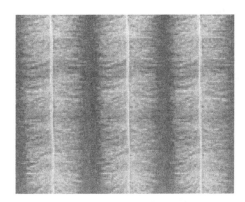

(b) 弹性立体填料

图 8-21　多面空心球填料和弹性立体填料

（1）对 COD 的去除效果影响

三个化粪池反应器在运行条件下，进出水 COD_{tot} 的变化及去除率的情况见图 8-22。

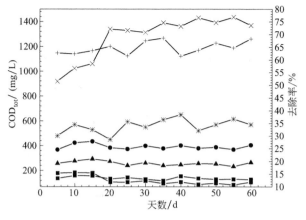

图 8-22　COD_{tot} 的浓度变化及去除率

——●—— 进水；——▲—— A 出水；——■—— B 出水；——□—— C 出水；

——＊—— A 去除率；——×—— B 去除率；——+—— C 去除率

由图 8-22 可以看出，B、C 化粪池的去除率明显高于 A 化粪池，因为 B、C 反应器结构的优越性以及填料的添加，增加了有机物与微生物的接触时间及微生物的密度，提高了对有机物的去除效率。在反应的前 15 天，B 反应器的出水浓度高于 C，但 B 的去除率在逐渐升高。这可能是由于多面空心球刚移入反应器内，没有适应新的环境，对多面空心球填料挂膜启动采用的是人工配水，配水中的有机物为易降解的物质，而试验过程中采用的是实际生活污水，污水中难降解的有机物较多，在 B 反应的初期需要适应新的环境，因此去除率较低，稳定之后 B 化粪池的去除率在 75% 上下波动，而 C 化粪池的去除率一直保持在 65% 左右。两者均比 A 化粪池的去除效果明显。

从理论上来说，UST-ABR 反应器（B、C 化粪池）与传统化粪池（A 化粪池）反应器的区别主要在于：反应器的整体流态呈现推流的形式，从而使局部有机负荷呈沿程递减的趋势，最终使得沿程微生物的种群分布出现不同。从分相的角度来说，沿水流方向微生物种群的不同使得沿程实现了产酸相和产甲烷相的分离，为各个格室的优势种群创造了适宜的环境，从而有利于整个体系稳定、高效地运行。同时由于 ABR 区中填料的生物挂膜作用，使得生物浓度增高，废水与微生物的有效接触面积增大，从而更有利于对有机物的去除，因此相比于传统化粪池反应器，UST-ABR 反应器表现出更好的抗冲击负荷的能力。

（2）对 SS 的去除效果影响

三个化粪池反应器在运行条件下，进出水 SS 的浓度变化及去除率的情况见图 8-23。

由图 8-23 可见，B、C 化粪池对 SS 的去除率较高，平均去除率分别为 95.8% 和 90.1%，主要是由于 UST-ABR 化粪池内部的特殊构造，第一格室出水口挡板的设计相当于 UASB 反应器中固液分离装置，能够降低第一格室的悬浮杂质流入

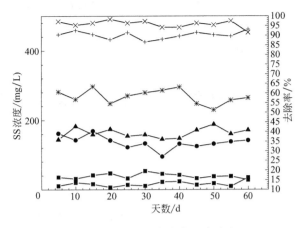

图 8-23　SS 的浓度变化及去除率

●— 进水；▲— A 出水；■— B 出水；■— C 出水；

＊— A 去除率；✕— B 去除率；┼— C 去除率

第二格室中。B 的去除效果要优于 A，表明多面空心球填料的拦截作用强于弹性立体填料。从两者的去除稳定来讲不相上下，不因进水 SS 较大的波动而产生变化，一直保持稳定的去除率。A 化粪池对 SS 的平均去除率为 58.2%，并且去除率波动较明显。与 UST-ABR 化粪池相比，由于 UST-ABR 良好的结构特点，在前端格室就发挥了对 SS 良好的截留作用，并不影响后面格室的处理情况，所以出水的 SS 含量很低。

（3）对色度的去除效果影响

三个化粪池反应器在运行条件下，进出水色度的变化及去除率的情况见图 8-24。

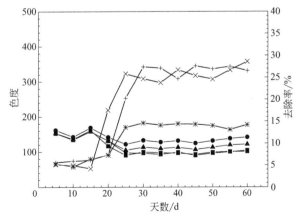

图 8-24　色度的浓度变化及去除率

●— 进水；▲— A 出水；■— B 出水；■— C 出水；

＊— A 去除率；✕— B 去除率；┼— C 去除率

由图 8-24 可见，三个化粪池在前 10 天左右，色度的去除率很低，在 5％左右，之后去除率有明显的提高，A 化粪池提高后去除率稳定在 15％左右，B、C 化粪池则在 25％左右波动，虽然比 A 化粪池的去除率高，但波动幅度较大，表现了不稳定性。

8.3 UST-ABR 化粪池与 MBR 组合处理农村生活污水的试验研究

在不同环境温度条件下，UST-ABR 化粪池相比传统三格式化粪池对 COD 的去除率提高很多，稳定在 60％左右，但出水 COD 仍达不到城镇污水处理厂污染物排放标准中的二级标准，而且对氨氮、总氮和总磷几乎没有去除效果。从理论来讲，对氮磷的去除需要厌氧-好氧交替进行，而 UST-ABR 化粪池只进行了厌氧消化及厌氧释磷过程，对氮磷的去除大部分是利用沉淀和拦截作用，因此很难有效地去除。在本章采用 UST-ABR 多面空心球填料化粪池作为厌氧反应器，MBR 作为后续处理工艺，考察两个反应器组合后对污染物的去除效果，并分析 MBR 的运行条件及运行方式对污染物去除效果的影响。

8.3.1 MBR 溶解氧浓度对出水效果的影响

（1）溶解氧浓度对 COD 去除效果影响

不同溶解氧浓度下系统对 COD_{tot} 的去除效果如图 8-25 所示。

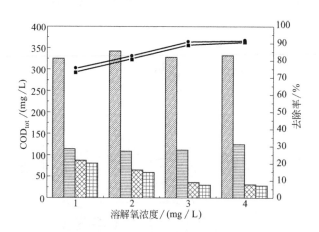

图 8-25 COD_{tot} 的变化及去除率

▨ 进水；▯ UST-ABR 出水；▧ MBR 上清液出水；▥ 出水；
■ MBR 上清液去除率；● 出水去除率

由图可见，UST-ABR 出水已经去除 50％以上的 COD，能够大大减轻后续 MBR 的有机负荷。上清液和出水 COD 的差值，表现了膜对有机物的去除能力，其平均差值在 3％左右。从此值可以看出，膜本身的截留、吸附作用及运行过程中膜丝表面沉积层的筛滤、吸附作用可进一步去除有机物，大部分的去除能力还是依靠反应器 UST-ABR 和 MBR 中微生物为主。溶解氧在 1~3mg/L 时，随溶解氧浓度增加，出水的浓度逐步降低，相应的去除率则逐步增加，溶解氧达到 4mg/L 时去除率没有明显的增加，从上清液去除率没有增长的现象也可以看出在此溶解氧下，反应器中氧的含量足以提供微生物的氧化分解，因此不是反应器中氧的浓度越高，COD_{tot} 的去除率就越高。溶解氧在 1mg/L 时微生物的贡献比其他情况低，因为溶解氧不足降低了微生物的活性，减少了对有机物的消耗。从整体来看微生物对 COD 去除率的贡献占 80% 左右，膜的截留作用占的比例很少，溶解氧在大于 3mg/L 时，出水的 COD 值均可达到污水综合排放标准（GB 18918—2002）的一级 A 标准。

（2）溶解氧浓度对氨氮去除效果的影响

不同溶解氧浓度下系统对氨氮的去除效果如图 8-26 所示。

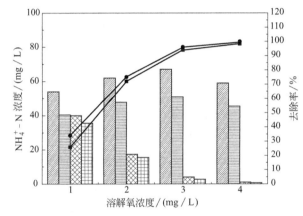

图 8-26　NH_4^+-N 的浓度变化及去除率

▨ 进水；▢ UST-ABR 出水；▨ MBR 上清液出水；▥ 出水；
━■━ MBR 上清液去除率；━●━ 出水去除率

由图可见，无论在哪个工况下，UST-ABR 出水中氨氮含量仍很高，去除效果不显著，平均去除率在 20% 左右。随着溶解氧浓度增加，出水中氨氮的浓度不断降低。从图中明显看到，氨氮主要是依靠反应器内生物接触氧化去除，膜只是利用物理截留方法对氨氮去除，很明显其贡献非常小。溶解氧在 1mg/L 时，氨氮的出水平均浓度约为 35.6mg/L 左右；溶解氧为 3mg/L 时，氨氮的出水浓度为 2.7mg/L，达到了污水综合排放标准的一级 A。当溶解氧大于 3mg/L 时，氨氮的出水浓度在 2mg/L 以下，去除率达到 98% 以上，说明反应器中能够充分实现对氮的氨化。

（3）溶解氧浓度对总氮去除效果的影响

不同溶解氧浓度下系统对总氮的去除效果如图 8-27 所示。

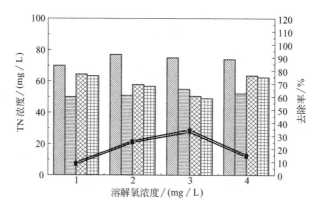

图 8-27　TN 的浓度变化及去除率

▨ 进水；▤ UST-ABR 出水；▩ MBR 上清液出水；▥ 出水；
■ MBR 上清液去除率；● 出水去除率

　　由图可见，随溶解氧浓度增加，出水总氮及上清液总氮去除率呈现先增大后减小的趋势。溶解氧在 3mg/L 时去除率达到最大，35%，出水总氮的平均浓度为57.8mg/L，远远没有达到污水综合排放标准的一级 B。溶解氧大于 3mg/L 时去除率又有明显的下降趋势。

　　为了更进一步解释总氮的去除规律，分析了在不同溶解氧浓度下，上清液各形态氮的含量及亚硝酸盐氮的积累情况，如表 8-1 所示。

表 8-1　不同溶解氧条件下上清液各形态氮的平均含量

溶解氧浓度/ （mg/L）	NH_4^+-N 浓度 /（mg/L）	NO_2^--N 浓度 /（mg/L）	NO_3^--N 浓度 /（mg/L）
1	28.6±2.85	0.035±0.004	0.0
2	19.7±1.22	5.33±0.13	14.4±0.2
3	6.8±0.34	7.1±0.1	15.4±0.6
4	0.8±0.08	0.08±0.005	18.6±0.4

　　从表中可以看出，溶解氧为 1mg/L 和 4mg/L 时基本未出现亚硝酸盐氮的积累现象，总氮去除率都较低。溶解氧为 2mg/L 和 3mg/L 时上清液的亚硝酸盐氮得到了积累，相应的总氮去除率也明显提高，说明溶解氧太低或太高均不利于总氮的去除，反应器内的溶解氧浓度过低，仅有一小部分氨氮被氧化，亚硝酸盐氮及硝酸盐氮的绝对含量低，硝化率低，因此导致反硝化率低，总氮去除率也低。溶解氧浓度过高，尽管硝化率高，但由于污泥絮体内溶解氧水平高，很难形成缺氧区，硝酸盐氮积累量最多，难以发生反硝化，总氮去除率也低。

　　（4）溶解氧浓度对总磷去除效果的影响

　　不同溶解氧浓度下系统对总磷的去除效果如图 8-28 所示。

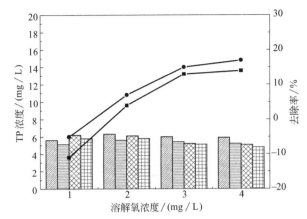

图 8-28 TP 的浓度变化及去除率

▨ 进水；▤ UST-ABR 出水；▨ MBR 上清液出水；▥ 出水；
━■━ MBR 上清液去除率；━●━ 出水去除率

由图可见，从整体来看反应器对总磷的去除率很低，溶解氧在 4mg/L 时，总磷的去除率最高，仅为 17%，出水远远没有达到污水综合排放标准的二级标准。溶解氧浓度低时，由于溶解氧不足，聚磷菌在缺氧的条件下不能过量吸磷，甚至在局部厌氧区会进行磷的释放，使得上清液总磷的浓度比进水的总磷浓度还要高。溶解氧提高至 2mg/L 以上时，对总磷的去除随溶解氧的增加而逐步提高，但因系统运行期间未排泥，总磷的去除率效果不佳。

8.3.2 MBR 曝气方式对出水效果的影响

在 8.3.1 节中研究了不同溶解氧溶度对污水中污染物去除效果的影响。结果发现连续曝气的方式下，溶解氧在 3mg/L 时 COD_{tot} 与 NH_4^+-N 的出水达到了污水综合排放标准的一级 A，但 TN 和 TP 的出水没有达到污水综合排放的二级标准。

近年来，许多研究者采用间歇曝气的方式对 MBR 反应器的除污效能进行研究，间歇曝气可以使 MBR 反应器在好氧和厌氧环境下交替运行，提高反硝化脱氮效率。因此，为提高 TN 和 TP 的去除率，本章将 8.3.1 节中的连续曝气方式改为间歇曝气方式，研究在不同的曝气周期下反应器对各污染物去除效果的影响。

（1）曝气方式对 COD_{tot} 去除效果影响

在不同曝气方式下系统对 COD_{tot} 的去除效果如图 8-29 所示。

由图可以看出，在曝气/停曝 5min/5min、15min/15min、30min/30min 三个工况下，UST-ABR 反应器对 COD 进行了预处理，去除率在 60%~70%，可为 MBR 处理减轻污染负荷。每个工况系统运行的前 10 天，系统出水 COD 的去除率均较低，不到 70%。这是因为在每个工况起始阶段污泥需要适应新的间歇曝气环境，系统尚未稳定。20 天之后，系统进入了稳定运行阶段，曝气方式没有对 COD

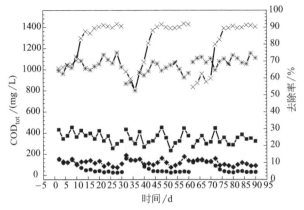

图 8-29　COD$_{tot}$ 的变化及去除率

—■— 进水；—●— 出水；—✕— 出水去除率；—◆— UST-ABR 出水；—✳— UST-ABR 去除率

去除率造成影响，都表现出了高的去除率并且比较稳定。在进水 COD 平均浓度为 300mg/L 的情况下，三个工况出水 COD 浓度始终稳定在 20～30mg/L，平均去除率在 90％左右。

（2）曝气方式对 NH$_4^+$-N 去除效果影响

在不同曝气方式下系统对 NH$_4^+$-N 的去除效果如图 8-30 所示。由图可以看出，在 5/5、15/15、30/30 三个工况下，UST-ABR 反应器出水 NH$_4^+$-N 浓度在 40～50mg/L 范围内，去除率在 20％左右波动。反应运行初期的 2～3 天，系统出水去除率都很低，在 70％左右，然而随着反应时间的进行，去除率趋于稳定。在 5/5 运行条件下，由于停曝时间短，反应器大部分时间处于好氧环境，因此硝化能力强，出水 NH$_4^+$-N 平均浓度在 0.3mg/L。随着间歇曝气周期的增加，好氧—缺氧之间不断交替转变，反应器中处于好氧环境的时间缩短导致硝化能力的减弱，因此在间歇曝气周期越长的条件下，系统 NH$_4^+$-N 的出水不断地增加，但在最长的曝气周期 30/30 时，NH$_4^+$-N 的出水仍达到了污水综合排放标准的一级 A，稳定运行时的出水浓度保持在 2mg/L 以下。

（3）曝气方式对 TN 去除效果影响

在不同曝气方式下系统对 NH$_4^+$-N 的去除效果如图 8-31 所示。由图可以看出，UST-ABR 反应器在三个工况下对总氮的平均去除率为 24.3％，MBR 后续对总氮的处理减轻了压力。系统出水总氮浓度随着曝气周期的增加而降低，去除率也随之增加并且稳定。系统出水浓度平均值与 UST-ABR 出水浓度平均值之比，体现的是 MBR 对总氮的去除能力，具体见表 8-2 所示。从表 8-2 可知曝气周期的延长，使 MBR 的去除率也随之增加。在 30/30 的曝气周期下，系统的去除率最高为 77.4％，系统出水浓度相比其他两个周期也就最低。

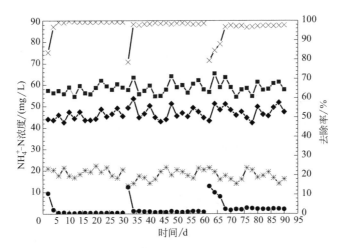

图 8-30 NH₄⁺-N 的浓度变化及去除率

■ 进水；● 出水；✕ 出水去除率；◆ UST-ABR 出水；✳ UST-ABR 去除率

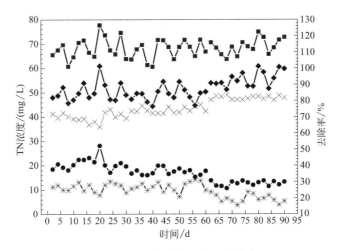

图 8-31 TN 的浓度变化及去除率

■ 进水；● 出水；✕ 出水去除率；◆ UST-ABR 出水；✳ UST-ABR 去除率

表 8-2 不同曝气周期条件下 MBR 对 TN 的去除能力

曝气周期	系统出水/(mg/L)	UST-ABR 出水/(mg/L)	系统去除率/%
5/5	20.7	50.2	58.8
15/15	17.3	49.2	64.7
30/30	12.6	55.5	77.4

为了更进一步解释总氮的去除规律，分析了在 30/30 曝气周期下，出水中各形态氮的含量情况，如图 8-32 所示。

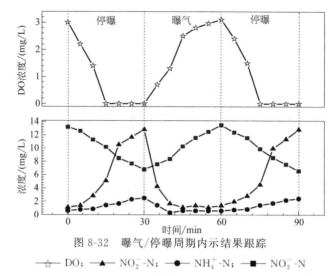

图 8-32 曝气/停曝周期内示结果跟踪

$—\star— DO;$ $—\blacktriangle— NO_2^--N;$ $—\bullet— NH_4^+-N;$ $—\blacksquare— NO_3^--N$

由图可知，反应器内 DO 在曝气 10min 内，氨氮和亚硝酸盐氮浓度迅速下降，在曝气 20～30min 内氨氮浓度非常低，说明反应器内硝化作用基本完成；停止曝气后，DO 浓度开始迅速下降，停曝约在 15min 后开始降为 0，之后进入缺氧环境，此时硝酸盐氮浓度开始下降，停曝结束时反硝化作用还未进行彻底，因此 30min 的停曝时间对于进行反硝化作用还不够长。当然在 5min、15min 的停曝时间内进行反硝化反应就更不彻底，所以增大曝气周期可以提高脱氮效率。

（4）曝气方式对 TP 去除效果影响

在不同曝气方式下系统对 TP 的去除效果如图 8-33 所示。

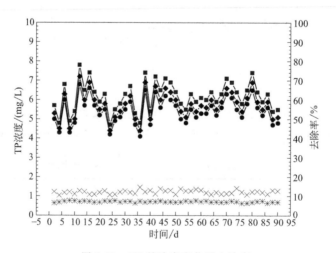

图 8-33 TP 的浓度变化及去除率

$—\blacksquare—$ 进水；$—\bullet—$ 出水；$—\times—$ 出水去除率；$—\blacklozenge—$ UST-ABR 出水；$—\ast—$ UST-ABR 去除率

由图 8-33 可以看出，在不同曝气周期下总磷的去除率不受影响，UST-ABR 反应器去除 7% 左右的磷，主要通过沉淀和拦截的作用；MBR 反应器膜对系统总磷平均去除率的贡献为 5.5%，通过膜对磷截留作用可以进一步降低出水总磷浓度。系统出水去除率一直保持在 10% 左右，去除率很低，这可能是因为系统没有进行排泥的缘故，虽然系统存在着好氧-厌氧交替运行的条件，虽然聚磷菌能够进行厌氧释放磷和好氧吸收磷过程，但聚磷菌吸收的磷贮存在菌体内形成高磷污泥，由于膜对污泥有高效的截留作用，无法排除系统外，因此总磷无法有效去除。

8.3.3　不同回流比对出水效果的影响

研究发现，30/30 的曝气周期下可以提高总氮的去除率，但由于系统不排泥对总磷的去除效果不佳，因此本节中增加系统进行排泥和在 30/30 的曝气周期下，增加混合液回流设备，考察不同混合液回流比 $R_1 = 100\%$、$R_2 = 200\%$、$R_3 = 300\%$ 对出水效果的影响。

（1）不同回流比对 COD_{tot} 去除效果影响

在不同回流比条件下系统对 COD_{tot} 的去除效果如图 8-34 所示。

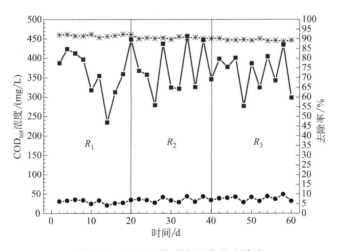

图 8-34　COD_{tot} 的浓度变化及去除率

—■— 进水；—●— 出水；—※— 去除率

由图 8-34 可以看出，在进水 COD 浓度波动较大的情况下，系统的平均去除率保持在 90% 左右，表现了较强的耐冲击负荷的能力，且不同回流比对系统出水 COD 浓度影响不大。系统 COD 出水平均浓度随着 R 的增大而增加，去除率随之降低。

（2）不同回流比对 NH_4^+-N 去除效果影响

在不同回流比条件下系统对 NH_4^+-N 的去除效果如图 8-35 所示。

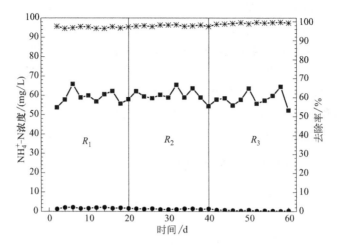

图 8-35　NH$_4^+$-N 的浓度变化及去除率

—■— 进水；　—●— 出水；　—*— 去除率

由图可以看出，随着回流比的增加出水 NH$_4^+$-N 的浓度略有减少，在 R_3 回流比中 NH$_4^+$-N 出水浓度几乎为零。这可能是由于回流比的增大导致硝化区有机物质量浓度因稀释作用而减小，促使自养型硝化细菌在生物群落中进一步繁殖富集，有利于硝化反应的进行，因此出水 NH$_4^+$-N 浓度随着 R 的增加而降低。

（3）不同回流比对 TN 去除效果影响

在不同回流比条件下系统对 TN 的去除效果如图 8-36 所示。

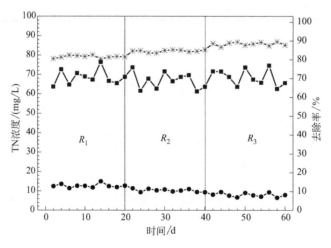

图 8-36　TN 的浓度变化及去除率

—■— 进水；　—●— 出水；　—*— 去除率

由图可以看出，系统出水平均浓度随 R 的增大而减小，出水浓度在 6.57～

14.97mg/L 之间，TN 的去除效率在 80.4%～89.5% 之间波动。这是因为在 UST-ABR 反应器内水力停留时间较长，随着 R 的增大，更多的硝态氮回流至反硝化区，使反硝化菌有充足的时间将硝态氮转化为 N_2 去除。

（4）不同回流比对 TP 去除效果影响

在不同回流比下，系统对 TP 的去除效果如图 8-37 所示。由图可以看出，在排泥及增设混合液回流比的情况下，总磷的去除率有了明显的提高。回流污泥中的聚磷菌在厌氧区过量释磷，浓度达到最大；之后缺氧区由于回流液的稀释和反硝化聚磷菌的吸磷作用，浓度急剧下降；最后通过好氧区聚磷菌的进一步吸磷，并将富磷污泥排出系统，实现全面的生物除磷过程。系统出水的平均浓度随着 R 的增大而增加，在 R_3 时去除率最高，在 90% 左右，出水达到了污水综合排放标准一级 B 水平。

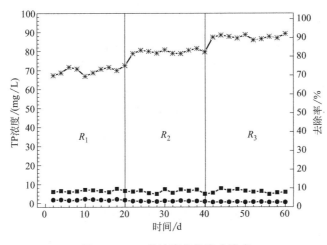

图 8-37   TP 的浓度变化及去除率
■——进水；●——出水；＊——去除率

8.4 小结

本章以目前较为先进的厌氧生物膜技术（UST-ABR 新型化粪池）及膜反应器（MBR）技术为核心，研究其处理寒冷地区农村生活污水的去除污染物性能，根本目的在于为 UST-ABR 新型化粪池技术的工程化应用奠定良好的基础，为 UST-ABR 新型化粪池与 MBR 组合工艺的调整优化提供必要的基础资料和技术参数。以农村生活污水为研究对象，分别针对 UST-ABR 新型化粪池厌氧消化工艺和两者工艺组合的影响因素、运行效果稳定性、工艺控制特点、脱氮除磷效果等进行小试规模的试验研究和理论探讨，研究其对各种污染物的去除效果。通过分析比较大量试验数据，得出的主要结论如下：

① 在不同环境温度条件下，传统化粪池（A）、UST-ABR 化粪池（B）、UST-ABR 填料化粪池（C）对农村生活污水的去除有着很大的差异。其中 C 化粪池对 COD 的去除效果最佳，比 B 化粪池略高，其平均去除率为 62.7%，A 化粪池的去除率仅为 27.9%。在水温 13℃低温条件下，B、C 化粪池受温度影响不大。B、C 化粪池对氨氮的去除率分别高于 A 化粪池，16.51% 和 23.4%，并且受温度影响不大，C 化粪池去除效果最佳但出水仍达不到国家要求的排放标准。A、B、C 三种化粪池对总磷的平均去除率分别为 3.43%、6.75%、9.17%，其去除率都相对较低，远远达不到排放标准。pH、VFA 及碱度的测定结果表明三种化粪池在温度降低的情况下有一定的缓冲能力。

② 在不同 HRT 条件下，C 化粪池从水力停留时间 36h 到 24h，COD 的去除率没有出现下降趋势并保持稳定，但降至 12h 时，C 化粪池去除率略有下降，之后去除率有上升趋势。这表现出了较强的抗水力负荷的冲击能力。三种化粪池对氨氮的去除率随着水力停留时间的降低逐渐下降，对总氮的去除率均出现负值的情况。随着水力停留时间的变化，碱度出现下降；VFA 和碳酸氢盐碱度呈现反比，三个化粪池反应器的出水碱度在 1457～1936mg/L，有一定的缓冲作用。

③ 采用多面空心球填料与弹性立体填料做对比。结果发现，稳定运行的条件下，UST-ABR 多面空心球填料（B 化粪池）要比 UST-ABR 弹性立体填料（C 化粪池）对 COD 的去除率效果要高 10% 左右。B、C 化粪池对 SS 的去除率较高，平均去除率分别 95.8% 和 90.1%。稳定状态下，B、C 化粪池对色度的去除率均在 25% 左右波动。

④ 溶解氧在 3mg/L 时，反应器中的溶解氧足以提供微生物氧化分解，并且此时对 COD 的去除率较高。溶解氧为 3mg/L 时，氨氮的出水浓度为 2.7mg/L 达到了污水综合排放标准的一级 A。溶解氧在 3mg/L 时对总氮的去除率达到最大的 35%，出水总氮的平均浓度为 57.8mg/L，溶解氧大于 3mg/L 时去除率又有明显的下降趋势，低溶解氧和高溶解氧均不利于总氮的去除。溶解氧在 4mg/L 时，总磷的去除率最高，仅为 17%。

⑤ 稳定运行阶段，曝气方式没有对 COD 去除率造成影响，都表现了高的去除率并且比较稳定，去除率在 90% 左右。间歇曝气周期越长的条件下，系统氨氮的出水不断地增加，在最长的曝气周期 30/30 时，稳定运行时的出水浓度保持在 2mg/L 以下。系统出水总氮浓度随着曝气周期的增加而降低，去除率也随之增加并且稳定；对于 30min 的停曝时间进行反硝化作用还不够长。在不同曝气周期下总磷的去除率不受影响，出水去除率一直保持在 10% 左右，去除率很低。

⑥ 系统 COD 出水平均浓度随着 R 的增大而增加，去除率降低。随着回流比的增加出水氨氮的浓度略有减少，在 R_3 回流比中氨氮出水浓度几乎为零。系统出水总氮平均浓度随 R 的增大而减小，出水浓度在 6.57～14.97mg/L，TN 的去除效率在 80.4%～89.5% 波动。总磷在排泥及增设混合液回流比的情况下，总磷的

去除率有了明显的提高，系统出水的平均浓度随着 R 的增大而增加，在 R_3 时去除率最高，在 90% 左右，出水达到了污水综合排放标准一级 B 水平。

参考文献

[1] 时建伟，谢刚，赵营，等. 生态村建设中生活污水生态治理技术探讨 [J]. 农业环境与发展，2007，24 (5)：45-48.

[2] 田娇，王玉军，梁小萌，等. 农村污水处理技术现状及发展前景 [J]. 环境科学与管理，2010 (5)：83-85.

[3] 雷震宇. 农村沼气建设可持续发展研究 [D]. 合肥：安徽大学，2011.

[4] 胡国全. 农村沼气发展现状、问题及对策 [J]. 产业论坛，2008 (5)：15-18.

[5] 徐晓刚，李秀峰. 我国农村沼气发展影响因素分析 [J]. 安徽农业科学，2008，36 (7)：2888-2890.

[6] 韩亚军，李拴社，罗国强，等. 农村沼气利用推广方案探讨 [J]. 现代农业科技，2009 (6)：273-274.

[7] 汪海波，杨占江，耿哗强. 中国农村户用沼气生产及影响因素分析 [J]. 可再生能源，2007，25 (10)：106-109.

[8] 张振鹏，蒋文举，颜永华. 厌氧沼气池—生物流化床处理生活污水应用研究 [J]. 中国沼气，2003 (02)：23-25.

[9] 张锋. 厌氧发酵沼气工程的工艺及存在的问题思考 [J]. 中国化工贸易，2017 (3)：85.

[10] 范建伟，张杰，尹大强. 加强型生物化粪池/潜流人工湿地处理农村生活污水 [J]. 中国给水排水，2009，25 (24)：69-71.